高职高专"十一五"规划教材

计算机绘图员职业技能鉴定培训教材

AutoCAD 2008 机械制图

傅剑辉　符莎　主编

吴雄　副主编

周海进　主审

化学工业出版社

·北京·

本书是根据教育部《高职高专教育专门课程基本要求》和计算机绘图员机械类的中级鉴定要求而编写的。全书共分 9 章，包括基础知识、平面绘图、平面图形的编辑、图层、文字与图案填充、尺寸标注、图形块与外部参照、三维绘图简介等。书中在介绍 AutoCAD 2008 的基本命令与基本操作的基础上，通过经典实例，对其进行讲解和练习。除了每章后面附有思考题和上机练习内容外，还专门设置了计算机绘图员机械类中级鉴定的综合练习。本书针对性强，讲练结合，突出实用性。

本书适合于作为高职高专院校、中等职业学校和技工学校机械类专业的教材，也可作为机械设计人员的参考书，还可作为计算机绘图员机械类的鉴定培训教材。

图书在版编目(CIP)数据

AutoCAD 2008 机械制图 / 傅剑辉，符莎主编. —北京：化学工业出版社，2009.6

高职高专“十一五”规划教材. 计算机绘图员职业技能鉴定培训教材

ISBN 978-7-122-05487-6

Ⅰ. A… Ⅱ. ① 傅… ② 符… Ⅲ. 机械制图：计算机制图–应用软件，AutoCAD 2008–高等学校：技术学院–教材 Ⅳ. TH126

中国版本图书馆 CIP 数据核字（2009）第 064660 号

责任编辑：韩庆利　　　　装帧设计：周　遥

责任校对：蒋　宇

出版发行：化学工业出版社（北京市东城区青年湖南街 13 号　邮政编码 100011）

印　　装：大厂聚鑫印刷有限责任公司

787mm×1092mm　1/16　印张 12½　字数 313 千字　2013 年 7 月北京第 1 版第 2 次印刷

购书咨询：010-64518888（传真：010-64519686）　售后服务：010-64518899

网　　址：http: // www. cip. com. cn

凡购买本书，如有缺损质量问题，本社销售中心负责调换。

定　　价：22.00 元

前　言

AutoCAD 是美国 Autodesk 公司研制的计算机绘图软件，自推出以来，不断升级，AutoCAD 2008 是其在以往版本基础上更新而来，其绘图功能十分强大，尤其是其二维平面绘图的功能是其他绘图软件所不能比拟的。在企业和专业的设计院有着非常广泛的应用。各高职高专院校、中等职业学校和技工学校都将 AutoCAD 作为了专业基础必修课，劳动部门也将计算机绘图员作为一个专门的工种，并制订了鉴定标准。每年，全国都有几十万人次参加计算机绘图员的中、高级鉴定。

本书是根据教育部《高职高专教育专门课程基本要求》和计算机绘图员机械类的中级鉴定要求而编写的，编写过程中结合了编者多年的 AutoCAD 教学心得和体会。书中在介绍 AutoCAD 2008 的基本命令与基本操作的基础上，通过经典实例，对其进行讲解和练习。书中每章后面还附有思考题和上机练习内容，并且设置了计算机绘图员机械类中级鉴定的综合练习。本书内容精练，针对性强，讲练结合，突出实用性。

本书适合于作为高职高专院校、中等职业学校和技工学校机械类专业的教材，也可作为机械设计人员的参考书，还可作为计算机绘图员机械类的中级鉴定培训教材。

本书由傅剑辉、符莎主编，吴雄副主编，周海进主审，参加编写人员还有陶慧娟、陈亚杰、彭和清等。本书在编写过程中得到了中山市技师学院领导郭敏雄、陈建辉、王新会、殷向阳、谭纯等同志的大力支持，在此深表感谢。

由于编者的水平有限，加上时间比较紧迫，本教材难免存在不足之处，欢迎读者批评指正。

编者

目　录

第一章　基础知识 ………………………………………………1
　第一节　AutoCAD 2008 概述与新增功能介绍 ………………………1
　第二节　工作界面 ………………………………………………2
　第三节　图形文件的管理 …………………………………………4
　第四节　功能键和鼠标的使用 ……………………………………5
　第五节　绘图环境的设置 …………………………………………6
　第六节　坐标系统和点的输入 ……………………………………8
　第七节　精确绘图工具 ……………………………………………10
　第八节　显示和控制视图 …………………………………………15
　思考与练习 ………………………………………………………20
第二章　平面绘图 ………………………………………………21
　第一节　直线 ……………………………………………………21
　第二节　构造线 …………………………………………………23
　第三节　多段线 …………………………………………………24
　第四节　矩形 ……………………………………………………26
　第五节　正多边形 ………………………………………………27
　第六节　圆 ………………………………………………………28
　第七节　圆弧 ……………………………………………………32
　第八节　椭圆、椭圆弧 …………………………………………34
　第九节　点 ………………………………………………………35
　第十节　样条曲线 ………………………………………………36
　思考与练习 ………………………………………………………37
第三章　平面图形的编辑 ………………………………………39
　第一节　对象的选择 ……………………………………………39
　第二节　删除和剪切 ……………………………………………41
　第三节　移动、复制和旋转 ……………………………………43
　第四节　偏移、镜像和阵列 ……………………………………49
　第五节　缩放和对齐 ……………………………………………54
　第六节　延伸、拉长和拉伸 ……………………………………56
　第七节　倒角、圆角 ……………………………………………59
　第八节　打断、合并和分解 ……………………………………62
　思考与练习 ………………………………………………………64
第四章　图层 ……………………………………………………67
　第一节　图层的基本操作 ………………………………………67
　第二节　机械工程 CAD 制图规则简介 …………………………70

第三节　设置图层、颜色、线型及线型比例……70
第四节　特性匹配及对象特性……76
思考与练习……78
第五章　文字与图案填充……79
第一节　文字样式设置、输入及编辑……79
第二节　画剖面符号……84
思考与练习……86
第六章　尺寸标注……87
第一节　尺寸标注样式的设置……87
第二节　标注尺寸及编辑尺寸……96
第三节　尺寸公差和形位公差的标注……103
思考与练习……107
第七章　图形块与外部参照……109
第一节　创建块……109
第二节　属性定义……111
第三节　块存盘与插入块……114
第四节　属性编辑与块删除……118
第五节　外部参照……121
第八章　综合练习……129
第一节　基本设置……129
第二节　平面图形的绘制……132
第三节　补画组合体第三视图……134
第四节　求作剖视图……142
第五节　抄画零件图……151
第六节　由装配图拆画零件图……157
思考与练习……160
第九章　三维绘图简介……168
第一节　三维绘图的基础……168
第二节　创建三维实体……172
第三节　编辑三维实体……177
第四节　复杂的三维编辑命令……184
思考与练习……190
参考文献……191

第一章 基础知识

第一节 AutoCAD 2008 概述与新增功能介绍

AutoCAD 是由美国 Autodesk 公司开发的计算机辅助设计绘图软件。从 1982 年问世以来，已经进行了 20 多次的版本升级。AutoCAD 2008 是该公司于 2007 年推出的版本。

一、AutoCAD 的特点

可分为四点。

（1）简捷 AutoCAD 的使用很直观，用户可以根据自己的使用特点与习惯选择适合自己的操作方法，具有很强的灵活性。

（2）精确 AutoCAD 提供了功能强大的精确作图工具，如栅格、对象捕捉、极轴追踪等功能，可以使用户实现快速精确作图。

（3）高效 AutoCAD 提供了许多能提高绘图效率的功能，如块、外部参照等命令。

（4）条理清晰 AutoCAD 提供了图层、图纸集管理器等功能，使图层与图纸的管理具有条理性。

二、AutoCAD 的新增功能

AutoCAD 2008 在界面、工作空间、面板、选项板、图形管理、图层等方面进行了改进。下面详细介绍一下 AutoCAD 2008 都有哪些功能。

1．管理工作空间

新的工作空间提供了用户使用得最多的二维草图和注解工具直达访问方式。它包括菜单、工具栏和工具选项板组，以及面板。二维草图和注解工作空间以 CUI 文件方式提供以便用户可容易地将其整合到自己的自定义界面中。除了新的二维草图和注解工作空间外，三维建模工作空间也做了一些增强。

2．使用面板

在 AutoCAD 2007 中引入的面板，在本版本中有新的增强。它包含了 9 个新的控制台，更易于访问图层、注解比例、文字、标注、多种箭头、表格、二维导航、对象属性以及块属性等多种控制。除了加入了面板控制台外，对于现有的控制台也做了改进，用户可使用自定义用户界面（CUI）工具来自定义面板控制台。用户界面还有更加自动化的一项，就是当用户从面板中选定一个工具时，如果该选定的面板控制台与一个工具选项板组相对应，则工具选项板将自动显示该组。例如，如果用户在面板上调整一可视样式属性，此时，样式选项板组将自动显示。

3．自定义用户界面

自定义用户界面（CUI）对话框做了更新，变得更强更容易使用。增强了窗格头、边框、分隔条、按钮和工具提示，这样让用户更易于掌握在 CUI 对话框中的控件和数据。在 CUI 对话框打开的情况下，用户可直接在工具栏中拖放按钮重新排列或删除。另外，用户可复制、粘贴或复制 CUI 中的命令、菜单、工具栏等元素。

命令列表屏包含了新的搜索工具，这样用户就可以过滤所需要的命令名。用户只需简单将鼠标移动到命令名上就可查看关联于命令的宏，也可将命令从命令列表中拖放到工具栏中。

新的面板节点可让用户自定义 AutoCAD 面板中的选项板。自定义面板选项板和自定义工具栏十分相似，可以在 CUI 对话框中编辑，也可直接在面板中编辑。另外，用户可通过从工具节点中拖动工具栏到面板节点中的方法在面板选项板中创建一新的工具行。

当用户在自定义树中选定工具条或面板时，选定的元素将会以预览的方式显示在预览屏中。用户可从自定义树中或命令列表中直接拖动命令，将它们拖放到工具条/屏预览。用户可以在预览屏中拖动工具来重新排列或删除。如在预览屏中选定了某个工具，在自定义树和命令列表中与该工具关联的工具会自动处于选定状态。同样的，在自定义树中选定了工具，在预览屏中和命令列表中相关的工具也会自动高亮。图像窗口按钮在图标预览的下面，并且显示图像文件的名称，当鼠标划过图像时，工具提示显示每个按钮图标的名称。

4．管理图层

图层对话框：新增“设置”按钮来显示图层设置对话框，这样的控制更方便。图层各列属性可以打开和关闭，也可重新拖动左右位置。

增加了新建图层的按钮。

图层在不同布局视口中可以使用不同的颜色、线型、线宽、打印样式等。

5．其他

模型空间标签可以像 Excel 一样，直接双击修改标签名称。

第二节　工 作 界 面

一、启动与关闭 AutoCAD 2008 方法

1．启动方法

（1）快捷图标　双击桌面上 AutoCAD 2008 快捷图标“”。

（2）菜单　选择“开始→程序→Autodesk→AutoCAD simplified Chinese→AutoCAD 2008”。

2．关闭方法

（1）菜单　文件→退出。

（2）图标　单击窗口右上角的关闭按钮“”。

（3）命令行　quit↙。

二、AutoCAD 2008 工作界面

AutoCAD 2008 中文版的工作界面主要由标题栏、菜单栏、工具栏、绘图窗口、命令行窗口、文本框、状态栏等组成，如图 1-1 所示。

1．标题栏

左侧显示 AutoCAD 图标、程序名和正在使用的图形文件名，右侧有三个按钮，分别是“最小化”、“最大化/还原”、“关闭”按钮。

2．菜单栏

共有 11 个菜单，其各菜单的主要功能介绍如下。

文件：用于文件的新建、打开、保存、打印管理及图形特性设置等命令的操作。

编辑：用于实现对象的剪切、复制、粘贴、删除及命令的撤销等操作。

视图：可进行视图的重生成、缩放、平移、三维动态观察、着色、渲染等操作。

插入：可实现图形、符号、外部参照等插入的操作。

菜单栏
标题栏
工具栏
绘图窗口
命令行窗口
状态栏

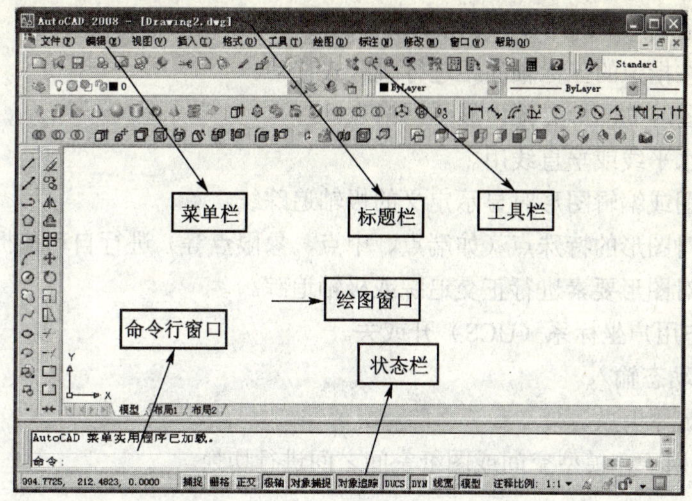

图 1-1　AutoCAD 2008 工作界面

格式：用于实现图形、图层、线型、点、文字、表格等要素的格式的设置。

工具：用于各种工具栏的控制及调用，并提供坐标系转换与各种参数的设置功能。

绘图：提供各种绘图命令供用户选择。

标注：用于用户实现对图形的尺寸标注。

编辑：包括各种图形修改与编辑命令，实现对图形中各种要素的编辑。

窗口：用于用户对打开的图形窗口按需进行排列。

帮助：为用户提供各种帮助信息，按“F1”快速打开“帮助”窗口。

3．工具栏

工具栏是命令按钮的集合，也是调用命令的一种方式。AutoCAD 2008 默认打开的工具有“标准”、“样式”、“图层”、“特性”、“工作空间”、“绘图”、“修改”七种。

4．绘图区

AutoCAD 界面的空白区域为绘图区。该区域还显示坐标系图标与十字光标。AutoCAD 有两种绘图空间，分别是“模型”和“布局”，用户可通过单击状态栏中“模型”与“布局”按钮进行切换。

5．命令行

用于输入命令和显示系统提示。命令输入必须在英文半角状态下输入，大小写字母均认可。

6．文本窗口

文本窗口是记录 AutoCAD 命令的窗口，也可以说是放大的命令行窗口。按 F2，可快速打开文本窗口。

7．状态栏

用于显示当前的操作状态或提示。如图 1-2 所示，左侧为坐标显示区域，右侧有十个按钮，可以相应操作，为绘图提供方便。

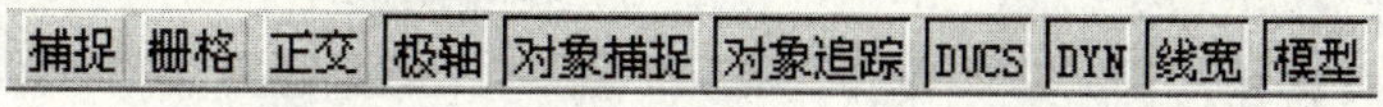

捕捉
栅格
正交
极轴
对象捕捉
对象追踪
DUCS
DYN
线宽
模型

图 1-2　状态栏

下面简单介绍状态栏的十个按钮的功能。

捕捉：光标按指定的坐标轴间距进行跳跃式移动。

栅格：在绘图区的图形界限内显示网格点。

正交：绘制水平线或垂直线用。

极轴：在绘图或编辑图形时显示定义的极轴追踪线。

对象捕捉：对图形的特殊点（如端点、中点、象限点等）进行自动捕捉。

对象追踪：对图形要素进行正交追踪或极轴追踪。

DUCS：动态用户坐标系（UCS）开或关。

DYN：启动动态输入。

线宽：线宽显示开关。

模型/图纸：用于在模型空间或图纸空间之间进行切换。

第三节　图形文件的管理

一、命令的调用方法

AutoCAD 命令的调用方法主要通过键盘输入与鼠标操作实现。

1．使用鼠标调用命令

单击工具栏中的相应命令的按钮。

2．菜单操作

右键快捷菜单：右击屏幕任一位置，选择出现的快捷菜单中的某个命令执行操作。

3．键盘输入

在命令行中输入相应命令的英文名称或快捷符号，然后按回车键。

4．透明命令的使用

当用户在使用 AutoCAD 的某一命令时，需要执行其他的命令，但又不想中断正在操作的命令，此时，只需在键入的命令前加“`”号。

例如：用上述方法创建矩形（见图 1-3）的方法如下。

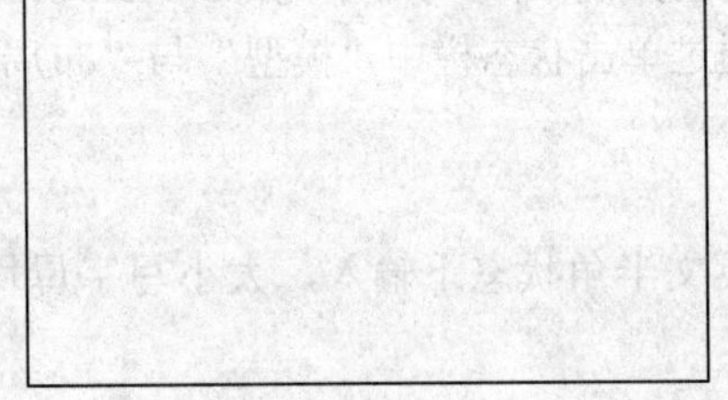

图 1-3　绘制矩形

（1）矩形命令启动方法

菜单：绘图→矩形。

工具按钮：绘图工具栏中“矩形”按钮“”。

命令：rectang。

（2）命令执行过程

命令：_rectang↙

指定第一个角点或 [倒角(C)/标高(E)/圆角(F)/厚度(T)/宽度(W)]：（在屏幕上拾取一点）

指定另一个角点或 [面积(A)/尺寸(D)/旋转(R)]：（拾取第二个角点）

二、文件管理操作

1．新建文件

菜单：文件→新建。

工具栏：单击文件工具栏中“”。

命令行：new(n)。

新建文件名为“drawing X.dwg”。

2．样板文件的新建

样板图文件为. dwt 文件，其中包含了一些已指定的图形设置，如图形单位类型和单位精度、图形界限、对象捕捉设置、栅格与捕捉、正交设置、图层等对象特性设置、标题栏、尺寸标注样式、文字样式等。用户在应用 AutoCAD 绘制图形时，既可以使用系统自带的样板文件，也可以根据需要创建属于自己的样板文件。

具体操作步骤如下：

单击菜单“文件→新建”，系统打开“选择样板”列表框，如图 1-4 所示。

图 1-4 “选择样板”列表框

“选择样板”列表框中显示可供用户选择使用的 dwt 格式的样板文件名称，用鼠标选中其中一种样板图文件即可。

3．文件的保存

菜单：文件→保存（或另存为、保存部分）。

工具栏：单击“标准”工具栏中的保存按钮“ ”。

命令行：save (save as)。

4．打开文件

菜单：文件→打开。

工具栏：标准工具栏中打开按钮“ ”。

命令行：open。

5．关闭文件

工具栏：单击菜单栏最右侧的关闭按钮“ ×”。

菜单：文件→关闭。

命令行：close。

第四节　功能键和鼠标的使用

AutoCAD 可以通过键入命令、单击命令按钮和菜单操作等方法获取命令，其中常用的命令还可以由功能键和控制键来实现。用户熟练掌握常用功能键和控制键，可加快绘图速度，提高制图效率。

一、功能键简介

AutoCAD 2008 的一些主要功能键如表 1-1 所示。

表 1-1　AutoCAD 2008 的一些主要功能键

功能键	执 行 命 令	快捷键	执 行 命 令	快捷键	执 行 命 令
F1	显示帮助	CTRL+0	切换全屏显示	CRT+L	切换正交模式
F2	切换文本窗口	CRT+1	切换“特性”选项板	CRT+M	重复上一个命令
F3	切换对象捕捉	CRT+4	切换“图纸集管理器”	CRT+N	创建新文件
F4	切换数字化仪	CRT+8	切换“快速计算器”选项板	CRT+O	打开现有图形
F5	切换显示等轴测平面	CRT+9	切换命令窗口	CRT+P	打印当前图形
F6	切换坐标系	CRT+A	选择图形中的对象	CRT+R	在布局视口之间循环
F7	切换栅格模式	CRT+B	切换捕捉	CRT+S	保存当前图形
F8	切换正交模式	CRT+C	将对象复制到剪贴板	CRT+T	切换数字化仪模式
F9	切换捕捉模式	CRT+SHIFT+C	使用基点将对象复制到剪贴板	CRT+ V	粘贴剪贴板中的数据
F10	切换极轴追踪模式	CRT+F	切换执行对象捕捉	CRT+ X	将对象剪贴到剪贴板
F11	切换对象捕捉模式	CRT+G	切换栅格	CRT+Y	取消前面的“放弃”操作
F12	开/关动态输入	CRT+J	重复上一个命令	CRT+Z	取消上一个操作

二、鼠标的使用

鼠标左键是拾取键，右键用于快捷菜单的选择。鼠标右键的快捷菜单可以选择“工具—选项”进行设置。

鼠标滚轮的滚动可以对图形进行实时缩放和实时平移，向上滚动滚轮，图形被放大，向下滚动滚轮，图形被缩小。

双击鼠标滚轮，图形则基于图形界限的大小进行全屏显示。

第五节　绘图环境的设置

AutoCAD 绘图之时，为了提高绘图效率，必须进行绘图环境的设置。绘图环境的设置包括以下内容：

（1）设置图形界限；

（2）设置图形单位；

（3）设置图层等对象属性；

（4）设置精确作图工具。

一、设置图形界限

设置图形界限（或称为绘图区域），就是指定绘图工作区域和图纸的边界。用户在图形界限内绘图，避免绘制的图形超出图形边界而在布局空间中无法正确显示。

设置图形界限有以下方法：

（1）菜单：格式→图形界限。

（2）命令：limits。

执行该命令后，AutoCAD 提示：

命令：limits↙

重新设置模型空间界限：

指定左下角点或[开（ON）/关（OFF）]<0.0000,0.0000>://提示输入左下角的位置，默认

为（0，0）

指定右上角点<420.0000,297.0000>:　　　　　　　　　　//提示输入右上角的位置，默认为（420，297）（系统缺省设置图形界限为 A3 图纸大小）

说明：

设定图形界限后，用户只有打开“状态栏”上的栅格按钮才能看到该界限的显示范围。当界限检查打开时，将无法输入栅格界限外的点。因为界限检查只测试输入点，所以图形对象的某些部分可以延伸出栅格界限。

二、设置图形单位

1．命令启动方法

菜单：格式→单位。

命令：units。

2．“图形单位”对话框中选项说明

调用“单位”命令后，系统打开了“图形单位”对话框，如图 1-5 所示。

（1）“长度”选项组　主要设置长度单位格式。长度单位设置方法如下。

① 单击该选项组“类型”右侧下拉按钮，选择合适的类型。类型有分数、工程、建筑、科学、小数，系统默认是“小数”类型。

② 单击该选项组“精度”右侧下按钮，选择合适的精度。系统缺省设置为小数点后四位，即 0.0000。

（2）“角度”选项组　主要设置角度单位格式。角度单位设置方法如下。

① 单击该选项组“类型”右侧下拉按钮，选择合适的角度单位类型。角度单位类型有五种，分别是百分度、度/分/秒、弧度、勘测单位和十进制度数。系统缺省设置角度单位类型为十进制度数。

② 单击该选项组“精度”右侧的下拉按钮，选择角度单位的测量精度。

③ 单击“顺时针”选项卡前的方框，则表示选择角度的正方向为顺时针。系统默认的正角度方向为逆时针方向。

（3）插入比例选项组　决定 AutoCAD 设计中心插入块时的测量单位。如果图块在创建时，定义的单位与下拉列表框中所设置的单位不同，插入块将会按列表框中设置的单位进行插入与缩放。如果选择单位类型为“无单位”，则在插入图块时，系统不会按设置的单位进行缩放。

（4）测量角度方向的设置　单击“图形单位”对话框中的“方向”按钮，系统打开“方向控制”对话框，如图 1-6 所示。

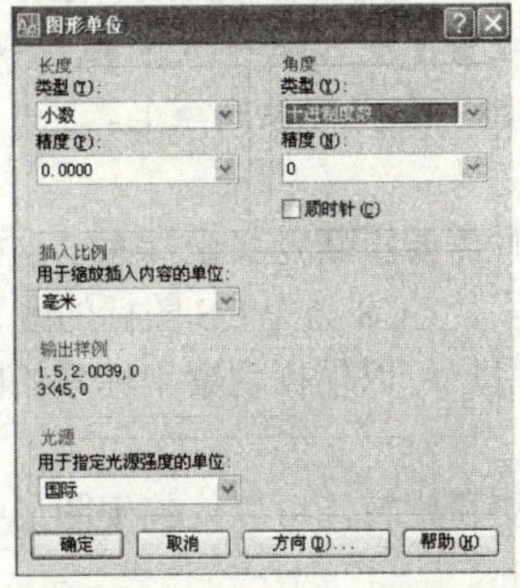

图 1-5　“图形单位”对话框

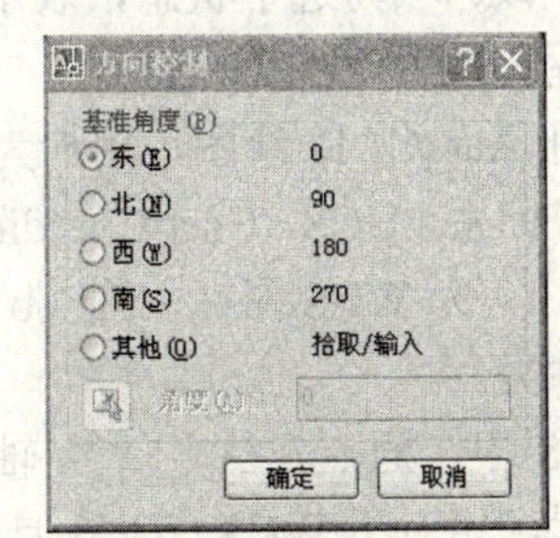

图 1-6　“方向控制”对话框

设置测量角度方向的方法如下：

在打开的“方向控制”对话框中选择需要设定的方向，再单击“确定”按钮。

说明：方向控制对话框的基准角度缺少设置为0°（向东的方向），角度增大的方向为逆时针方向。用户可根据需要选择其他的方向。

三、图层等对象属性的设置

详见本书第四章介绍。

四、设置精确作图工具

详见本章第七节说明。

第六节　坐标系统和点的输入

用户通过坐标值输入是最直接精确指定点的方法。在 AutoCAD 中，坐标系分为两种：世界坐标系（WCS）和用户坐标系（UCS）。世界坐标系是系统缺省设置的坐标系，用户坐标系则是用户自己定义的坐标系。现将这两种坐标系介绍如下。

一、世界坐标系（WCS）

启动 AutoCAD 2008 时，系统将新建的文件置于世界坐标系（WCS，World Coordinate System 的缩写）之中。WCS 包括 *X* 轴和 *Y* 轴（在三维空间中还包括 *Z* 轴），原点为一个小方框标记。如图 1-7 所示。

在 WCS 中，点可以用坐标来表示。

在 AutoCAD 2008 中，系统缺省设置 WCS 图标在绘图区的左下角，并且自动定义坐标轴交点为坐标原点。

若对图形进行缩放后，WCS 图标会发生变化。如图 1-8 所示。

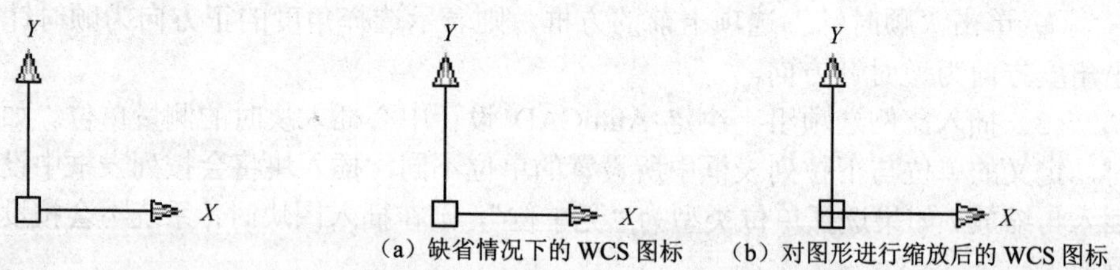

（a）缺省情况下的 WCS 图标　（b）对图形进行缩放后的 WCS 图标

图 1-7　WCS 图标　　图 1-8　在坐标原点显示的 WCS 图标

若坐标系不在坐标原点，WCS 图标会有所改变，如图 1-9 所示。要控制坐标系图标是否显示在坐标原点，可以通过以下方法进行设置：单击“视图→显示→UCS 图标→原点”，缺省情况下，该选项为选中状态，表示坐标系图标始终显示在坐标系原点上。

二、用户坐标系（UCS）

在应用 AutoCAD 绘图，用户为了方便画图，有时需要重新定义坐标系，这样的坐标系即为用户坐标系（UCS，User Coordinate System 的缩写）。UCS 与 WCS 图标的区别如图 1-10 所示，图（a）为 WCS 图标，图（b）为 UCS 图标。用户可以根据观察坐标系的图标来判断坐标系的种类。

在 UCS 中，原点及 *X*、*Y*、*Z* 轴的方向均可以移动和旋转，可以依赖于图形中的特定要素进行设置，相对于 WCS，UCS 具有更强的灵活性。

UCS 的设置方法如下：

- 单击“工具→命名 UCS”；
- 单击“工具→新建 UCS”；
- 命令行：UCS。

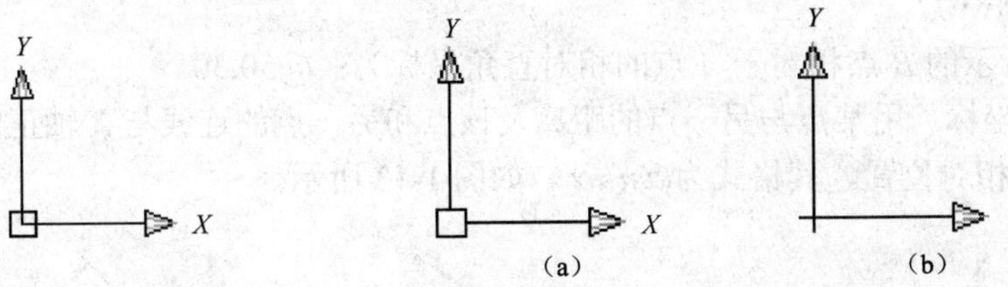

图 1-9　不在坐标原点上的 WCS 图标　　　　图 1-10　WCS 与 UCS 的区别

三、点的输入

在绘图中，常需要输入点的位置。AutoCAD 提供了以下几种点的输入方式。

（1）坐标输入：用键盘直接在命令行中输入点的坐标。

（2）光标拾取：用鼠标等定标设备在屏幕上直接单击取点。

（3）用对象捕捉模式拾取图形对象上的特殊点。

（4）用对象追踪、极轴追踪等工具，使光标在屏幕上拖拉出点线时确定方向，然后用键盘输入距离。

下面主要来详细介绍点的坐标输入的方法。

无论在 WCS 或 UCS 中，点的坐标既可以用直角坐标表示，也可以用极坐标表示。而每一种又可以分为绝对坐标和相对坐标。

1．绝对坐标

绝对坐标是某点相对于世界坐标系的原点的位置。包括以下两种种类。

（1）绝对直角坐标　某点相对于世界坐标系的原点在 X 轴、Y 轴、Z 轴的距离。用（x,y,z）的三维直角坐标形式表示。各坐标值之间用逗号隔开。在二维空间下，Z 坐标缺省为 0，则直角坐标形式为（x,y）。

（2）绝对极坐标　用某点相对于世界坐标系原点的距离及该点和原点的边线与 X 轴正向的夹角来表示，坐标格式为 $n<\alpha$，其中，n 表示该点到原点的距离，α 叫极角，为该点与原点的连线与 X 轴正向的夹角。在系统缺省情况下，取逆时针为角度的正方向，X 轴正向为 0°。

例：图 1-11 中 A 点的绝对极坐标为（750,386），B 点的绝对极坐标为（800,416）。

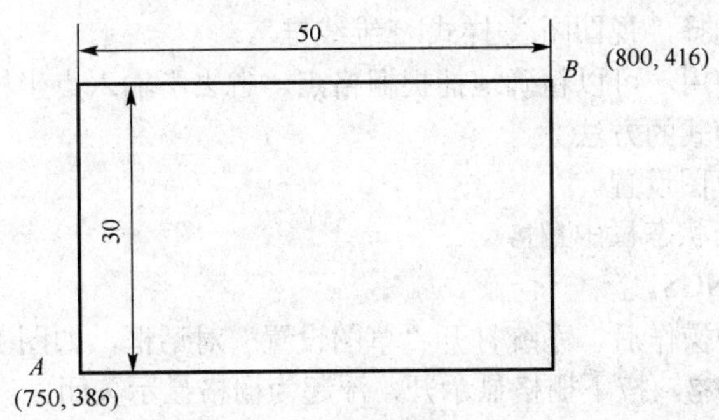

图 1-11　点的绝对坐标表示

2．相对坐标

指某点相对于另一点的位置，也包括直角坐标与极坐标两种。

（1）相对直角坐标　指某点相对于另一点在直角坐标轴方向上的距离。其格式为@x,y,z（二维空间下为@x,y）。

如图 1-12 所示的 B 点相对于 A 点的相对直角坐标为：@50,30。

（2）相对极坐标　用某点与另一点的距离及该点和另一点的连线与 X 轴正向的夹角表示该点与已知点的相对位置。其格式为@$n<\alpha$。如图 1-13 所示。

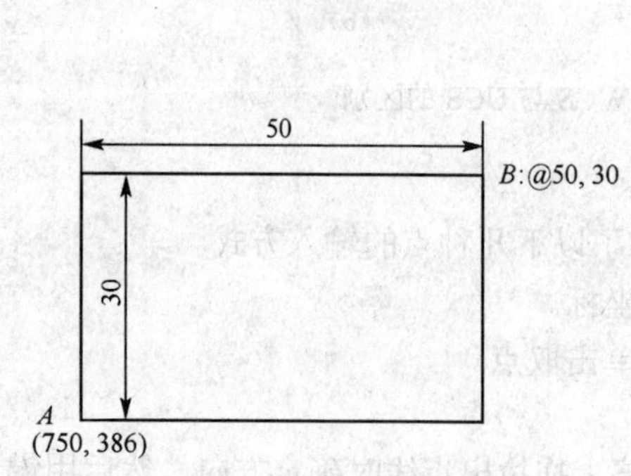

图 1-12　点的相对直角坐标表示

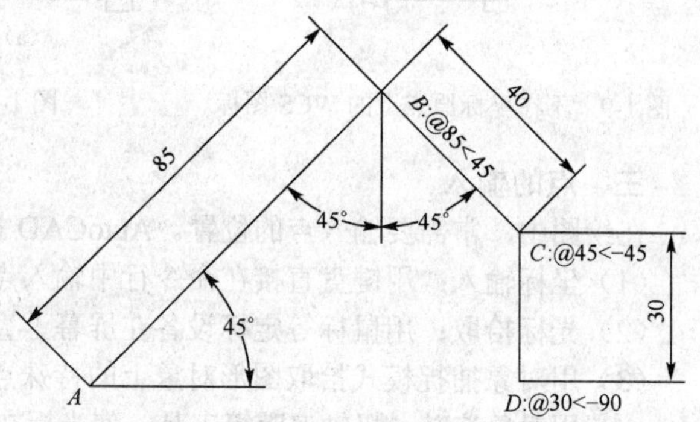

图 1-13　点的相对极坐标的表示

第七节　精确绘图工具

控制设计、绘图精度，保证能迅速且精确地绘图是 AutoCAD 软件进行设计的基本要求。通过点的坐标拾取可以进行点的精确定位，但需要进行数学运算，比较费时。如果对于图形对象的某些特殊点进行拾取，运用 AutoCAD 系统所提供的多种精确绘图工具可以迅速解决此类问题。

AutoCAD 2008 提供了以下精确绘图工具：栅格、捕捉、正交、极轴、对象捕捉、对象追踪、DUCS、DNY 等。

一、栅格

栅格是点或线的矩阵，在整个图形界限的范围内显示。如图 1-14 所示。这两种栅格样式的设置方法如下。

点矩阵的设置：选择“视图|视觉样式|二维线框”。

线矩阵的设置：选择“视图|礼堂样式|三维线框”。

栅格与捕捉配合使用，可以精确地捕捉栅格点，省去了输入点坐标的麻烦。

设置与显示栅格模式的方法

- 菜单：工具→草图设置。
- 工具按钮：右击状态栏中栅格。
- 命令：DSETTINGS。

在执行上述任一种操作后，系统打开“草图设置”对话框，如图 1-15 所示。

- 单击状态栏中栅格，按下栅格显示开，浮起为栅格显示关闭。
- 按“F7”可在栅格的显示与隐藏之间进行切换。

在 AutoCAD 2008 中，“草图设置”对话框中的“栅格行为”选项区，用于设置栅格点或

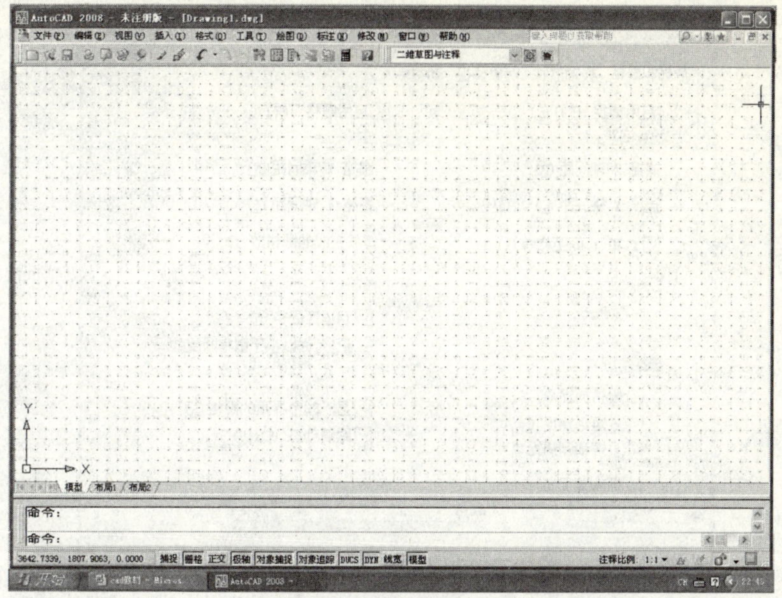

（a）栅格显示为点矩阵

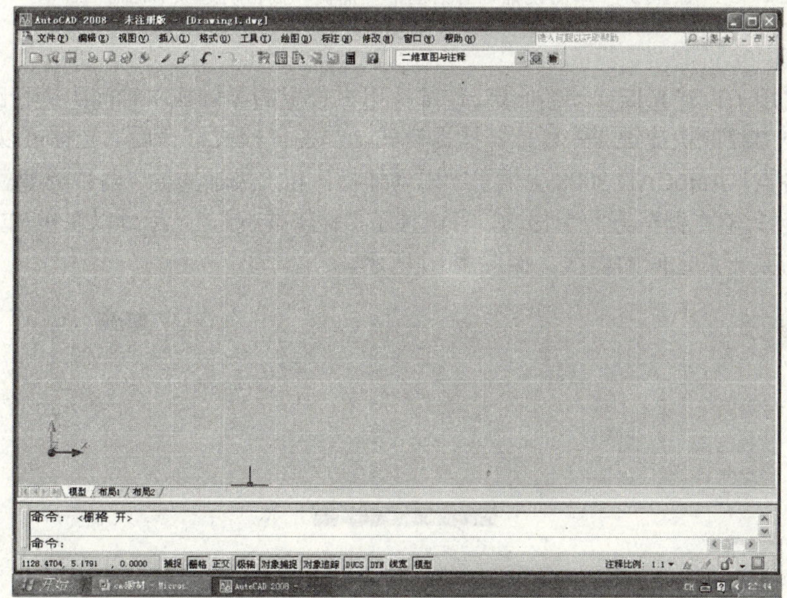

（b）栅格显示为线矩阵

图 1-14　栅格样式

线矩阵的显示样式。该选项区各选项的说明如下。

（1）自适应栅格　该复选框用于限制缩放时栅格的密度。

（2）允许以小于栅格间距的间距再拆分（B）　该复选框用于设置是否以小于栅格间距的间距来拆分栅格。

（3）显示超出界限的栅格（L）　用于确定是否显示图形界限以外的栅格。

（4）跟随动态 UCS（U）　用于设置是否跟随动态用户坐标系 UCS 的 *XY* 平面来改变栅格平面。

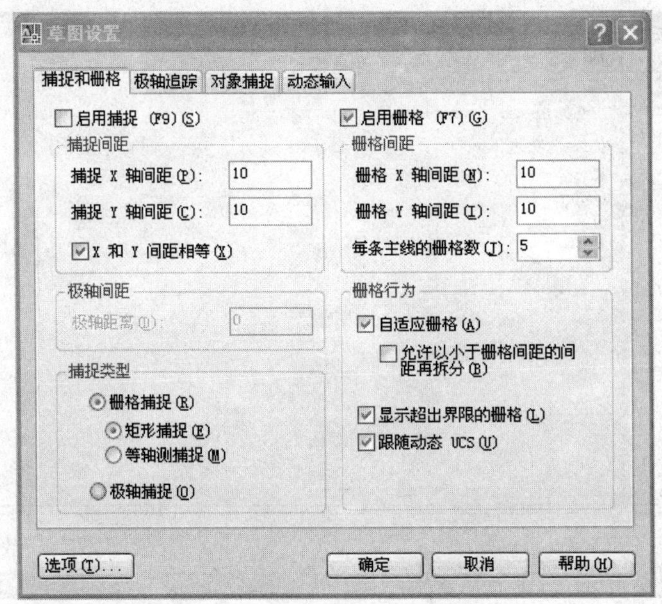

图 1-15 “草图设置”对话框中“捕捉和栅格”选项卡内容

二、捕捉

捕捉模式用于设置光标移动的间距，使其按用户设置的 *X* 轴或 *Y* 轴间距进行跳跃式移动。按下状态栏中 捕捉 或快捷键 F9 可打开捕捉模式。当捕捉模式打开后，光标可以附着或捕捉不可见的栅格点。AutoCAD 2008 提供了“栅格捕捉”和“极轴捕捉”两种类型。若选择“栅格捕捉”，光标只能在栅格方向上移动，若选择了“极轴捕捉”，光标可以在极轴方向上移动。极轴是光标与某一点之间的虚线。如图 1-16 所示。

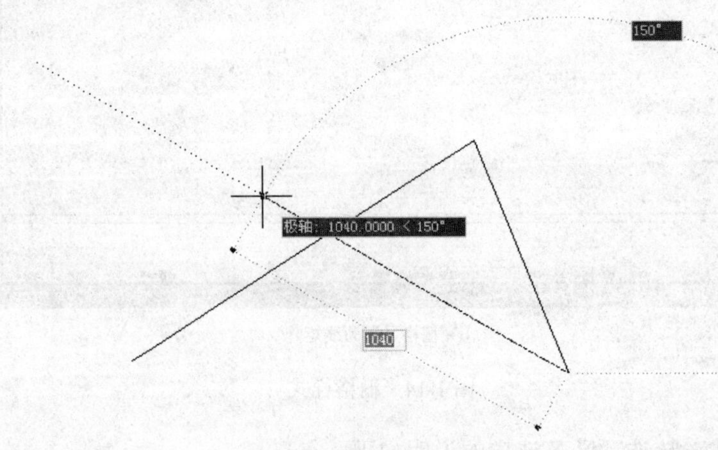

图 1-16 极轴追踪

捕捉设置的方法如下。

- 菜单：工具→草图设置。
- 命令：DSETTINGS。
- 快捷菜单：右击状态栏中“ 捕捉 ”，选择“设置”菜单。

执行以上任一种操作后，系统打开“草图设置”对话框，单击“捕捉和栅格”选项卡，可以进行设置。如图 1-17 所示。下面具体说明各选项的内容。

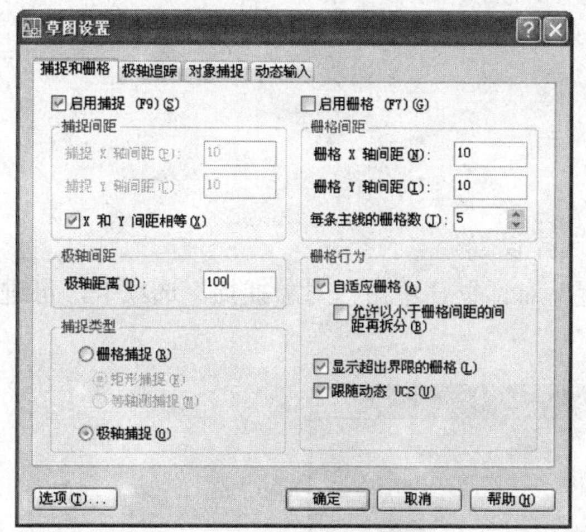

步骤一

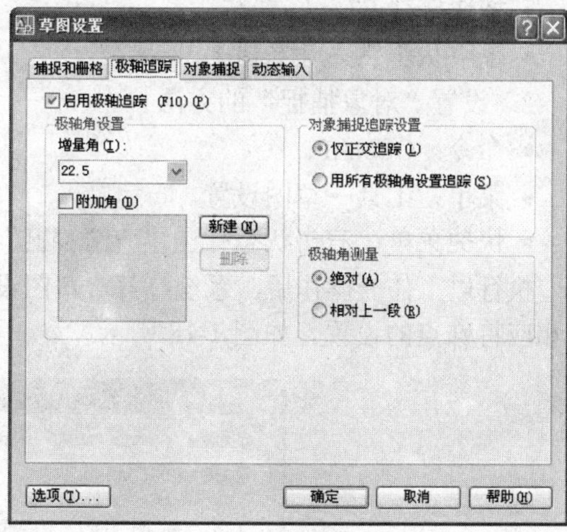

步骤二

图 1-17 应用“草图设置”对话框的“极轴追踪”选项卡设置极轴追踪的步骤

（1）“启用捕捉”：单击该选项复选框，可打开捕捉模式。

（2）捕捉间距：设置光标按 X 轴或 Y 轴方向的捕捉距离，一般设为与栅格间距一致或是栅格间距的几分之一。

（3）捕捉类型：有“栅格捕捉”和“极轴捕捉”两种类型，系统缺省设置为“栅格捕捉”。若选择的捕捉类型为“极轴捕捉”，则需在极轴间距数值框中输入光标沿极轴移动的距离，然后单击“极轴追踪”选项卡，在该项选项卡中选中“启用极轴追踪”复选框，并设置极轴的“增量角”或附加角。

例如：设置极轴捕捉的增量角为 22.5°、极轴间距为 100 的极轴捕捉。如图 1-17 所示。

（1）在“草图设置”对话框中的“捕捉和栅格”选项卡中单击“极轴捕捉”前面的复选框，然后在“极轴距离”选项中输入 100。

（2）在“草图设置”对话框中单击“极轴追踪”选项卡，单击“启动极轴追踪”前面的复选框，然后单击增量角下面的下拉按钮，选择 22.5°。

（3）单击“确定”关闭“草图设置”对话框。

三、正交

当正交模式打开时，AutoCAD 限定只能画水平线和铅垂线，用户执行移动、复制命令时，对象也只有沿水平或铅垂方向移动。

打开“正交”模式的方法如下。

- 命令：ORTHO↙。
- 按下状态栏中“正交”。
- 按快捷键 F8。

注意：正交模式与极轴模式不能同时打开。

四、对象捕捉

对象捕捉是 AutoCAD 精确定位于对象某一点的重要方法。它能迅速地捕捉图形对象的端点、中点、切点、象限点等特殊点及其位置，从而大大提高了绘图效率。

1．打开“对象捕捉”模式的方法

- 按快捷键 F3。
- 按下状态栏“ 对象捕捉 ”。

2．设置“对象捕捉”的方法

- 命令：OSNAP。
- 菜单：工具→草图设置。
- 快捷菜单：右击状态栏中“ 对象捕捉 ”，选择设置。

执行以上任一操作后，系统打开“草图设置”对话框，单击“对象捕捉”选项卡，可进行相应特殊点的设置。如图 1-18 所示。

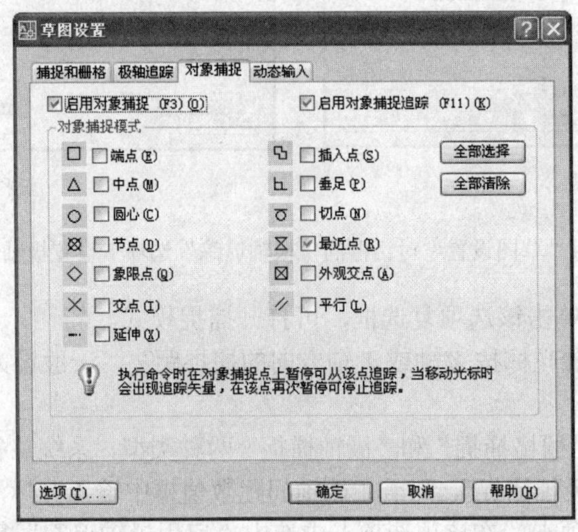

图 1-18 “草图设置”对话框中“对象捕捉”选项卡

选项卡中的两个复选框“启用对象捕捉”和“启用对象捕捉追踪”用来确定是否打开对象捕捉功能和对象捕捉追踪功能。在选择设置栏中，系统规定了 13 种特征点的捕捉。如图 1-19 所示。

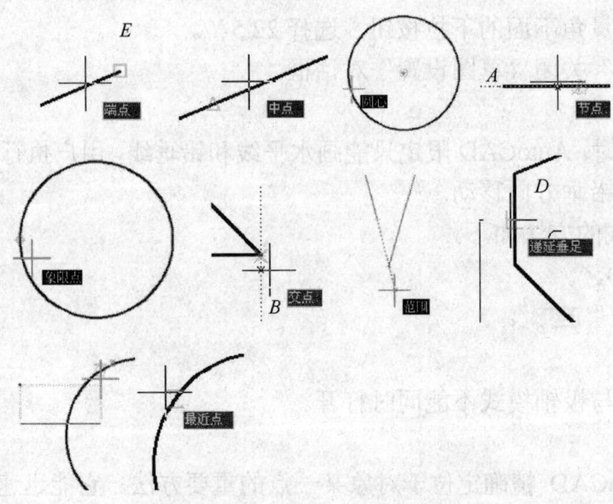

图 1-19 各种特殊点的捕捉

下面对各捕捉模式说明如下。

（1）端点：捕捉直线段或圆弧段的端点，捕捉到离靶框较近的端点。

（2）中点：捕捉直线段或圆弧的中点。

（3）圆心：捕捉圆或圆弧的圆心，靶框放在圆周上，捕捉到圆心。

（4）节点：捕捉到靶框内的孤立点。

（5）象限点：捕捉圆周的四分之一点，靶框放在圆周上，捕捉到最近的一个象限点。

（6）交点：捕捉两线段的实际交点和延伸交点。

（7）延伸：当靶框在一个图形对象的端点处移动时，系统显示该对象的延长线，并捕捉正在绘制的图形与该延长线的交点。

（8）插入点：捕捉到图块、外部参照、文本和属性的插入点。

（9）垂足：当向一个对象画垂线时，系统捕捉到对象上的垂足。

（10）切点：当向一个图形对象做切线，系统捕捉到切点位置。

（11）最近点：当靶框放在对象附近拾取，捕捉到对象上离靶框中心最近的点。

（12）外观交点：当两个对象在空间交叉，而在一个平面上的投影相交时，可以从投影交点捕捉到某一对象上的点。当两个投影延伸相交时，也可以使用延伸交点的捕捉方式。

（13）平行：捕捉图形对象的平行线。

第八节 显示和控制视图

为了解决观察图形受显示屏幕大小的限制，AutoCAD 提供了缩放、平移、视图、视口等一系列的控制图形显示的命令。用户通过这些命令，可以设置图形的位置、比例、显示范围等，以便于观察。显示和控制视图命令主要为用户进行图形观察而设置的功能，它们不能对图形进行实质性的改变，既不改变图形的实际尺寸，也不影响三维实体间的相对关系。

一、图形缩放

“缩放”命令可以显示放大和缩小屏幕上的图形。其二级菜单如图 1-20 所示。

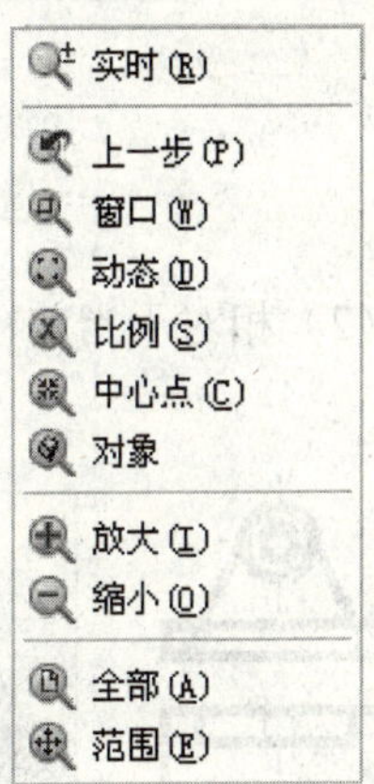

图 1-20 缩放的二级菜单

常用的缩放命令如下。

1．实时缩放

AutoCAD 中的“缩放”命令的“实时（R）”选项为交互式的缩放提供了可能。用户通过滚动鼠标的滚轮，向上滚动放大图形，向下滚动缩小图形。

（1）启动命令的方法

- 命令：ZOOM。
- 菜单：视图→缩放→实时。
- 快捷图标：标准工具栏“ ”。

（2）功能 实时缩放指定图形。

2．基本缩放

包括“缩小”和“放大”两个基本命令。

3．窗口缩放

用于对图形的指定区域进行缩放。此时，在绘图区内指定矩形窗口的两个对角点，作为缩放窗口来对指定区进行缩放。

（1）启动命令的方法

- 命令：ZOOM→W。
- 命令：视图→缩放→窗口。
- 快捷图标：标准工具栏“ ”。

（2）命令格式

命令：ZOOM↙

指定窗口角点，输入比例因子（nX 或 nXP），或

[全部(A)/中心点(C)/动态(D)/范围(E)/上一个(P)/比例(S)/窗口(W)]

<实时>：W↙

指定第一个角点：

指定对角点：

4．比例缩放

AutoCAD 的比例缩放命令为图形的显示控制提供了精确的量化缩放功能。按照比例参照对象的不同，系统提供了三种不同的比例缩放方法。

（1）相对于图形界限，输入比例系数格式为 n。如图 1-21 所示。

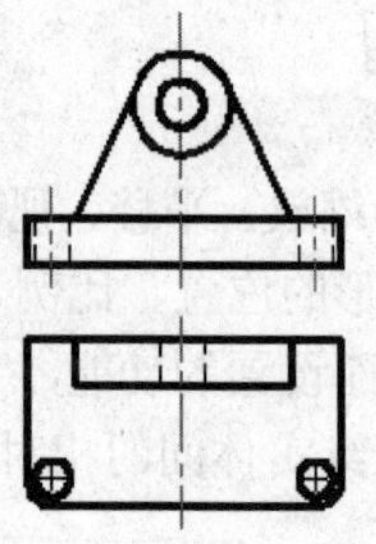
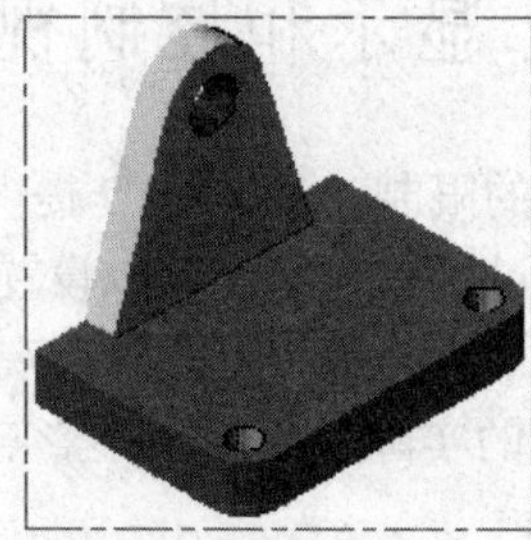

比例系数为 1 时

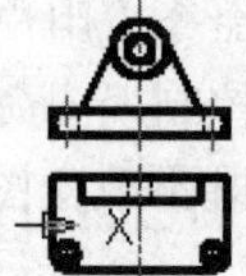
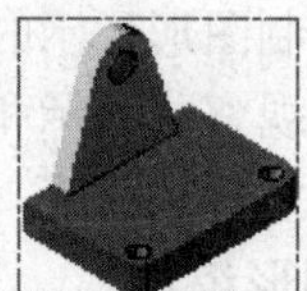

比例系数为 0.5 时

图 1-21　按图形界限缩放图形

（2）相对于当前视图，输入比例系数格式为 nX。如图 1-22 所示。

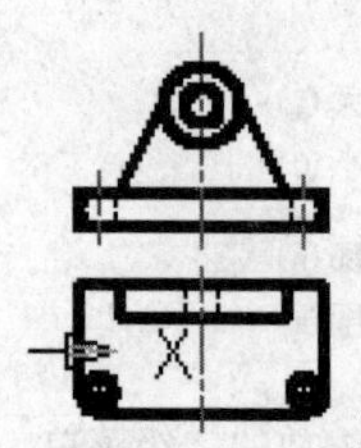
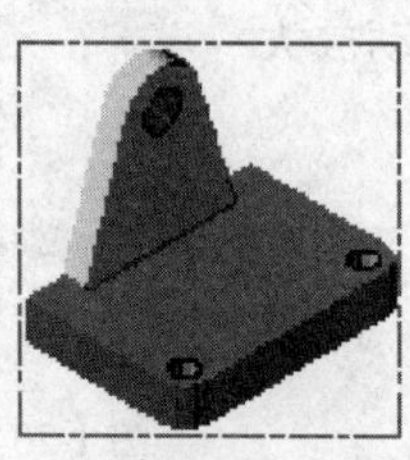

比例系数为 1X

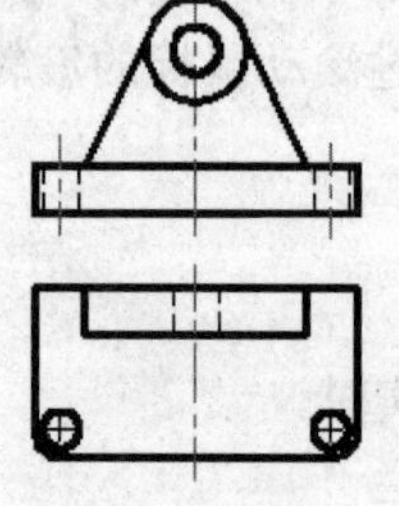

比例系数为 2X

图 1-22　相对于当前视图的比例缩放图

（3）相对于图形布局空间。输入比例系数格式为 nXP。

启动命令的方法如下。

- 命令：ZOOM→S。

• 菜单：视图→缩放→比例。
• 快捷图标："缩放"工具栏中"![]"。

命令格式如下。

命令：ZOOM↙

指定窗口角点，输入比例因子（nX 或 nXP），或

[全部(A)/中心点(C)/动态(D)/范围(E)/上一个(P)/比例(S)/窗口(W)]<实时>：S↙

输入比例因子（nX 或 nXP）：

输入比例后，系统自动按比例系数进行图形缩放。

5．全部缩放

全部缩放命令用来基于图形界限显示视图。在平面图形中，若将图形绘制在图形界限之外，选择该选项后，屏幕将按显示图形界限和图形的整体范围来缩放图形；若绘制的图形在图形界限内或未画图形，选择该选项后，屏幕将按显示图形界限范围的大小进行图形缩放。在三维视图中，全部缩放命令与范围缩入命令等效，即使三维图形超出了图形界限的范围，也会显示出全部图形对象。如图 1-23 所示。

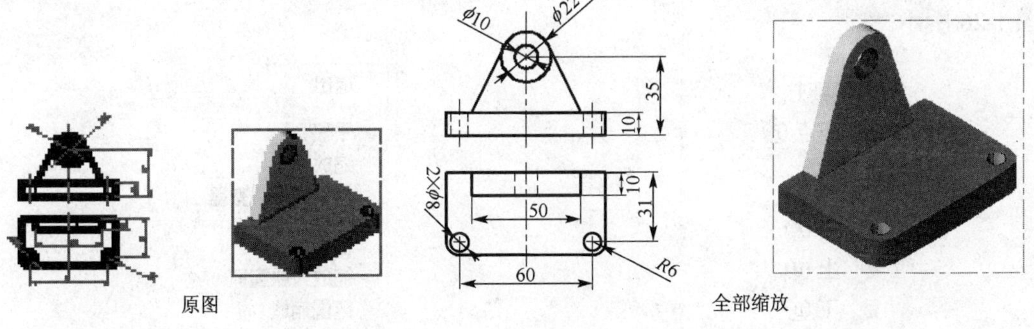

图 1-23 全部缩放

启动命令的方法如下。

• 命令：ZOOM→A。
• 菜单：视图→缩放→全部。
• 快捷图标："缩放"工具栏中"![]"。

6．范围缩放

范围缩放命令用于基于图形对象的范围来显示视图。如图 1-24 所示。

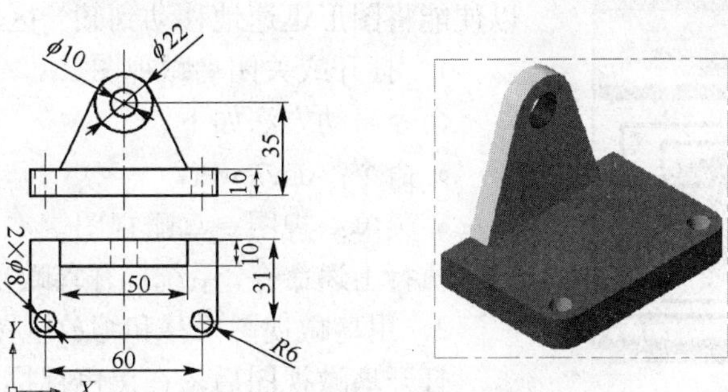

图 1-24 范围缩放

7．缩放上一个

该命令用于返回到前一次的缩放状态。命令启动方法如下。

- 命令：ZOOM→P。
- 菜单：视图→缩放→上一步。
- 快捷图标："标准"工具栏中" "。

二、图形平移

对于一幅较大的图形， 如果需要观察不同部位的图形，可以通过平移功能实现。其二级菜单如图 1-25 所示。常用的平移命令是实时平移。下面重点来介绍实时平移与定点平移的操作。

1．实时平移

通过移动鼠标对图形进行动态移动。命令启动方法如下。

- 菜单：视图→平移→实时。
- 快捷图标："标准"工具栏中" "。

执行以上操作后，鼠标指针变为一只手的形状，此时用户可以通过移动鼠标来动态平移图形。若要结束平移，可按[ESC]键，或右击鼠标，在弹出的快捷菜单中选择"退出"即可。如图 1-26 所示。

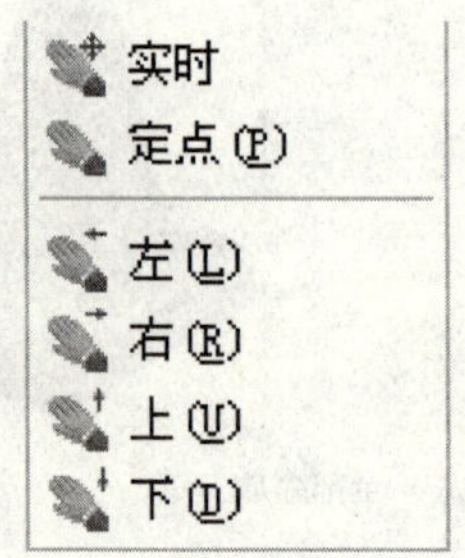

图 1-25 平移的二级菜单

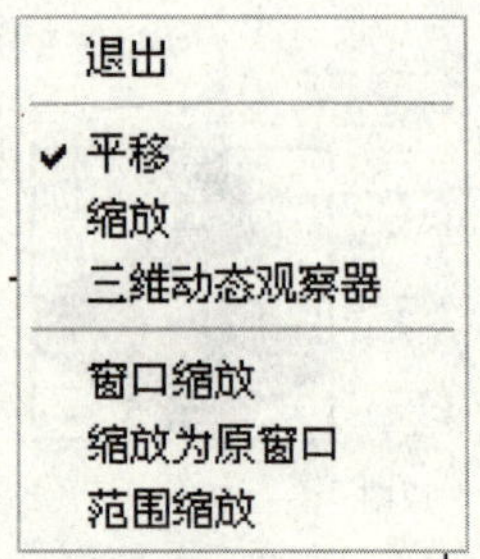

图 1-26 平移的右键快捷菜单

2．定点平移

即通过指定两点确定一个有向线段，使视图向着这个有向线段平移。

3．定向平移

包括上、下、左、右四个方向的平移。

三、鸟瞰视图

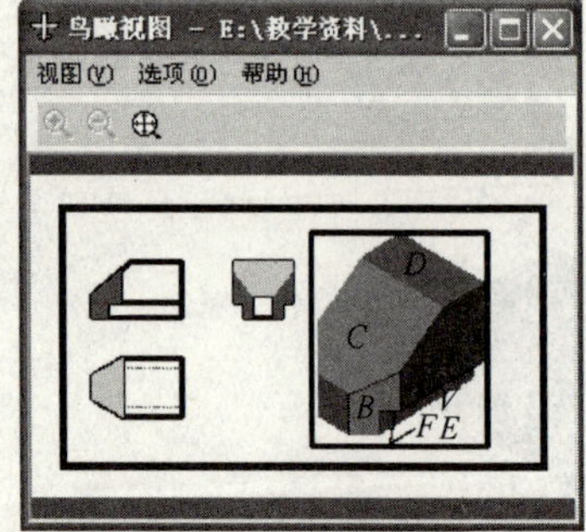

图 1-27 鸟瞰视图窗口

"鸟瞰视图"命令是用来在分开的窗口上显示图形，以便能将图形迅速地移动到某一区域。

1．打开或关闭鸟瞰视图

命令启动方法如下。

- 命令：dsviewer。
- 菜单：视图→鸟瞰视图。

执行上述命令，系统打开鸟瞰视图。如图 1-27 所示。

2．用鸟瞰视图平移和缩放视图

打开鸟瞰视图后，在黑色视框内单击鼠标左键，会出现一个 X，拖动线框，右击鼠标，线框变成当前视框，则当前的视图平移到新的位置；再次单击鼠标左键，线框内的 X 变成->，按住鼠标左键，改变线框大小，右击鼠标，线框变成当前视框，当前视图进行缩放。如图 1-28 所示。

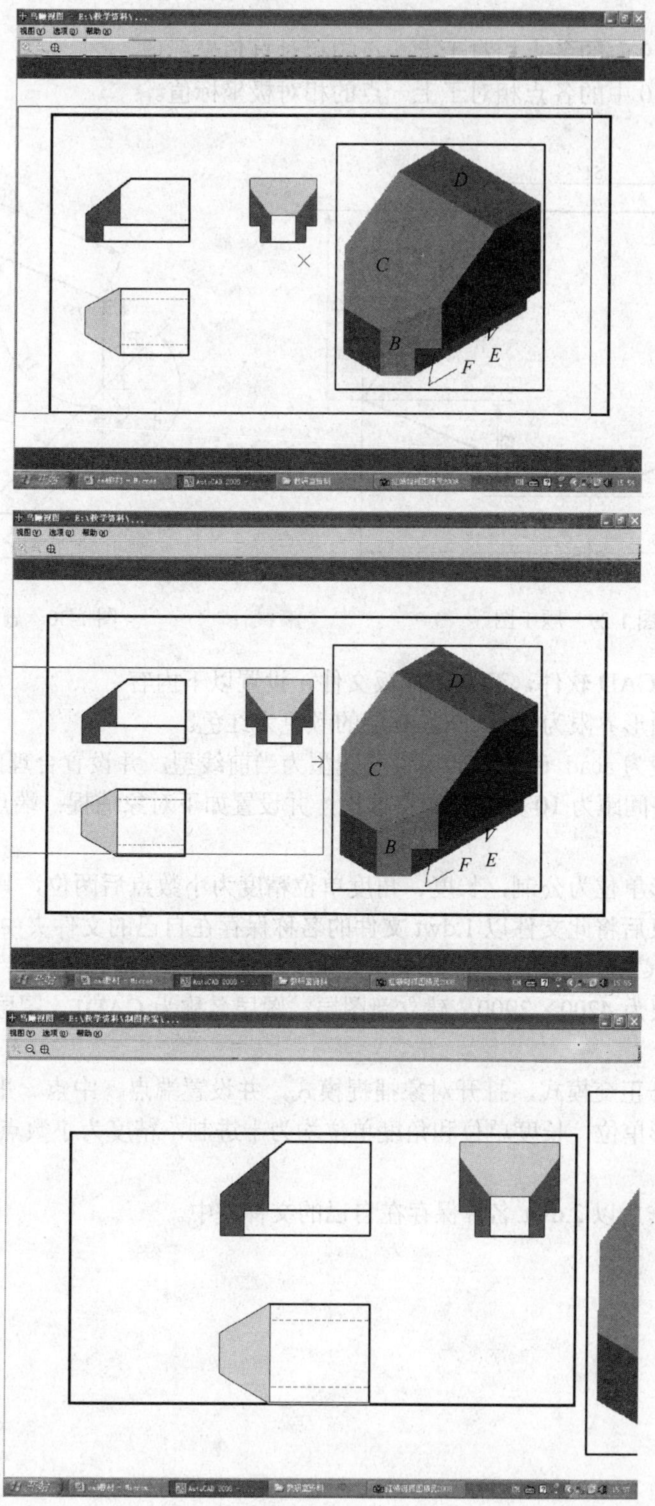

图 1-28 用鸟瞰视图平移和缩放当前视图

思考与练习

1．写出图 1-29 中的各点相对于上一点的相对直角坐标值。

2．写出图 1-30 中的各点相对于上一点的相对极坐标值。

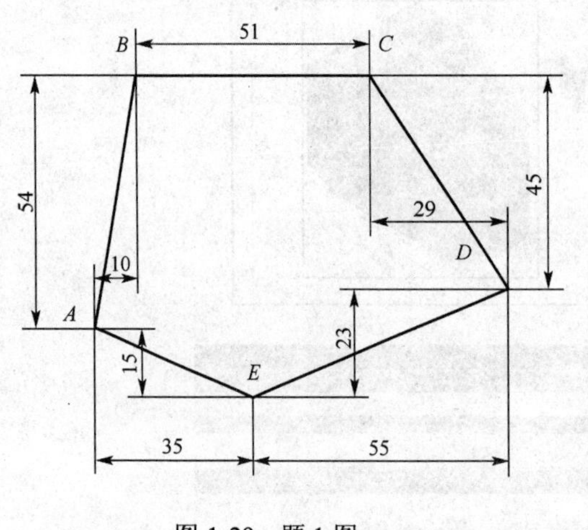

图 1-29　题 1 图

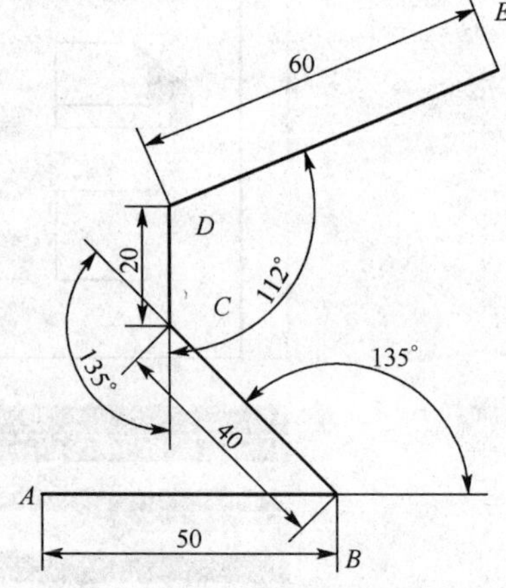

图 1-30　题 2 图

3．运行 AutoCAD 软件，建立新样板文件，设置以下内容。

（1）样板的图形界限为 120×90，0 层的颜色为红色。

（2）加载线型为 acad_iso3w100，设此线型为当前线型，并设置合理的线型显示比例。

（3）设置栅格间距为 10 并打开栅格捕捉，并设置如下对象捕捉：端点、象限点、交点、切点。

（4）设置图形单位为公制，长度、角度单位精度为小数点后两位，其他为默认设置。

所有设置结束后将此文件以 1.dwt 文件的名称保存在自己的文件夹中。

4．运行 AutoCAD 软件，建立新样板文件，设置以下内容。

（1）图形界限为 4200×2900，建立新图层，图层名称为 CAD1，图层的线型为 center，颜色设为红色。

（2）设置打开正交模式，打开对象捕捉模式，并设置端点、中点、平行、垂足捕捉。

（3）设置图形单位，长度单位和角度单位均为十进制，精度为小数点后 1 位，角度方向为默认。

完成上述操作后以 2.dwt 名称保存在自己的文件夹中。

第二章 平面绘图

AutoCAD 提供的二维绘图常用命令是绘制各种图形的最基本的工具之一，本章主要介绍 AutoCAD 2008 中文版的各种绘图命令，包括直线、圆、圆弧、多边形、椭圆、点等绘图命令的操作。本章侧重功能讲解，并通过实例讲解命令的具体应用。

图 2-1 所示的是“绘图”工具栏，工具栏默认状态是在绘图区的左侧，可以从菜单“视图”/“工具栏”中控制它的显示与否。

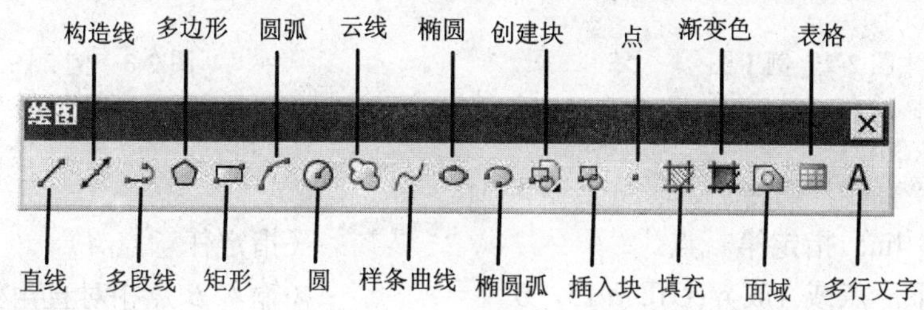

图 2-1 “绘图”工具栏

第一节 直 线

一、命令

LINE 直线

启动“直线”命令方法：

- 在命令行输入：line 或 l（快捷键），回车；
- 选择下拉菜单中的“绘图→直线”选项；
- 点击“绘图”工具栏中的 ／ 图标。

二、功能

直线是图形中最常见、最简单的实体，直线命令可以一次画一条线段，也可以连续画多条线段，其中每一条线段都是一个单独的对象。直线段是由起点和终点来确定的。

三、操作示例

【例 1】 利用输入点的绝对坐标画线，绘制如图 2-2 所示的图形。

操作步骤：

（1）启动“直线”命令。

（2）命令: _line 指定第一点: 0，0　　（输入 *A* 点绝对直角坐标）

（3）指定下一点或 [放弃(U)]: 24<60　　（输入 *B* 点绝对极坐标）

（4）指定下一点或 [放弃(U)]: 34，21　　（输入 *C* 点绝对直角坐标）

（5）指定下一点或 [闭合(C)/放弃(U)]: 34，–15　　（输入 *D* 点绝对直角坐标）

（6）指定下一点或 [闭合(C)/放弃(U)]: 14，–15　　（输入 *E* 点绝对直角坐标）

（7）指定下一点或 [闭合(C)/放弃(U)]: 12<–30　　（输入 *F* 点绝对极坐标）

（8）指定下一点或 [闭合(C)/放弃 U]] : C　　　　（闭合图形）

【例 2】 利用输入点的相对坐标画线，绘制如图 2-3 所示的图形。

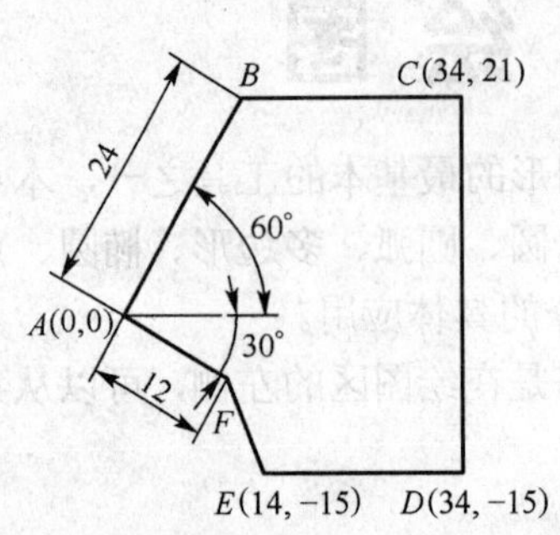

图 2-2 例 1 图

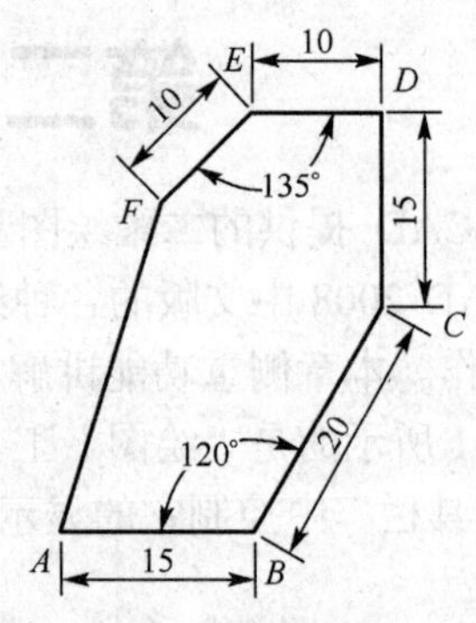

图 2-3 例 2 图

操作步骤：

（1）启动“直线”命令。

（2）命令: _line 指定第一点:　　　　（指定任意点 *A*）

（3）指定下一点或 [放弃(U)]: @15，0　　　　（输入 *B* 点相对直角坐标）

（4）指定下一点或 [放弃(U)]: @20<60　　　　（输入 *C* 点相对极坐标）

（5）指定下一点或 [闭合(C)/放弃(U)]: @0，15　　　　（输入 *D* 点相对直角坐标）

（6）指定下一点或 [闭合(C)/放弃(U)]: @–10，0　　　　（输入 *E* 点相对直角坐标）

（7）指定下一点或 [闭合(C)/放弃(U)]: @10<–135　　　　（输入 *F* 点相对极坐标）

（8）指定下一点或 [闭合(C)/放弃(U)]: C　　　　（闭合图形）

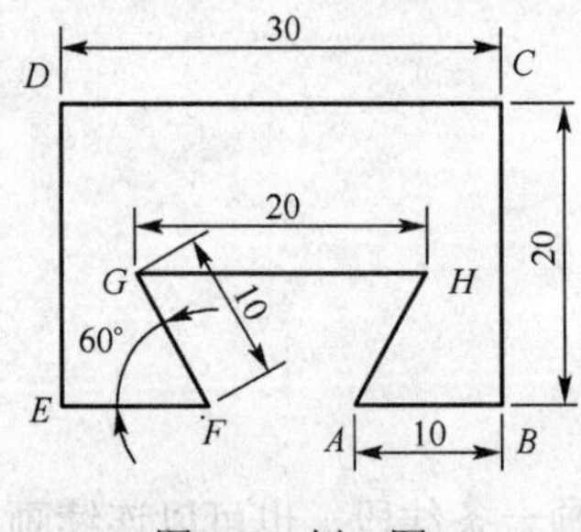

图 2-4 例 3 图

【例 3】 利用正交模式和极轴追踪模式画线，绘制如图 2-4 所示的燕尾槽。

操作步骤：

（1）启动“直线”命令。

（2）命令: _line 指定第一点: <正交 开>（打开“正交”模式）

（3）指定下一点或 [放弃(U)]:　（指定任意点 *A*）

（4）指定下一点或 [放弃(U)]: 10（用正交方式向右画线到 *B* 点）

（5）指定下一点或 [放弃(U)]: 20　　　　（用正交方式向上画线到 *C* 点）

（6）指定下一点或 [闭合(C)/放弃(U)]: 30　　　　（用正交方式向左画线到 *D* 点）

（7）指定下一点或 [闭合(C)/放弃(U)]: 20　　　　（用正交方式向下画线到 *E* 点）

（8）指定下一点或 [闭合(C)/放弃(U)]: 10　　　　（用正交方式向右画线到 *F* 点）

（9）指定下一点或 [闭合(C)/放弃(U)]:　<极轴 开>（打开“极轴追踪”模式，设置角增量为 30°）

（10）指定下一点或 [闭合(C)/放弃(U)]: 10　　　　（当光标工具栏提示极轴角为 120°，光标对齐路径时，输入直线 *FG* 的长度）

（11）指定下一点或 [闭合(C)/放弃(U)]: 20　　　　（用正交方式向右画线到 *H* 点）

（12）指定下一点或 [闭合(C)/放弃(U)]: C　　　　（闭合图形）

四、说明

（1）点的坐标有：绝对直角坐标、相对直角坐标、绝对极坐标、相对极坐标四种。

① 绝对直角坐标输入格式为：“*X*，*Y*”，*X* 表示点的 *X* 轴坐标值、点 *Y* 的 *Y* 轴坐标值，二者间用“，”隔开，注意“，”应在英文状态下输入；

② 相对直角坐标输入格式为：“@*X*，*Y*”，*X* 表示该点相对于上一点的 *X* 轴坐标值、点 *Y* 表示该点相对于上一点的 *Y* 轴坐标值，二者间用“，”隔开；

③ 绝对极坐标输入格式为：*R*<*a*，*R* 表示该点到原点的距离，*a* 表示极轴方向与 *X* 轴正方向间的夹角，二者间用“<”隔开；

④ 相对极坐标输入格式为：*R*<*a*，*R* 表示该点到上一点的距离，*a* 表示极轴方向与 *X* 轴正方向间的夹角，二者间用“<”隔开；

（2）执行直线命令，依次输入各端点的坐标值，然后再到下一点，若出错可输入“U”退回到上一步，输入“C”可封闭图形。

（3）在“正交”模式下画线，只能绘制平行于 *X* 轴或 *Y* 轴的直线；在“极轴追踪”模式中可设置不同的极轴角增量，可沿各种极轴角方向画线，但不能同时启用“正交”模式和“极轴追踪”模式。

第二节　构　造　线

一、命令

XlINE　构造线

启动“构造线”命令方法：

- 在命令行输入：xline 或 XL（快捷键），回车；
- 选择下拉菜单中的“绘图→构造线”选项；
- 点击“绘图”工具中的图标。

二、功能

创建过指定点的双向无限长直线，指定点称为根点，可用中点捕捉拾取该点，常用作辅助作图线。

三、操作示例

【例】 求如图 2-5 所示三角形 *ABC* 的内切圆心 *O*。

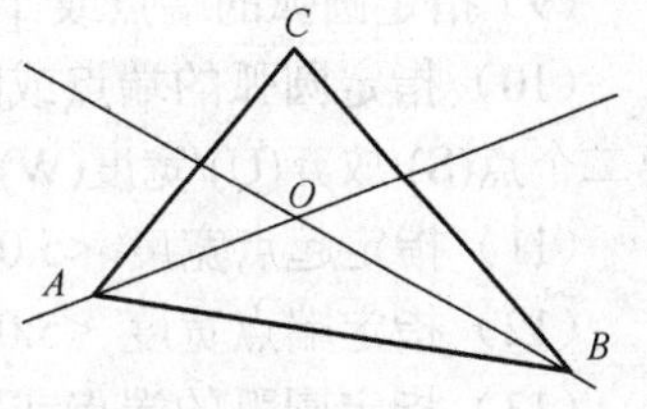

图 2-5　三角形

操作步骤：

（1）启动“构造线”命令。

（2）命令: _xline 指定点或 [水平(H)/垂直(V)/角度(A)/二等分(B)/偏移(O)]: b　　（选用“二等分”选项）

（3）指定角的顶点:　　（捕捉点 *A*）

（4）指定角的起点:　　（捕捉点 *B*）

（5）指定角的端点:　　（捕捉点 *C*）

（6）指定角的端点:　　（回车，结束命令）

（7）同理求得角 *B* 的平分线，二平分线交于点 *O*，点 *O* 即为所求。

四、选项说明

（1）水平(H)：通过点，画出水平线。

（2）垂直(V)：通过点，画出铅垂线。

（3）偏移(O)：指定直线，可过一点作该线的平行线，也可以指定偏移距离画平行线。

第三节　多　段　线

一、命令

PLINE　多段线

启动“多段线”命令方法：

- 在命令行输入：pline 或 pl（快捷键），回车；
- 选择下拉菜单中的“绘图→多段线”选项；
- 点击“绘图”工具中的 图标。

二、功能

多段线可包含不同宽度的直线和圆弧，是一个完整的图形元素。在三维绘图中，可通过编辑命令将直线和圆弧连接而成的图形转化为多段线，从而实现拉伸功能。

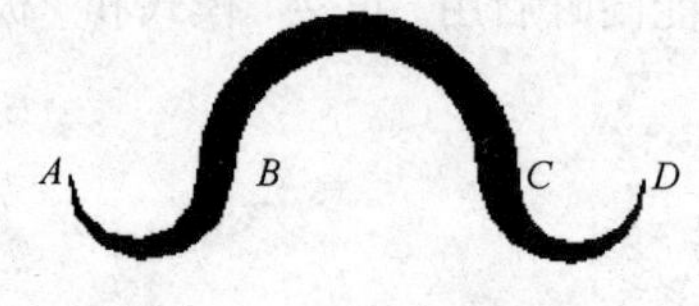

图 2-6　多段线命令画图

三、操作示例

【例 1】 用多段线命令画如图 2-6 所示的图形。

操作步骤：

（1）启动“多段线”命令。

（2）命令: _pline

指定起点：当前线宽为 0.0000　（任意指定一起点 *A*）

（3）指定下一个点或 [圆弧(A)/半宽(H)/长度(L)/放弃(U)/宽度(W)]: w

（4）指定起点宽度 <0.0000>: 0　　（起点 *A* 的宽度值）

（5）指定端点宽度 <0.0000>: 5　　（端点 *B* 的宽度值）

（6）指定下一个点或 [圆弧(A)/半宽(H)/长度(L)/放弃(U)/宽度(W)]: a（选画圆弧方式）

（7）指定圆弧的端点或[角度(A)/圆心(CE)/方向(D)/半宽(H)/直线(L)/半径(R)/第二个点(S)/放弃(U)/宽度(W)]: a　（选角度选项）

（8）指定包含角: 180　　（输入圆弧 *AB* 包含角度）

（9）指定圆弧的端点或 [圆心(CE)/半径(R)]: @20，0　（输入 *B* 点相对 *A* 点的坐标值）

（10）指定圆弧的端点或[角度(A)/圆心(CE)/闭合(CL)/方向(D)/半宽(H)/直线(L)/半径(R)/第二个点(S)/放弃(U)/宽度(W)]: w

（11）指定起点宽度 <5.0000>: 5　　（起点 *B* 的宽度值）

（12）指定端点宽度 <5.0000>: 5　　（端点 *C* 的宽度值）

（13）指定圆弧的端点或[角度(A)/圆心(CE)/闭合(CL)/方向(D)/半宽(H)/直线(L)/半径(R)/第二个点(S)/放弃(U)/宽度(W)]: a

（14）指定包含角: –180　（输入圆弧 *BC* 包含角度）

（15）指定圆弧的端点或 [圆心(CE)/半径(R)]: @40，0　（输入 *C* 点相对 *B* 点的坐标值）

（16）指定圆弧的端点或[角度(A)/圆心(CE)/闭合(CL)/方向(D)/半宽(H)/直线(L)/半径(R)/第二个点(S)/放弃(U)/宽度(W)]: w

（17）指定起点宽度 <5.0000>: 5　　（起点 *C* 的宽度值）

（18）指定端点宽度 <5.0000>: 0　　（端点 *D* 的宽度值）

（19）指定圆弧的端点或[角度(A)/圆心(CE)/闭合(CL)/方向(D)/半宽(H)/直线(L)/半径(R)/

第二个点(S)/放弃(U)/宽度(W)]: a

（20）指定包含角: 180　　　　　　　　（输入圆弧 *CD* 包含角度）

（21）指定圆弧的端点或 [圆心(CE)/半径(R)]: @20，0　（输入 *D* 点相对 *C* 点的坐标值）

（22）指定圆弧的端点或[角度(A)/圆心(CE)/闭合(CL)/方向(D)/半宽(H)/直线(L)/半径(R)/第二个点(S)/放弃(U)/宽度(W)]:　　（回车，结束命令）

【例 2】 用多段线命令画如图 2-7 所示的电路符号。

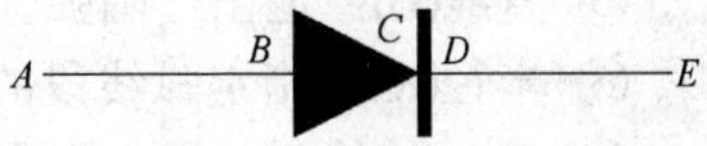

图 2-7　电路符号

操作步骤:

（1）启动“多段线”命令。

（2）命令: _pline

指定起点:当前线宽为 0.0000　（任意指定一起点 *A*）

（3）指定下一个点或 [圆弧(A)/半宽(H)/长度(L)/放弃(U)/宽度(W)]: @20，0　（输入 *B* 点相对 *A* 点的坐标值）

（4）指定下一点或 [圆弧(A)/闭合(C)/半宽(H)/长度(L)/放弃(U)/宽度(W)]: w

（5）指定起点宽度 <0.0000>: 10　　（起点 *B* 的宽度值）

（6）指定端点宽度 <10.0000>: 0　　（端点 *C* 的宽度值）

（7）指定下一点或 [圆弧(A)/闭合(C)/半宽(H)/长度(L)/放弃(U)/宽度(W)]:　@10，0　（输入 *C* 点相对 *B* 点的坐标值）

（8）指定下一点或 [圆弧(A)/闭合(C)/半宽(H)/长度(L)/放弃(U)/宽度(W)]: w

（9）指定起点宽度 <0.0000>: 10　　（起点 *C* 的宽度值）

（10）指定端点宽度 <10.0000>:10　　（端点 *D* 的宽度值）

（11）指定下一点或 [圆弧(A)/闭合(C)/半宽(H)/长度(L)/放弃(U)/宽度(W)]:　@1，0 （输入 *D* 点相对 *C* 点的坐标值）

（12）指定下一点或 [圆弧(A)/闭合(C)/半宽(H)/长度(L)/放弃(U)/宽度(W)]: w

（13）指定起点宽度 <10.0000>: 0　　（起点 *D* 的宽度值）

（14）指定端点宽度 <0.0000>:0　　（端点 *E* 的宽度值）

（15）指定下一点或 [圆弧(A)/闭合(C)/半宽(H)/长度(L)/放弃(U)/宽度(W)]: @20，0 （输入 *E* 点相对 *D* 点的坐标值）

（16）指定下一点或 [圆弧(A)/闭合(C)/半宽(H)/长度(L)/放弃(U)/宽度(W)]:　（回车，结束命令）

四、说明

（1）[圆弧(A)/闭合(C)/半宽(H)/长度(L)/放弃(U)/宽度(W)]各选项的含义。

① 圆弧(A)：将弧线段添加到多段线中。

② 闭合(C)：绘制一条直线段（从当前位置到多段线起点）闭合多段线。

③ 半宽(H)：指定从宽多段线线段的中心到其一边的宽度。

④ 长度(L)：在与前一线段相同的角度方向上绘制指定长度的直线段。如果前一线段是圆弧，将绘制与该弧线段相切的新线段。

⑤ 放弃(U)：删除最近一次添加到多段线上的直线段。

⑥ 宽度(W)：指定下一条直线段的宽度。

（2）当执行“圆弧(A)”选项时，即为画弧方式，命令行提示：“指定圆弧的端点或[角度(A)/圆心(CE)/闭合(CL)/方向(D)/半宽(H)/直线(L)/半径(R)/第二个点(S)/放弃(U)/宽度(W)]:”，如果选任一点，该点就被确认为弧的端点。

其余选项的含义如下。

① 角度(A)：指定弧线段的从起点开始的包含角。

② 圆心(CE)：指定弧线段的圆心。

③ 闭合(CL)：用弧线段将多段线闭合。

④ 方向(D)：指定弧线段的起始方向（切线方向）。

⑤ 直线(L)：退出“圆弧”选项并返回 PLINE 命令的初始提示。

⑥ 半径(R)：指定弧线段的半径。

⑦ 第二个点(S)：指定三点圆弧的第二点和端点。

（3）当多段线的宽度大于 0 时，若想绘制闭合的多段线，一定要用选项“闭合(C)”，否则，即使起点与终点重合，也会出现缺口，如图 2-8（a）所示，图 2-8（b）为 “闭合(C)”的情况。

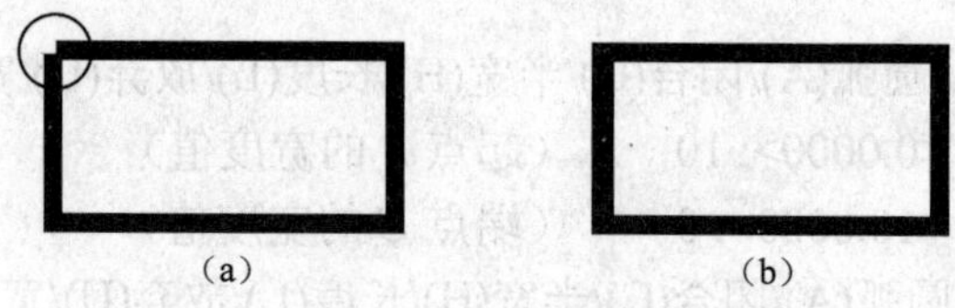

图 2-8　有缺口的多段线和封闭的多段线

第四节　矩　　形

一、命令

RECTANG　矩形

启动“矩形”命令方法：

- 在命令行输入：rectang 或 rec（快捷键），回车；
- 选择下拉菜单中的“绘图→矩形”选项；
- 点击“绘图”工具中的▭图标。

二、功能

画矩形，矩形是一种多段线实体对象，可以用分解命令将其分解为四条单线。可绘制带倒角、圆角及有宽度的矩形。

三、操作示例

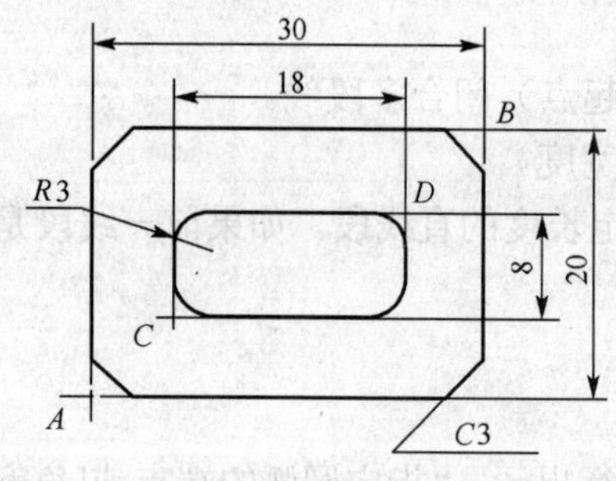

图 2-9　矩形命令画图

【例】 用矩形命令画如图 2-9 所示的图形。

操作步骤：

（1）启动“矩形”命令。

（2）命令: _rectang

（3）指定第一个角点或 [倒角(C)/标高(E)/圆角(F)/厚度(T)/宽度(W)]: c

（4）指定矩形的第一个倒角距离 <0.0000>:3

（5）指定矩形的第二个倒角距离 <5.0000>: 3

（6）指定第一个角点或 [倒角(C)/标高(E)/圆 角(F)/厚度(T)/宽度(W)]:（任意指定一点 *A*）

（7）指定另一个角点或 [面积(A)/尺寸(D)/旋转(R)]: @40，20 （输入 *B* 点相对 *A* 点的坐标值，画出带倒角的矩形）

（8）命令: _rectang

当前矩形模式: 倒角=3.0000×3.0000（显示当前模式）

（9）指定第一个角点或 [倒角(C)/标高(E)/圆角(F)/厚度(T)/宽度(W)]: f（用“圆角”选项）

（10）指定矩形的圆角半径 <3.0000>: 3

（11）指定第一个角点或 [倒角(C)/标高(E)/圆角(F)/厚度(T)/宽度(W)]: _from 基点: <偏移>: @6，6 （点击“对象捕捉”工具中的“捕捉自”图标，开启极轴追踪，捕捉相邻直线的交点 *A*，再输入 *C* 点相对 *A* 点的坐标值@6，6，确定 *C* 点位置）

（12）指定另一个角点或 [面积(A)/尺寸(D)/旋转(R)]: @18，8 （输入 *D* 点相对 *C* 点的坐标值，画出带圆角的矩形）

四、选项说明

（1）[倒角(C)/标高(E)/圆角(F)/厚度(T)/宽度(W)] 各选项的含义。

① 倒角(C)：可设置不同距离的倒角，如图 2-10（a）所示。

② 圆角(F)：设置圆角半径。

③ 标高(E)：在三维坐标下，设置矩形标高（*Z* 坐标），把矩形画在标高为 *Z*，与 *XOY* 面平等的平面上，作为后续矩形的标高值，如图 2-10（b）所示。

④ 厚度(T)：设置矩形厚度，在三维坐标下可显示，如图 2-10（c）所示。

⑤ 宽度(W)：设置矩形宽度，如图 2-10（d）所示。

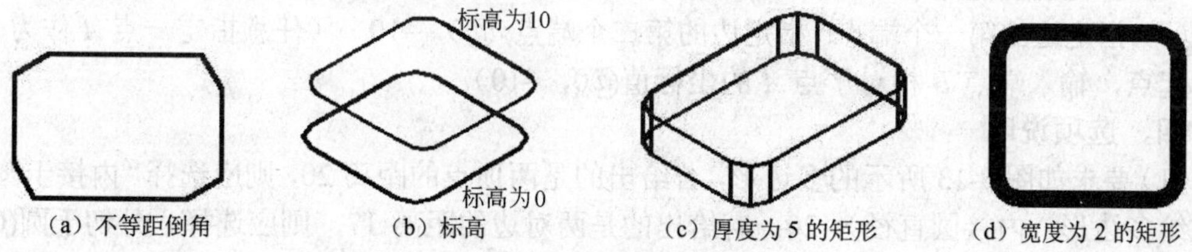

（a）不等距倒角　（b）标高　（c）厚度为 5 的矩形　（d）宽度为 2 的矩形

图 2-10 选项说明

（2）当前使用矩形时命令行会显示“当前矩形模式:”即上一次设置的模式，如不重新设置选项值，系统将延用上一次的模式绘图。

第五节 正 多 边 形

一、命令

POLYGON 正多边形

启动“正多边形”命令方法：

- 在命令行输入：polygon 或 pol（快捷键），回车；
- 选择下拉菜单中的“绘图→正多边形”选项；
- 点击“绘图”工具中的图标。

二、功能

画正多边形，正多边形是多段线实体对象，可以用分解命令将其分解为若干条单线。AutoCAD 可以绘制边数为 3～1024 的正多边形。

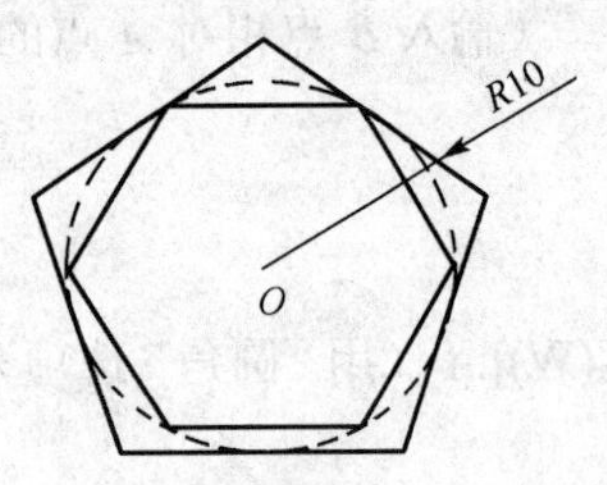

图 2-11　正多边形（一）

三、操作示例

【例 1】 通过内接于圆(I)或外切于圆的(C)方式绘制如图 2-11 所示的正多边形。

操作步骤：

（1）启动“正多边形”命令。

（2）命令: _polygon 输入边的数目 <4>: 6

（3）指定正多边形的中心点或 [边(E)]: （任意指定一点 *O* 为中心点）

（4）输入选项 [内接于圆(I)/外切于圆(C)] <I>: I （选“内接于圆”方式）

（5）指定圆的半径: 10　　　　　　　　（输入内接圆半径）

（6）启动“正多边形”命令

（7）命令: _polygon 输入边的数目 <6>: 5

（8）指定正多边形的中心点或 [边(E)]:　　　　（用极轴追踪方式捕捉点 *O* 为中心点）

（9）输入选项 [内接于圆(I)/外切于圆(C)] <C>: C （选“外切于圆”方式）

（10）指定圆的半径: 10　　　（输入外切圆半径）

【例 2】 按给定边长的方式绘制如图 2-12 所示的正多边形。

操作步骤：

（1）启动“正多边形”命令。

（2）命令: _polygon 输入边的数目 <4>: 6 （画正六边形）

（3）指定正多边形的中心点或 [边(E)]: e （选“边”方式）

（4）指定边的第一个端点: 指定边的第二个端点: @0，−10 （任意指定一点 *A* 作为一条边的起点，输入端点 *B* 相对于点 *A* 的坐标值@0，−10）

四、选项说明

（1）要求如图 2-13 所示的多边形，若给出的是两顶点的距离 20，则应选择“内接于圆(I)”方式绘多边形，内接圆直径为 20；若给出的是两对边的距离 17，则应选择“外切于圆(C)”方式绘多边形，外切圆直径为 17。

（2）绘制如图 2-14 中的多边形，当命令行提示：“指定圆的半径: ”时，输入“@R<50”，其中 50 为多边形顶点的极轴方向与 *X* 轴正方向间的夹角度数。

（3）选项“边(E)”指一条边的起点和端点，系统按逆时针方向创建该正多边形。

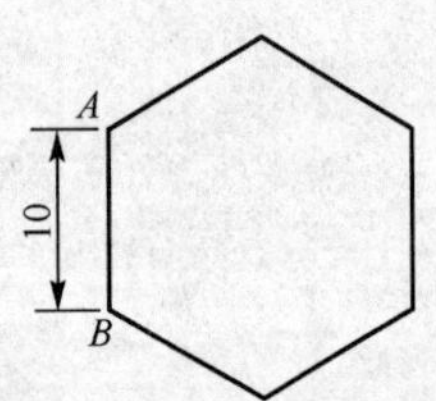

图 2-12　正多边形（二）

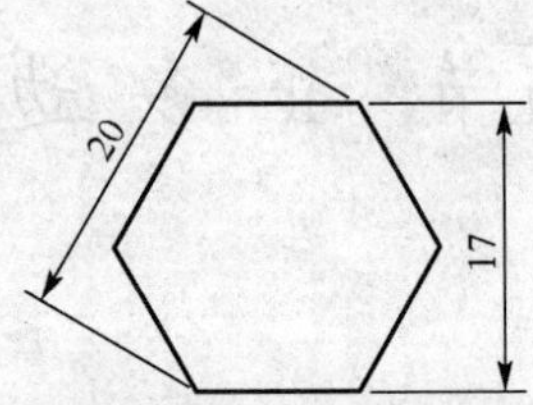

图 2-13　正多边形（三）

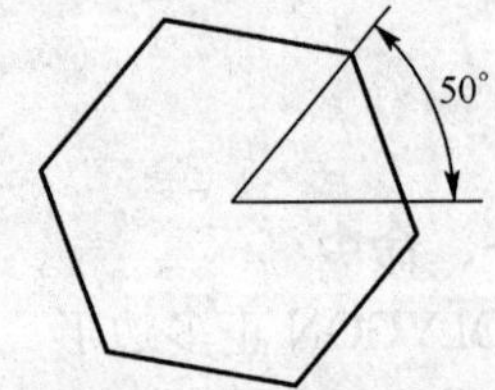

图 2-14　正多边形（四）

第六节　圆

一、命令

CIRCLE 圆

启动“圆”命令方法：

- 在命令行输入：circle 或 c（快捷键），回车；
- 选择下拉菜单中的“绘图→圆”选项；
- 点击“绘图”工具中的图标。

二、功能

画圆，系统提供了多种绘圆的方式，在绘制过程中应根据已知条件来决定选用哪种方式。

三、操作示例

【例 1】 绘制如图 2-15 所示的连环圆。

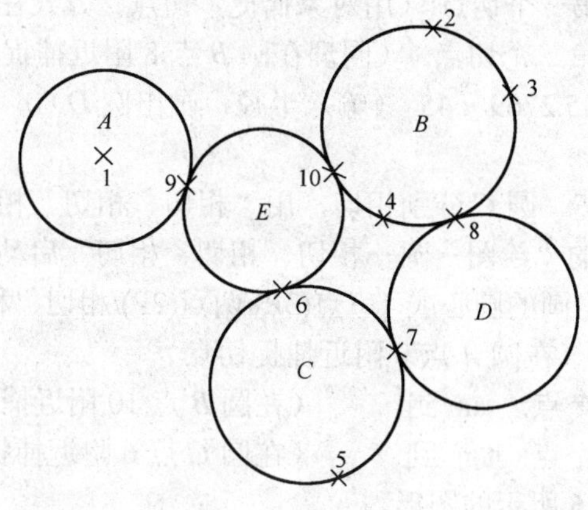

图 2-15　连环圆

操作步骤：

1．画圆 *A*

已知圆 *A* 的圆心点 1（150,160），半径为 40，用“圆心—半径”方式画圆 *A*。

（1）启动“圆”命令。

（2）命令: _circle 指定圆的圆心或 [三点(3P)/两点(2P)/相切、相切、半径(T)]: 150，160（输入点 1 坐标值）

（3）指定圆的半径或 [直径(D)] <5.0000>: 40　（画出圆 *A*）

2．画圆 *B*

已知圆 *B* 圆周上三点：点 2（300,200）、点 3（340,190）、点 4（290,130），用“3P”方式画圆 *B*。

（1）启动“圆”命令。

（2）命令: _circle 指定圆的圆心或 [三点(3P)/两点(2P)/相切、相切、半径(T)]: 3p（用“三点”方式绘圆）

（3）指定圆上的第一个点: 300，220　（输入点 2 坐标值）

（4）指定圆上的第二个点: 340，190　（输入点 3 坐标值）

（5）指定圆上的第三个点: 290，130　（输入点 4 坐标值，画出圆 *B*）

3．画圆 *C*

已知圆 *C* 直径两点：点 5（250,10）、点 6（240,100），用“2P 方式画圆 *C*。

（1）启动“圆”命令。

（2）命令: _circle 指定圆的圆心或 [三点(3P)/两点(2P)/相切、相切、半径(T)]: 2p　（用“两点”方式绘圆）

（3）指定圆直径的第一个端点: 250，10 （输入点 5 坐标值）

（4）指定圆直径的第二个端点: 240，100 （输入点 6 坐标值，画出圆 *C*）

4．画圆 *D*

已知圆 *D* 与圆 *B*、圆 *C* 分别相切，半径为 45，用“相切、相切、半径”方式画圆 *D*。

（1）启动“圆”命令。

（2）命令: _circle 指定圆的圆心或 [三点(3P)/两点(2P)/相切、相切、半径(T)]: t （用“相切、相切、半径”方式绘圆）

（3）指定对象与圆的第一个切点:（用对象捕捉“切点”方式在圆 *C* 点 7 附近捕捉切点）

（4）指定对象与圆的第二个切点: （同理在圆 *B* 点 8 附近捕捉切点）

（5）指定圆的半径 <45.2769>: 45 （输入半径，画出圆 *D*）

5．画圆 *E*

已知圆 *E* 与圆 *A*、圆 *B*、圆 *C* 分别相切，用“相切、相切、相切”方式画圆 *E*。

（1）选择下拉菜单中的“绘图→圆→相切、相切、相切”启动“圆”命令。

（2）命令: _circle 指定圆的圆心或 [三点(3P)/两点(2P)/相切、相切、半径(T)]: _3p 指定圆上的第一个点: _tan 到 （在圆 *A* 点 9 附近捕捉切点）

（3）指定圆上的第二个点: _tan 到 （在圆 *B* 点 10 附近捕捉切点）

（4）指定圆上的第三个点: _tan 到 （在圆 *C* 点 6 附近捕捉切点，画出圆 *E*）

【例 2】 绘制如图 2-16 所示的图形。

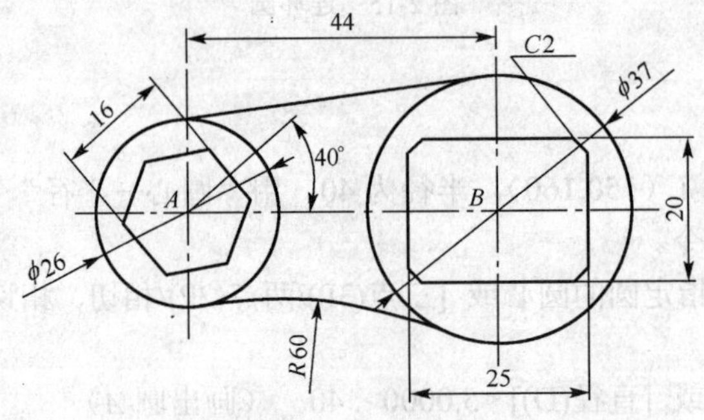

图 2-16 例 2 图

操作步骤:

1．设置图层

在“图层特性管理器”中，分别设置“轮廓线”层及“中心线”层。

2．在“中心线”层中绘制中心线

（1）命令: _line 指定第一点: （捕捉任一点作为水平中心线的起点）

（2）指定下一点或 [放弃(U)]: @82，0 （确定水平中心线的端点，82 为大约值）

（3）指定下一点或 [放弃(U)]: （回车，结束命令）

（4）同理画出左侧竖直中心线，线长约为 38;

（5）命令: _offset （用“偏移”命令绘制右侧竖直中心线）

（6）当前设置: 删除源=否 图层=源 OFFSETGAPTYPE=0

（7）指定偏移距离或 [通过(T)/删除(E)/图层(L)] <通过>: 44

（8）选择要偏移的对象，或 [退出(E)/放弃(U)] <退出>: （选择左侧竖直中心线为要偏移

的对象）

（9）指定要偏移的那一侧上的点，或 [退出(E)/多个(M)/放弃(U)] <退出>:（在左侧竖直中心线的右侧单击鼠标，确定偏移方向）

（10）选择要偏移的对象，或 [退出(E)/放弃(U)] <退出>:（回车，结束命令）

3．在“轮廓线”层中绘制圆、圆弧、矩形、六边形等

（1）命令: _circle 指定圆的圆心或 [三点(3P)/两点(2P)/相切、相切、半径(T)]:（捕捉点 *A* 作为ϕ26 的圆心）

（2）指定圆的半径或 [直径(D)] <37.8959>: 13（输入半径值，画出ϕ26 的圆）

（3）同理以点 *B* 为圆心，18.5 为半径画出ϕ37 的圆;

（4）命令: _polygon 输入边的数目 <6>:　　（输入多边形边数）

（5）指定正多边形的中心点或 [边(E)]:　　（捕捉点 *A* 作六边形中心点）

（6）输入选项 [内接于圆(I)/外切于圆(C)] <I>: c　（选“外切于圆”方式）

（7）指定圆的半径: @8<40　（8 为六边形外切圆的半径值，40 为六边形顶点的极轴方向与 *X* 轴正方向间的夹角度数）

（8）命令: _rectang

当前矩形模式:　倒角=5.0000×3.0000

（9）指定第一个角点或 [倒角(C)/标高(E)/圆角(F)/厚度(T)/宽度(W)]: c

（10）指定矩形的第一个倒角距离 <5.0000>: 2

（11）指定矩形的第二个倒角距离 <3 .0000>: 2

（12）指定第一个角点或 [倒角(C)/标高(E)/圆角(F)/厚度(T)/宽度(W)]: _from 基点: <偏移>: @–12.5，–10　（点击“对象捕捉”工具中的“捕捉自”图标，捕捉点 *B*，再输入矩形左下角点相对 *B* 点的坐标值）

（13）指定另一个角点或 [面积(A)/尺寸(D)/旋转(R)]: @25，20（输入矩形右上角点相对左下角点的坐标值）

4．在“轮廓线”层中绘制两圆的切线及 *R*60 圆弧

（1）命令: _line 指定第一点:（在对象捕捉模式中只设置“切点”捕捉，在圆 *A* 上大致位置捕捉一切点）

（2）指定下一点或 [放弃(U)]:（在圆 *B* 上大致位置捕捉另一切点）

（3）指定下一点或 [放弃(U)]:（回车，结束命令，画出两圆的切线）

（4）命令: _circle 指定圆的圆心或 [三点(3P)/两点(2P)/相切、相切、半径(T)]: t　（用“相切、相切、半径”方式绘圆）

（5）指定对象与圆的第一个切点:（用对象捕捉“切点”模式在圆 *A* 竖直中心线的右侧大致位置捕捉一切点）

（6）指定对象与圆的第二个切点:　（在圆 *B* 竖直中心线的左侧大致位置捕捉另一切点）

（7）指定圆的半径 <18.5000>: 60　（输入圆半径）

（8）命令: _trim

当前设置:投影=UCS，边=无　选择剪切边...

选择对象或 <全部选择>:　指定对角点: 找到 5 个

（9）选择要修剪的对象，或按住 Shift 键选择要延伸的对象，或[栏选(F)/窗交(C)/投影(P)/

边(E)/删除(R)/放弃(U)]：（拾取要修剪的图形对象的多余部分）

（10）选择要修剪的对象，或按住 Shift 键选择要延伸的对象，或[栏选(F)/窗交(C)/投影(P)/边(E)/删除(R)/放弃(U)]：（回车，结束命令，画出 *R*60 圆弧）

四、说明

（1）相对圆来说，圆弧的控制要困难一些，它需要有起点角和终点角才能完全定义，因此在一些圆弧绘制时常用圆命令绘制，如【例 2】中的 *R*60 圆弧就是用圆命令中“相切、相切、半径”方式画圆，经修剪求得。

（2）绘制 *R*60 圆时要注意捕捉切点的位置，如果在圆 *A* 竖直中心线的左侧位置捕捉一切点和在圆 *B* 竖直中心线的右侧位置捕捉另一切点，得到的就是与两圆相内切的圆了。

（3）用“相切、相切、半径”方式画圆，需用下拉菜单“绘图→圆→相切、相切、相切(A)”中选取，可画出一个与三条直线或三个圆都相切的圆，操作时需通过捕捉切点来确定圆上的三点。

第七节 圆 弧

一、命令

ARC 圆弧

启动“圆弧”命令方法：

- 在命令行输入：arc 或 a（快捷键），回车；
- 选择下拉菜单中的“绘图→圆弧”选项；
- 点击“绘图”工具中的 图标。

二、功能

画圆弧，系统提供了多种绘圆弧的方式，在绘制过程中应根据已知条件来决定选用哪种方式。

三、操作示例

【例】 绘制如图 2-17 所示的销。

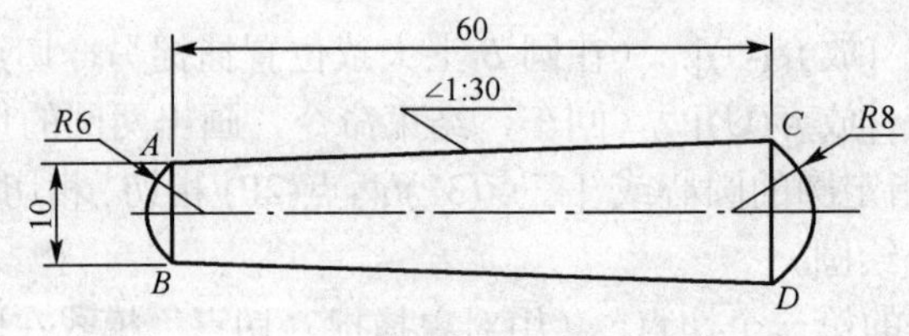

图 2-17 销

操作步骤：

（1）画中心线、直线 *AB* 和 *CD*，计算得直线 *CD* 长为 14，画斜线 *AC* 和 *BD*；

（2）画圆弧 *AB*、*CD*：

① “绘图→圆弧→起点、端点、半径”，启动画圆弧命令；

② 命令: _arc 指定圆弧的起点或 [圆心(C)]：（捕捉 *A* 点作为圆弧的起点）

指定圆弧的第二个点或 [圆心(C)/端点(E)]: _e

③ 指定圆弧的端点:　　（捕捉 *B* 点作为圆弧的端点）

④ 指定圆弧的圆心或 [角度(A)/方向(D)/半径(R)]: _r 指定圆弧的半径: 6　　（画出圆弧 *AB*）

⑤ 同理分别以 *D* 点、*C* 点作为圆弧的起点和端点，以 8 为半径画出圆弧 *CD*。

四、选项说明

（1）三点：给出起点（S）、第二点（2）和端点（E）画圆弧，如图 2-18（a）所示。

（2）起点（S）、圆心（C）、端点（E）：圆弧按逆时针方向绘制，因此要注意起点的选取，如图 2-18（b）所示。

（3）起点（S）、圆心（C）、角度（A）：圆心角为正时，系统按逆时针绘制圆弧，圆心角为负时按顺时针绘制圆弧，如图 2-18（c）所示。

（4）起点（S）、圆心（C）、长度（L）：圆弧按逆时针方向绘制，弦长为正时，绘制劣弧，弦长为负时绘制优弧，如图 2-18（d）所示。

（5）起点（S）、端点（E）、角度（A）：圆心角为正时，系统按逆时针绘制圆弧，圆心角为负时按顺时针绘制圆弧，如图 2-18（e）所示。

（6）起点（S）、端点（E）、方向（D）：方向为起点处切线方向，如图 2-18（f）所示。

（7）起点（S）、端点（E）、半径（R）：圆弧按逆时针方向绘制，半径为正时，绘制劣弧，半径为负时绘制优弧，如图 2-18（g）所示。

（8）圆心（C）、起点（S）、端点（E）[或长度（L）或角度（A）]：绘圆弧方式的操作步骤与“起点（S）、圆心（C）、端点（E）[或长度（L）或角度（A）]”类似，只是选取点的先后顺序不同，图略。

（9）继续（O）：与上一线段相切，继续画圆弧段，只需给出端点，如图 2-18（h）所示。

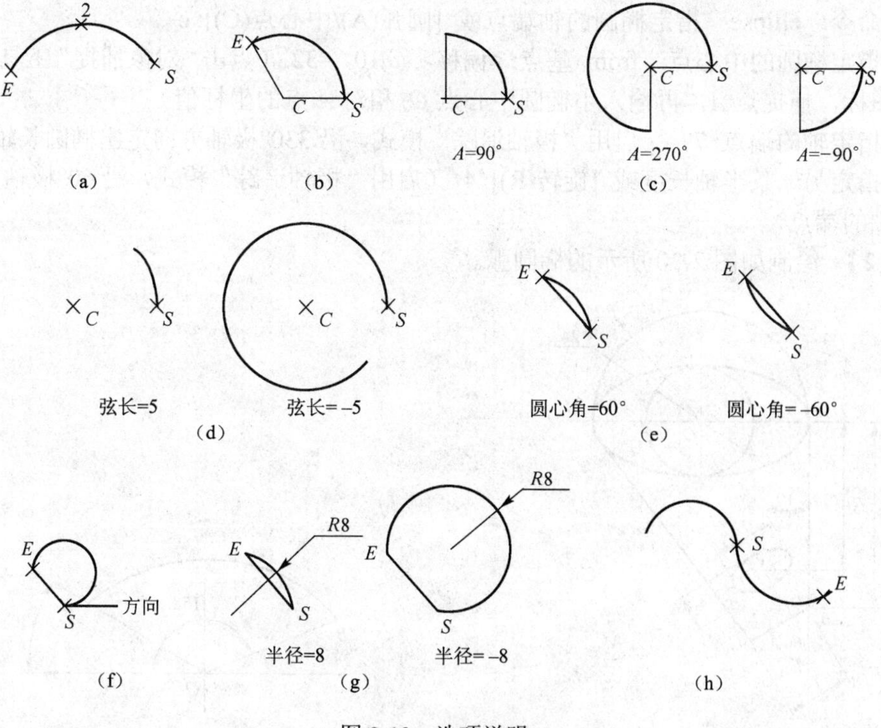

图 2-18　选项说明

第八节 椭圆、椭圆弧

一、命令

ELLIPSE 椭圆

启动“椭圆”命令方法：

- 在命令行输入：ellipse 或 el（快捷键），回车；
- 选择下拉菜单中的“绘图→椭圆”选项；
- 点击“绘图”工具中的图标。

二、功能

画椭圆，系统变量 PELLIPSE 为 1 时，画出由多线段拟合成的近似椭圆，变量 PELLIPSE 为 0 时，创建真正的椭圆，并可画椭圆弧。

三、操作示例

【例 1】 绘制如图 2-19 所示的图形。

操作步骤：

（1）在“中心线”层中绘制中心线；

（2）在“轮廓线”层画 *R*24 的半圆、ϕ24 的圆，直线 *AB*，斜线 *BC*；

（3）用“长轴、短轴”方式画大椭圆；

① 命令: _ellipse 指定椭圆的轴端点或 [圆弧(A)/中心点(C)]: （捕捉大圆象限点 *A*）

② 指定轴的另一个端点: （捕捉大圆象限点 *D*）

③ 指定另一条半轴长度或 [旋转(R)]: （捕捉小圆象限点 *E*）

（4）用“中心点、两轴端点”方式画小椭圆；

① 命令: _ellipse 指定椭圆的轴端点或 [圆弧(A)/中心点(C)]: c

② 指定椭圆的中心点: _from 基点: <偏移>: @10，–32（点击“对象捕捉”工具中的“捕捉自”图标，捕捉点 *A*，再输入小椭圆中心点 O_2 相对 *A* 点的坐标值）

③ 指定轴的端点: 7 （启用“极轴追踪”模式，沿 330°极轴方向定出椭圆长轴的端点）

④ 指定另一条半轴长度或 [旋转(R)]: 4 （启用“极轴追踪”模式，沿 60°极轴方向定出椭圆短轴的端点）

【例 2】 绘制如图 2-20 所示的椭圆弧。

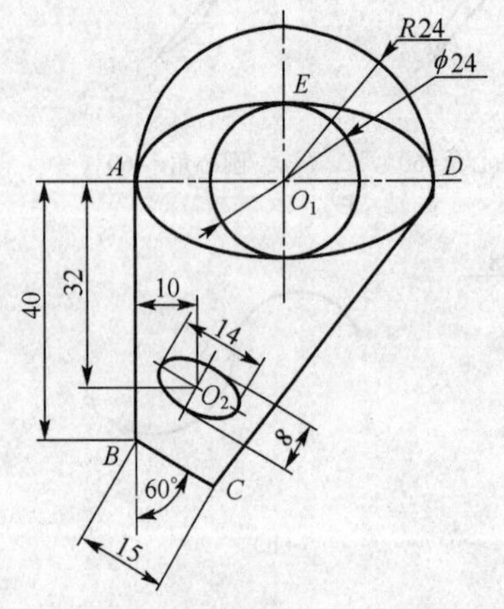

图 2-19 例 1 图

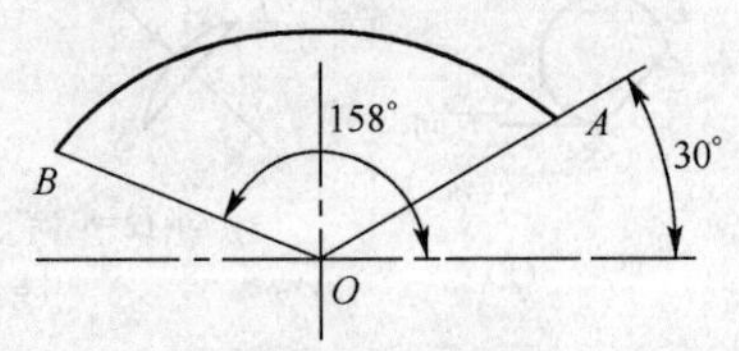

图 2-20 例 2 图

操作步骤：

（1）单击工具条按钮，启动“椭圆弧”命令；

（2）命令: _ellipse　指定椭圆的轴端点或 [圆弧(A)/中心点(C)]:c

（3）指定椭圆弧的中心点:　（捕捉点 *O*）

（4）指定轴的端点: 20　（光标沿 0º极轴方向移动，输入“20”）

（5）指定另一条半轴长度或 [旋转(R)]: 15　（光标沿 90º极轴方向移动，输入“15”）

（6）指定起始角度或 [参数(P)]:　30（输入“30”）

（7）指定终止角度或 [参数(P)/包含角度(I)]:　（输入“158”）

四、说明

（1）可以用捕捉点的方式来确定椭圆轴的长度，也可以沿椭圆中心线方向输入轴的长度来确定椭圆轴的端点。

（2）起始角和终止角所在位置取决于长轴第一端点的位置，该端点与椭圆中心的连线为 0° 方向，起始角和终止角度由 0° 位置开始按逆时针方向计算。

第九节　点

一、命令

POINT 点

启动“点”命令方法：

- 在命令行输入：point 或 po（快捷键），回车；
- 选择下拉菜单中的“绘图→点”选项；
- 点击“绘图”工具中的图标。

二、功能

画点，定数等分点可在指定对象（直线、圆、圆弧、椭圆、多段线等）上按给出的等分段数设置等分点；定距等分点可在指定对象上按给出的分段长度放置点。

三、操作示例

【例 1】 设置点样式。

操作步骤：

（1）选择下拉菜单中的“格式→点样式”；

（2）弹出“点样式”对话框，如图 2-21 示；

（3）单击“×”样式，设置点大小为 3%，单击确定按钮完成点样式的设置。

【例 2】 用定数等分，将圆八等分，如图 2-22 示。

操作步骤：

（1）选择下拉菜单中的“绘图→点→定数等分”选项；

（2）命令: _divide　选择要定数等分的对象: （选取圆为等分对象）

（3）输入线段数目或 [块(B)]: 8

圆周上均匀出现 8 个“×”。

【例 3】 用定距等分点，将长为 10mm 的直线按每段 3mm 等分，如图 2-23 所示。

操作步骤：

（1）选择下拉菜单中的“绘图→点→定距等分”选项；

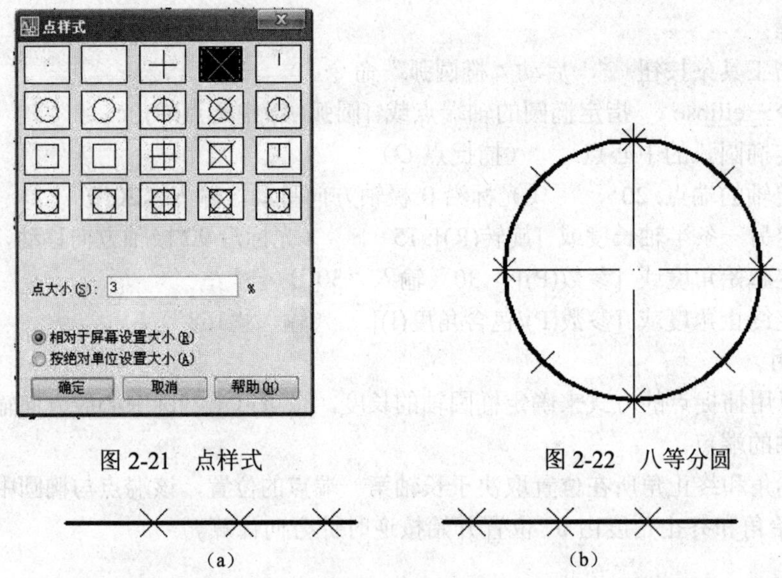

图 2-21　点样式　　　　图 2-22　八等分圆

图 2-23　等分线

（2）命令: _measure　选择要定距等分的对象:　（选取直线为等分对象）

（3）指定线段长度或 [块(B)]: 3

四、说明

（1）直线、圆、圆弧、椭圆定距等分都是以弧长或线段的长度来计算的。

（2）在【例 3】中，如果操作第二步时，选择对象时是在直线的左半部分单击选中对象，则从直线的左端开始定距等分，结果如图 2-23（a）所示；选择对象时是在直线的右半部分单击选中对象，则从直线的右端开始定距等分，结果如图 2-23（b）所示。

（3）选项“[块(B)处]:”：可在等分点处插入块。

第十节　样 条 曲 线

一、命令

SPLINE 样条曲线

启动“样条曲线”命令方法：

- 在命令行输入：spline 或 spl（快捷键），回车；
- 选择下拉菜单中的“绘图→样条曲线”选项；
- 点击“绘图”工具中的图标。

二、功能

样条曲线广泛应用于曲线、曲面造型中，也可将 PEDIT 命令创建的样条拟合多段线转化为真正的样条曲线。在机械制图中，可用样条曲线来绘制断裂线、波浪线。

三、操作示例

【例】 绘制如图 2-24 所示的断裂线。

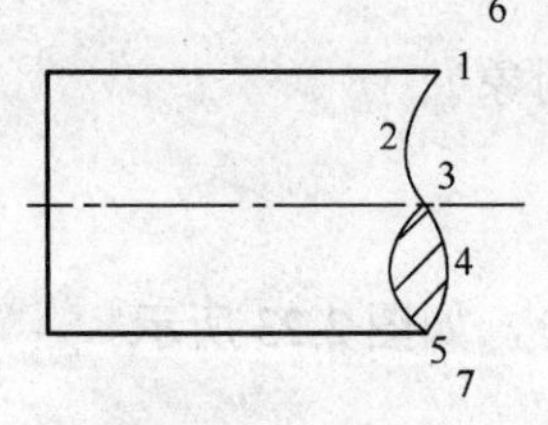

图 2-24　断裂线

操作步骤：

（1）启动“样条曲线”命令；

（2）命令: _spline

指定第一个点或 [对象(O)]: （捕捉点 1）

（3）指定下一点: （捕捉点 2）

（4）指定下一点或 [闭合(C)/拟合公差(F)] <起点 切向>: （捕捉点 3）

（5）指定下一点或 [闭合(C)/拟合公差(F)] <起点切向>: （捕捉点 4）

（6）指定下一点或 [闭合(C)/拟合公差(F)] <起点切向>: （捕捉点 5）

（7）指定下一点或 [闭合(C)/拟合公差(F)] <起点切向>: （按回车指定起点及终点切线方向）

（8）指定起点切向: （在 6 点处单击鼠标指定起点切线方向）

（9）指定端点切向: （在 7 点处单击鼠标指定端点切线方向）

同理画出另一条样条曲线，绘制剖面线。

四、说明

（1）选项说明。

① 对象（O）：把经过样条拟合的多段线转换为样条曲线。

② 闭合（C）：封闭样条曲线。

③ 拟合公差（F）：控制样条曲线对数据点（顶点）接近的程度，容差越小，样条曲线越接近数据点（顶点），如果容差为 0，表明样条曲线精确通过数据点（顶点）。

（2）样条曲线的起点和终点可利用对象捕捉和对象追踪来精确确定。也可以先画出超出轮廓线，再利用修剪命令进行修剪。

思考与练习

1．用直线命令和输入点的坐标等方式绘制图 2-25 所示的图形。

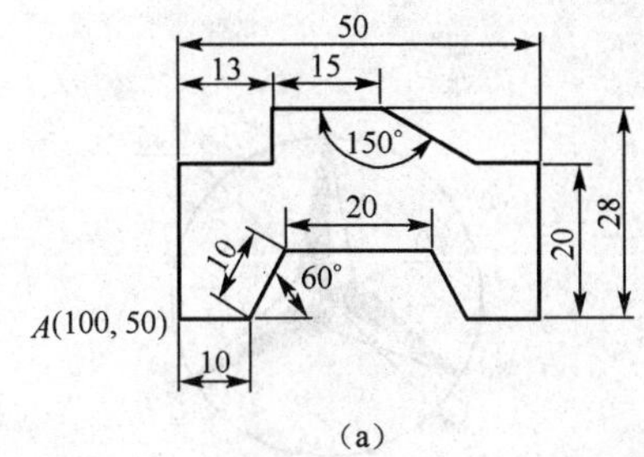

（a）

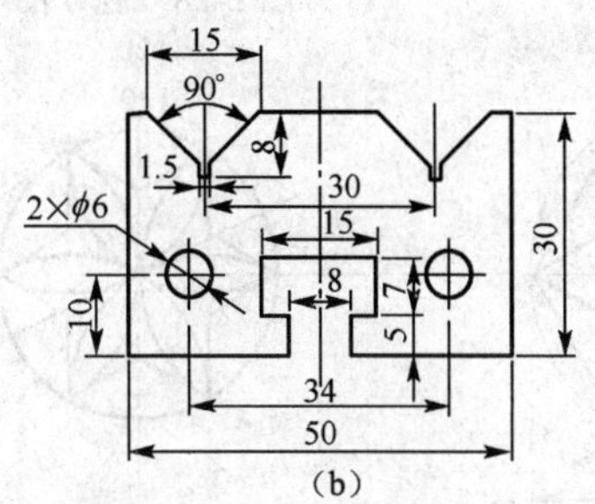

（b）

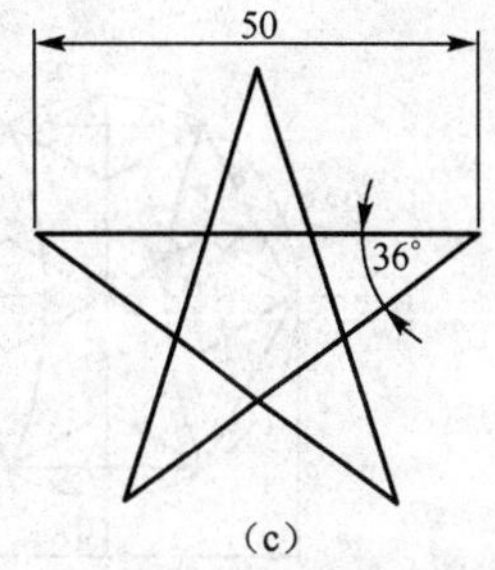

（c）

图 2-25 题 1 图

2．用多段线命令按 1∶1 比例绘制图 2-26 所示的图形，*A* 点的坐标为（100，100）、*B* 点的坐标为（150，150）、*C* 点的坐标为（200，200），*A* 点线宽为 0、*B* 点线宽为 10、*C* 点线宽为 0。

3．用直线、多边形、圆等命令按 1∶1 比例绘制图 2-27 所示的图形。

4．用直线、多边形、圆等命令按 1∶1 比例绘制图 2-28 所示的螺栓。

5．用圆、圆弧、直线、定数等分等命令按 1∶1 比例绘制图 2-29 所示的图形。

6．用矩形、圆、椭圆、直线等命令按 1∶1 比例绘制图 2-30 所示的图形。

C

B

A

图 2-26 题 2 图

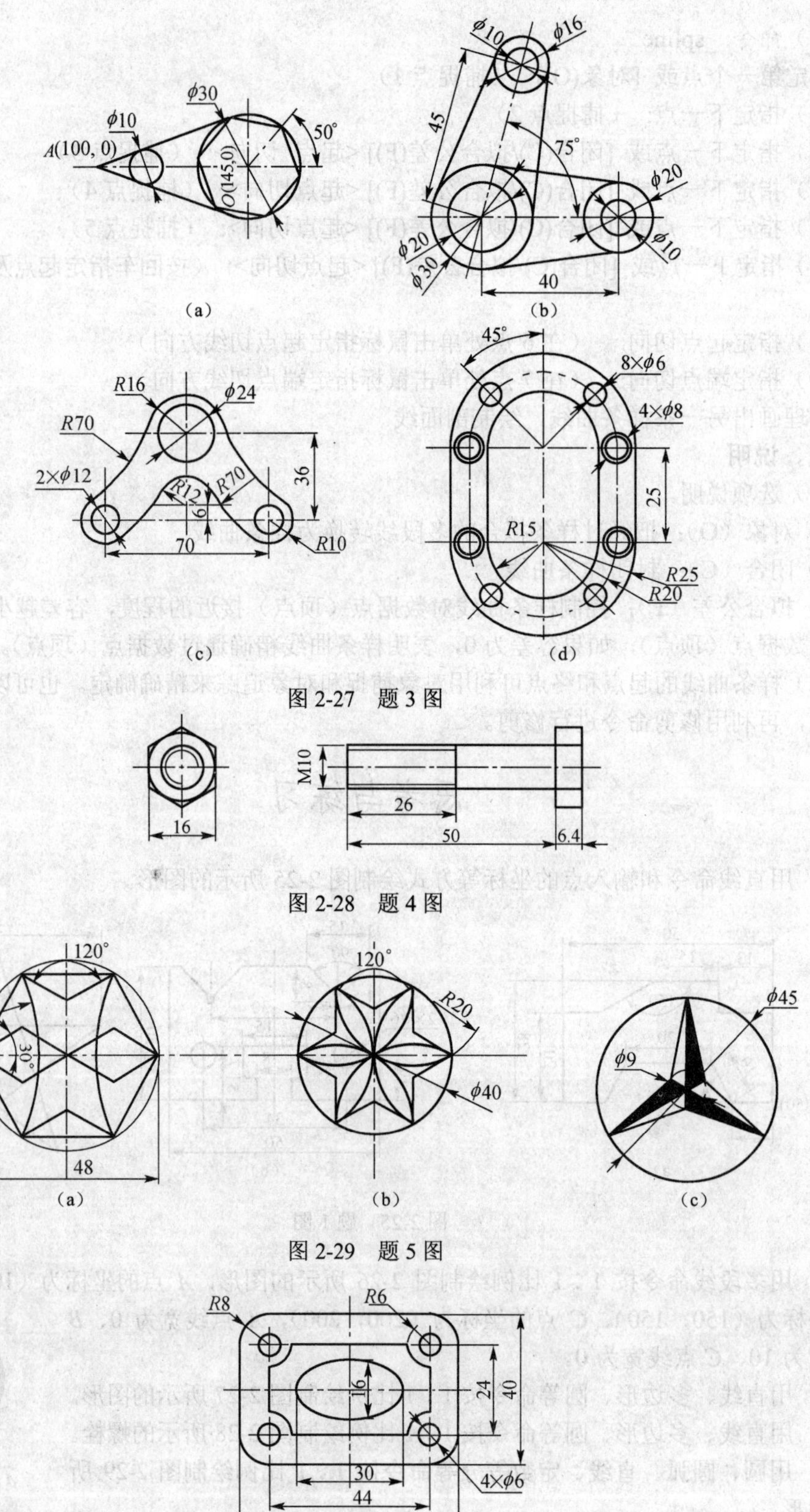

图 2-27 题 3 图

图 2-28 题 4 图

图 2-29 题 5 图

图 2-30 题 6 图

第三章　平面图形的编辑

在绘图过程中，用户一般要通过不断编辑修改已有的图形元素，来得到所需要的图形。图形编辑是指对已有的图形对象进行移动、修剪、复制、倒角、阵列、伸等修改操作。

AutoCAD 系统提供了强大的二维编辑修改命令，用户使用它能方便、快捷地对图形进行编辑，从而生成新的图形。本章将逐一介绍编辑命令的作用及操作。“修改”工具条中集中了主要的编辑修改命令，用户可以通过点选命令来进行操作，也可以在“修改”下拉菜单中选择命令。图 3-1 所示的是“修改”工具栏，工具栏默认状态是在绘图区的左侧，可以从菜单“视图”/“工具栏”中控制它的显示与否。

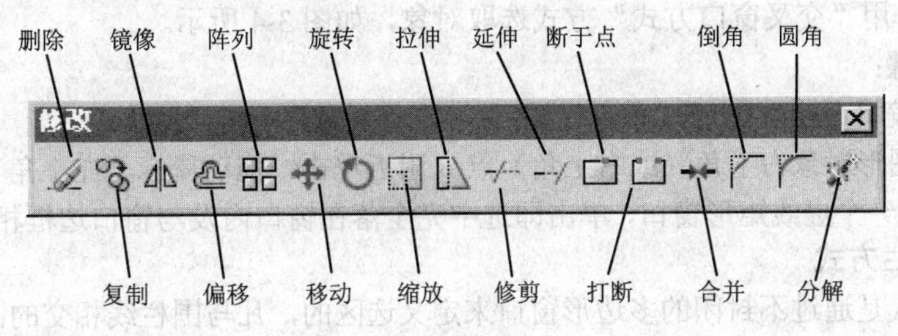

图 3-1 “修改”工具栏

第一节　对象的选择

对图形进行编辑时，首先要选取对象，即构造选择集。为了快速而准确地选取对象，系统提供了多种方式，下面介绍常用的几种方法。

一、直接拾取方式

它是最为常用的选择方式，通过鼠标单击来拾取对象，每次只能选择一个对象，缺省情况下，用户能够通过逐个单击来选择多个图形对象。

【例 1】 用“直接拾取对象”方式选取对象，如图 3-2 所示。

操作步骤：

① 当编辑命令发出后，命令行提示：“选择对象”；

② 将拾取框“□” 移动到图形对象边线上，单击鼠标，选中该图形对象。

二、窗口方式

窗口方式是通过左上角点（或左下角点）至右下角点（或右上角点）两个对角点来定义矩形选区的，完全落在窗口内的图形对象将被选中，被选中的图形对象亮显。

【例 2】 用“窗口方式”方式选取对象，如图 3-3 所示。

操作步骤：

（1）当编辑命令发出后，命令行提示：“选择对象”；

（2）在图形对象左上角（或左下角）点 A 附近单击，拖动鼠标至右下角（或右上角）点 B 附近，当显示一个实线矩形窗口时，单击即选中完全落在窗口内的图形对象。

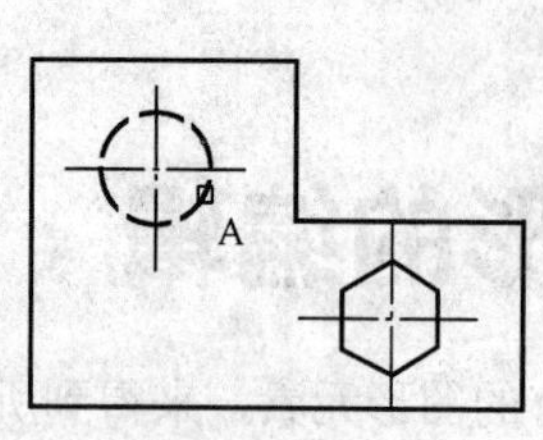

图 3-2　直接拾取方式

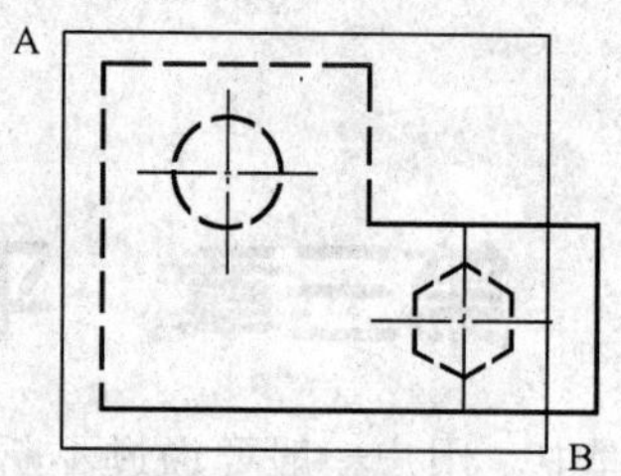

图 3-3　窗口方式

三、交叉窗口方式

交叉窗口方式是通过右上角点（或右下角点）至左下角（或左上角）两个对角点来定义矩形选区的，完全落在窗口内及与窗口边框相交的图形对象将被选中，被选中的图形对象亮显。

【例 3】 用“交叉窗口方式”方式选取对象，如图 3-4 所示。

操作步骤：

（1）当编辑命令发出后，命令行提示：“选择对象”；

（2）在图形对象右下角（或右上角）点 *B* 附近单击，拖动鼠标至左上角（或左下角）点 *A* 附近，显示一个虚线矩形窗口，单击即选中完全落在窗口内及与窗口边框相交的图形对象。

四、围栏方式

围栏方式是通过不封闭的多边形窗口来定义选区的，凡与围栏线相交的图形对象将被选中，选中的图形对象亮显，而在围栏内但不与围栏线相交的图形不被选中。

【例 4】 用“围栏方式”方式选取对象，如图 3-5 所示。

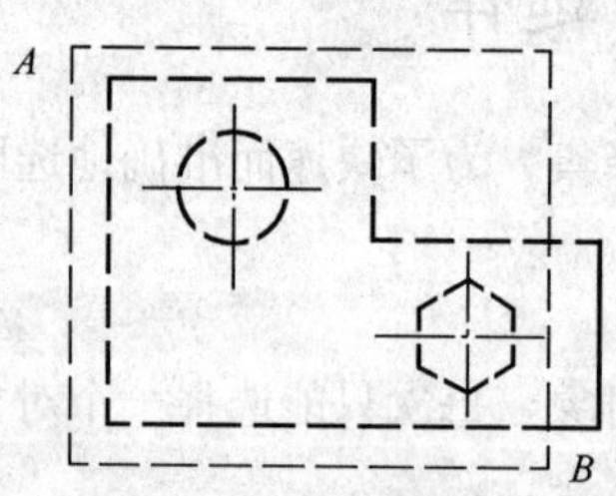

图 3-4　交叉窗口方式

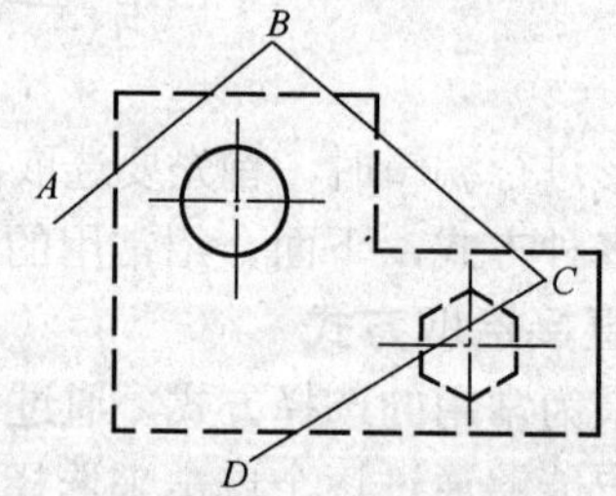

图 3-5　围栏方式

操作步骤：

（1）当编辑命令发出后，命令行提示：“选择对象”；

（2）输入“F”，拖动鼠标在要选中的图形上画不封闭的围栏线 *ABCD*，即选中与围栏线相交的图形对象。

五、全选方式选择对象

全选方式是通过输入“all”来选中所有图形对象。

【例 5】 用“全选方式”方式选取对象，图略。

操作步骤：

（1）当编辑命令发出后，命令行提示：“选择对象”；

（2）输入“all”，即可选中当前图形文件中的所有图形对象。

六、说明

（1）其他选择方式。

① 最后方式（L）：选取最后画的对象。

② 上次方式（P）：选取上一次生成的选择集。

③ 圈围方式（WP）：构造一个任意的封闭多边形，选取圈内的所有对象。

④ 圈交方式（WP）：构造一个任意的封闭多边形，选取圈内及多边形边界相交的所有对象。

⑤ 扣除方式（R）：把构造选择集的加入模式转换为从已选中的对象中移出对象的删除模式，若在选择过程中选错或多选了对象时，可用这种方式。

（2）添加选择对象或取消选择对象。

可通过直接选取或矩形窗口、交叉窗口、围栏的方式来选择要添加的图形对象；若要从选择集中取消对某一图形对象的选取，可按住 SHIFT 键，单击该对象即可。

（3）AutoCAD 系统允许先用拾取对象、交叉窗口方式构造选择集，然后再启动某一个编辑命令。

第二节　删除和剪切

一、删除（ERASE）

（一）命令

ERASE 删除

启动“删除”命令方法：

- 在命令行输入：erase 或 e（快捷键），回车；
- 选择下拉菜单中的“修改→删除”选项；
- 点击“修改”工具栏中的图标；
- 选择要删除的对象，单击鼠标右键，单击“删除”。

（二）功能

ERASE 是用来删除图中错误或多余的图形对象的命令，它只能删除一个完整的图形元素，而不能删除该图形元素的一部分。

（三）操作示例

【例】 用删除命令将图 3-6（a）编辑成为图 3-6（b）。

操作步骤：

（1）启动“删除”命令；

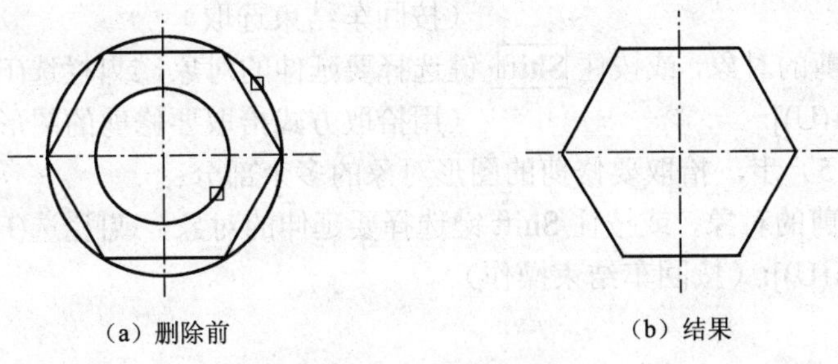

（a）删除前　　（b）结果

图 3-6　删除命令操作

（2）命令: _erase　选择对象:　　　（选取大圆）
（3）选择对象:　　　　　　　　　（选取小圆）
（4）选择对象:　　　　　　　　　（按回车或单击右键，删除大圆及小圆）

（四）说明

用户也可以通过先选取对象，再按键盘上的Delete键来实现删除对象。

二、修剪（TRIM）

（一）命令

TRIM 修剪

启动“修剪”命令方法：

- 在命令行输入：trim 或 tr（快捷键），回车；
- 选择下拉菜单中的“修改→修剪”选项；
- 点击“修改”工具栏中的 图标。

（二）功能

Trim 命令是将图形元素多余的部分修剪掉，在操作过程中，剪切边也可作为被修剪的对象。

（三）操作示例

【例】 用修剪命令将图 3-7（a）编辑成为图 3-7（b）。

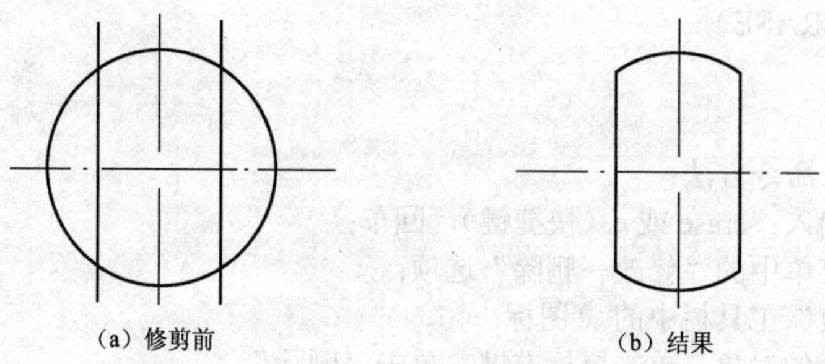

（a）修剪前　　（b）结果

图 3-7　修剪命令操作

操作步骤：

（1）启动“修剪”命令
（2）命令: _trim
当前设置:投影=UCS，边=无
选择剪切边...　　　　　　　　　（说明当前模式）
（3）选择对象或 <全部选择>:　　（选取剪切边或全部对象）
（4）选择对象:　　　　　　　　　（按回车结束选取）

（5）选择要修剪的对象，或按住Shift键选择要延伸的对象，或[栏选(F)/窗交(C)/投影(P)/边(E)/删除(R)/放弃(U)]:　　（用拾取方式拾取要修剪的图形对象的多余部分）

（6）重复第（5）步，拾取要修剪的图形对象的多余部分；

（7）选择要修剪的对象，或按住 Shift 键选择要延伸的对象，或[栏选(F)/窗交(C)/投影(P)/边(E)/删除(R)/放弃(U)]:（按回车结束操作）

（四）说明

（1）选项说明。

① 边（E)：控制是否把对象延伸到隐含边界，在提示下输入“E”则会出现：输入隐含

边延伸模式 [延伸(E)/不延伸(N)] <不延伸>:。若为不延伸（N）状态。只有当剪切边与被修剪对象实际相交时才能剪切；若为延伸（E）状态，系统会假想将剪切边延长，使剪切边延伸到与被修剪对象相交再进行修剪，如图 3-8 所示。

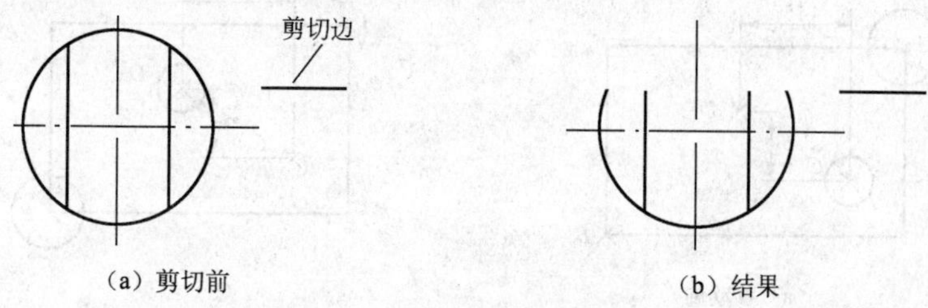

（a）剪切前　　（b）结果

图 3-8　剪切命令的延伸模式

② 围栏(F)及窗交(C) 选项：能成批修剪对象，在提示下输入“F”或“C”时，系统按围栏或交叉窗口方式选择要修剪的图形对象的多余部分，实现一次剪切多个对象的操作，如图 3-9 所示。

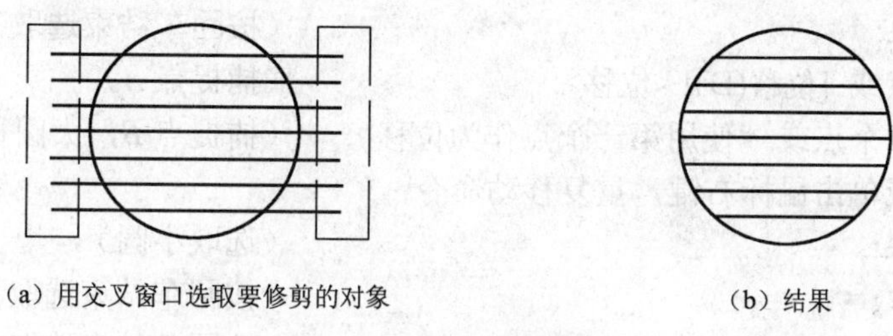

（a）用交叉窗口选取要修剪的对象　　（b）结果

图 3-9　成批修剪对象操作

（2）剪切边可作为被修剪的对象，因此当修剪图形中某一区域内的线条时，可直接将这一部分的所有图形对象全部选中，可按下回车将所有的图形对象选中再拾取要修剪的对象部分进行剪切。

（3）当命令行说明“选择要修剪的对象，或按住 Shift 键选择要延伸的对象”时，则可按住 Shift 键来完成延伸操作，此时剪切边界变为延伸边界，被选择的对象将延伸至边界，从而实现延伸命令和修剪命令的相互转换。

第三节　移动、复制和旋转

一、移动（MOVE）

（一）命令

MOVE 移动

启动“移动”命令方法：

- 在命令行输入：move 或 m（快捷键），回车；
- 选择下拉菜单中的“修改→移动”选项；
- 点击“修改”工具栏中的 ✥ 图标；
- 选择要移动的对象，单击鼠标右键，单击“移动”。

（二）功能

MOVE 可将图形对象按指定位置或对象位移的距离从原始位置移动到新位置，图形对象大小不变。

（三）操作示例

【例】 用移动命令将图 3-10（a）编辑成为图 3-10（b）。

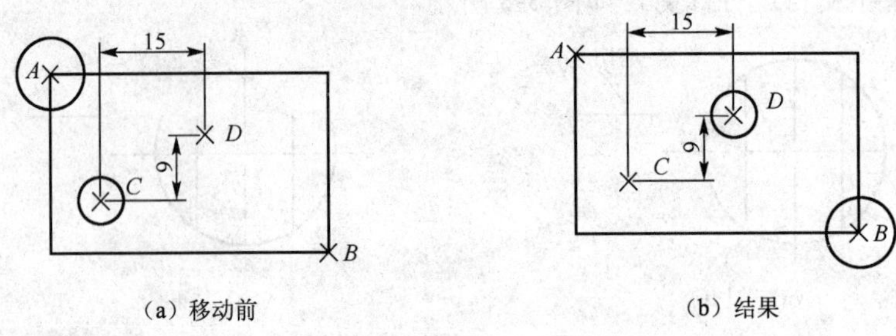

（a）移动前　　（b）结果

图 3-10　移动命令操作

操作步骤：

（1）启动“移动”命令；

（2）命令: _move　选择对象:　（选取大圆）

（3）选择对象:　（按回车结束选取）

（4）指定基点或 [位移(D)] <位移>:　（捕捉点 *A*）

（5）指定第二个点或 <使用第一个点作为位移>:　（捕捉点 *B*，大圆移动到点 *B* 处）

（6）按回车或单击鼠标右键，重复移动命令；

（7）选择对象:　（选取小圆）

（8）选择对象:　（按回车结束选取）

（9）命令行提示：“选择对象:”　（按回车结束选取）；

（10）命令行提示：“指定基点或 [位移(D)] <位移>:”（捕捉点 *C*）

（11）命令行提示：“指定第二个点或 <使用第一个点作为位移>:”（输入点 *D* 相对点 *C* 的距离：“@15，9”，小圆移动到点 *D* 处）

（四）说明

（1）位移基点一般选取特殊点，如直线的端点、圆心等作为基点。

（2）当提示“指定第二个点或 <使用第一个点作为位移>:”时，也可用极坐标方式来确定点的位置。

二、复制（COPY）

（一）命令

COPY 复制

启动“复制”命令方法：

- 在命令行输入：copy 或 co（快捷键），回车；
- 选择下拉菜单中的“修改→复制”选项；
- 点击“修改”工具栏中的 图标；
- 选择要移动的对象，单击鼠标右键，单击“复制”。

（二）功能

COPY 可将图形对象按指定位置或位移的距离将对象从原始位置复制到新位置，并可多次复制。

（三）操作示例

【例】 用复制命令将图 3-11（a）编辑成为图 3-11（b）。

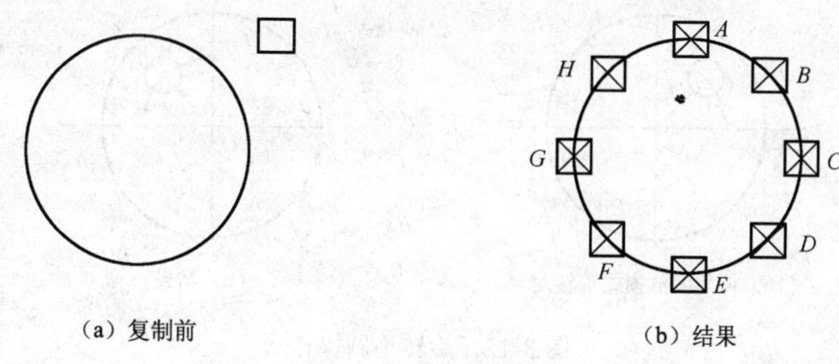

（a）复制前　　　　（b）结果

图 3-11 复制命令操作

操作步骤：

（1）用定数等分命令将圆八等分；

（2）启动“移动”命令；

（3）选择对象：　　　　（选取正方形）

（4）指定基点或 [位移(D)] <位移>:　　　　（打开对象捕捉及对象追踪模式，捕捉正方形中心点作为位移基点）；

（5）选择对象：　　　　（按回车结束选取）；

当前设置： 复制模式 = 多个

（6）指定第二个点或 <使用第一个点作为位移>:

（打开对象捕捉“节点”模式，捕捉圆上等分点 *A*，则正方形复制到点 *A* 处）；

（7）同理将正方形复制到其他点处；

（8）指定第二个点或 [退出(E)/放弃(U)] <退出>:　　（按回车或 Esc 键结束操作）

（四）说明

（1）基点一般选取特殊点，如直线的端点、圆心等作为基点。

（2）基点与位移点可用光标定位、坐标值定位，也可用对象捕捉准确定位。

三、旋转（ROTATE）

（一）命令

旋转（ROTATE）

启动“旋转”命令方法：

- 在命令行输入：rotate 或 ro（快捷键），回车；
- 选择下拉菜单中的“修改→旋转”选项；
- 点击“修改”工具栏中的图标；
- 选择要移动的对象，单击鼠标右键，单击“旋转”。

（二）功能

ROTATE 是将图形对象按一个指定的基点旋转一定角度到新位置的操作。它可按角度值及参照角度值两种方式操作。

（三）操作示例

【例 1】 用旋转命令的角度值模式将图 3-12（a）编辑成为图 3-12（b）。

操作步骤：

（1）启动“旋转”命令；

（2）命令: _rotate

UCS 当前的正角方向: ANGDIR=逆时针 ANGBASE=0 （显示当前模式）

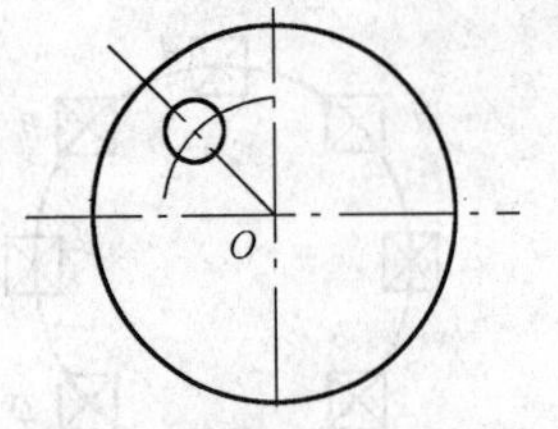

（a）按角度值模式旋转对象

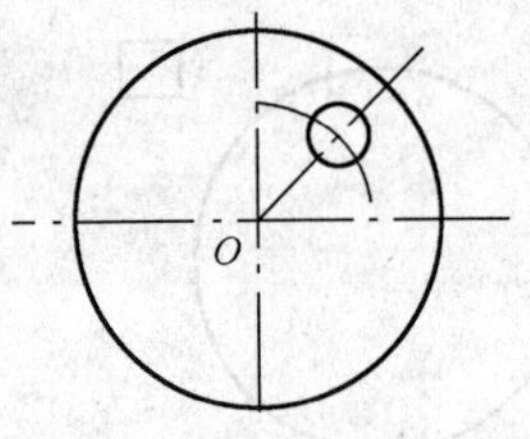

（b）结果

图 3-12　旋转小圆操作

（3）选择对象:　　　　（选择要小圆及其中心线作为旋转对象）
（4）选择对象:　　　　（按回车结束选取）
（5）指定基点:　　　　（捕捉大圆圆心点 O 作为旋转基点）
（6）指定旋转角度，或 [复制(C)/参照(R)] <30>:　–90
（输入旋转角度值“–90”，回车结束操作）

【例 2】 用旋转命令的参照角度值将图 3-13（a）编辑成为图 3-13（b）。

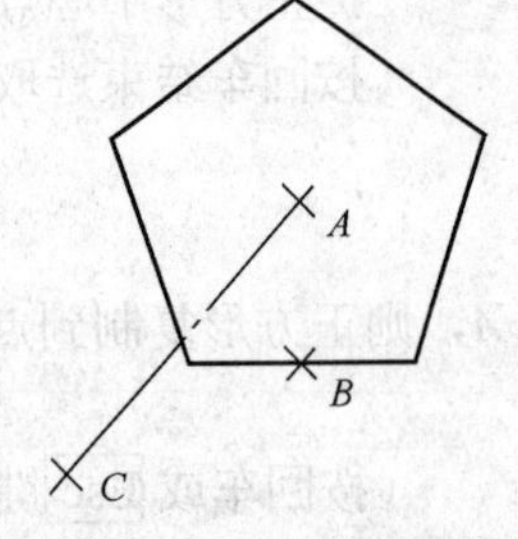

（a）按参照角度值模式旋转对象

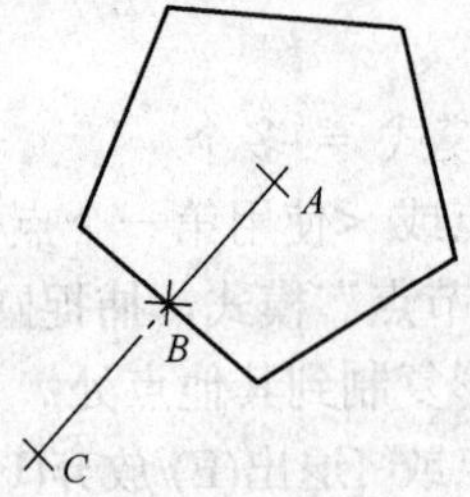

（b）结果

图 3-13　旋转正五边形操作

操作步骤:
（1）启动“旋转”命令;
（2）命令: _rotate
UCS 当前的正角方向: ANGDIR=逆时针　ANGBASE=0　（显示当前模式）
（3）选择对象:　　　　（选择五边形作为旋转的对象作为旋转对象）
（4）选择对象:　　　　（按回车结束选取）
（5）指定基点:　　　　（捕捉五边形中心点 *A* 作为旋转基点）
（6）指定旋转角度，或 [复制(C)/参照(R)] <30>: r（按参照角度值旋转模式）
（7）指定参照角 <0>:　（捕捉参考角度第一点 *A*）
（8）指定第二点:”　　（捕捉参考角度第二点 *B*，点 *B* 为五边形一边的中点）
（9）指定新角度或 [点(P)] <0>:”（捕捉点 *C*，则直线 *AB* 与直线 *AC* 重合，实现旋转操作）

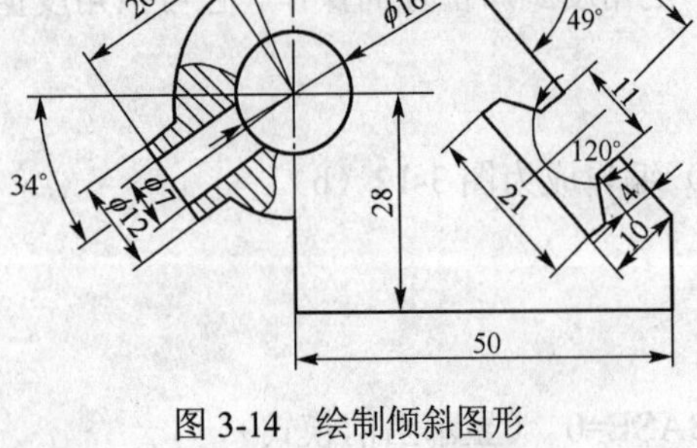

【例 3】 用绘图命令及旋转命令绘制如图 3-14 的倾斜图形。

图 3-14　绘制倾斜图形

操作步骤：

（1）设置图层（在“图层特性管理器”中，分别设置“轮廓线”层、“细实线”层及“中心线”层）。

（2）绘制中心线及两个圆，如图 3-15 所示。

① 命令: _line 指定第一点:　　　　（任意单击一点）

② 指定下一点或 [放弃(U)]:　　　（拾取水平直线另一端点）

③ 指定下一点或 [放弃(U)]:　　　（按回车结束操作，画出水平中心线）

④ 同理画出竖直中心线；

⑤ 命令: _circle 指定圆的圆心或 [三点(3P)/两点(2P)/相切、相切、半径(T)]:（捕捉点 *O*）

⑥ 指定圆的半径或 [直径(D)] <7.8378>: 8　（画出小圆）

⑦ 同理画出大圆；

（3）绘制线框，如图 3-16 所示。

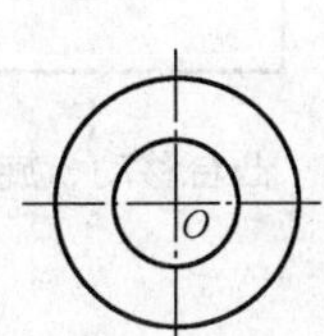

图 3-15　画定位线及同心圆

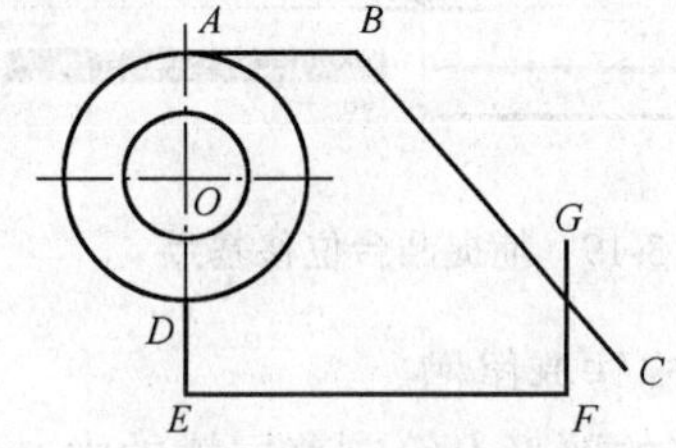

图 3-16　画线框

① 命令: _line 指定第一点:　　　　　（捕捉大圆节点 *A*）

② 指定下一点或 [放弃(U)]: 22　　　（正交方式向右画线到 *B* 点）

③ 指定下一点或 [放弃(U)]:　　　　（打开极轴追踪，角增量设置为 49°）

④ 同理画出直线 *DE*、*EF*、*FG*；

（4）修剪多余线条，结果如图 3-17 所示。

（5）绘制凸台及燕尾槽，如图 3-18 所示。

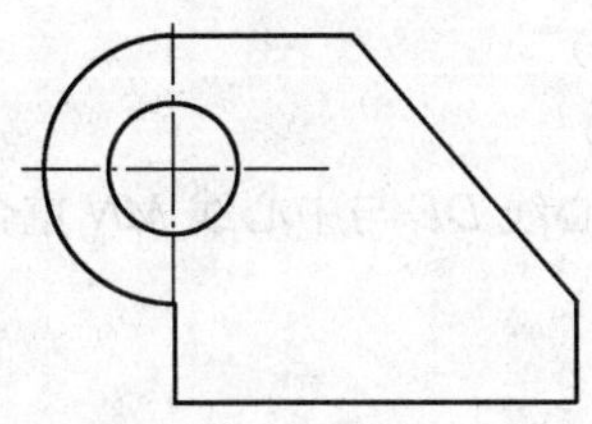

图 3-17　修剪结果

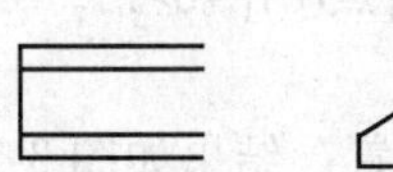

图 3-18　画凸台及燕尾槽

（6）移动、旋转凸台。

① 命令: _move

② 选择对象: 指定对角点:　　　　　（选取凸台图形）

③ 选择对象:　　　　　　　　　　（按回车结束选取）

④ 指定基点或 [位移(D)] <位移>:　（启用极轴追踪，捕捉点 *A*，如图 3-19 所示）

⑤ 指定第二个点或 <使用第一个点作为位移>:　（捕捉点 *O*）

凸台移动到新位置；

⑥ 启动“旋转”命令；

⑦ 命令: _rotate

UCS 当前的正角方向: ANGDIR=逆时针 ANGBASE=0 （显示当前模式）

⑧ 选择对象: （选择凸台作为旋转对象）

⑨ 选择对象: （按回车结束选取）

⑩ 指定基点: （捕捉点 *O* 作为旋转基点）

⑪ 指定旋转角度，或 [复制(C)/参照(R)] <30>: 34

（输入旋转角度值“34”，回车结束操作）

凸台旋转到新位置，结果如图 3-20 所示；

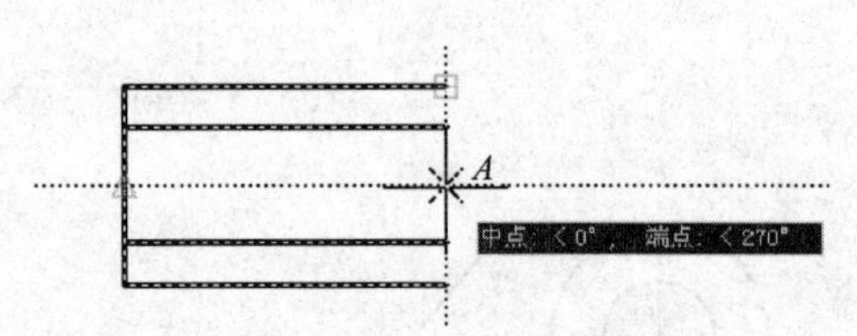

图 3-19 捕捉凸台位移基点

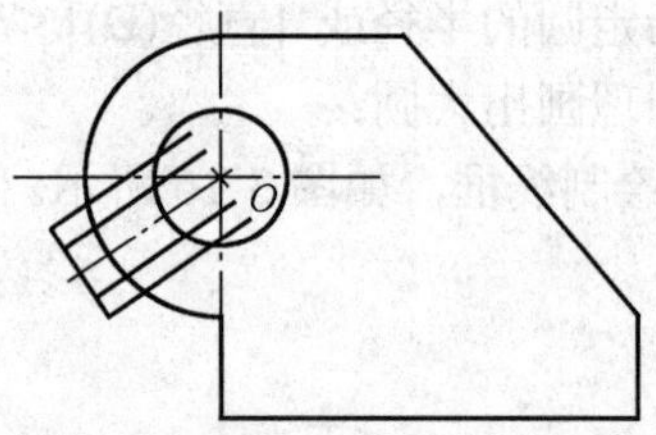

图 3-20 凸台移动、旋转结果

（7）移动、旋转燕尾槽。

① 在已绘好的图形上绘制燕尾槽的中心线 *MN*（用极轴追踪画线）；

② 同理移动燕尾槽到新位置，使点 *D* 与点 *M* 重合，结果如图 3-21 所示；

③ 启动“旋转”命令；

④ 命令: _rotate

UCS 当前的正角方向: ANGDIR=逆时针 ANGBASE=0 （显示当前模式）

⑤ 选择对象: （选择燕尾槽作为旋转对象）

⑥ 选择对象: （按回车结束选取）

⑦ 指定基点: （捕捉点 *M* 作为旋转基点）

⑧ 指定旋转角度，或 [复制(C)/参照(R)] <30>: r（按参照角度值旋转模式）

⑨ 指定参照角 <0>: （捕捉参考角度第一点 *M*）

⑩ 指定第二点:” （捕捉参考角度第二点 *E*）

⑪ 指定新角度或 [点(P)] <0>:” （捕捉点 *N*，中心线 *DE* 与中心线 *MN* 重合，实现旋转操作）

燕尾槽旋转到新位置，结果如图 3-22 所示；

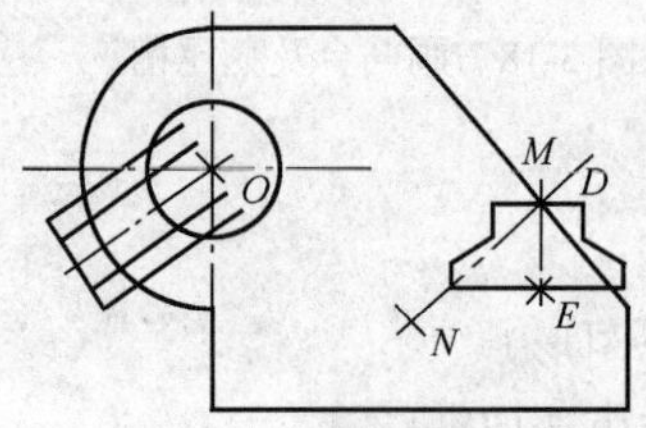

图 3-21 燕尾槽移动结果

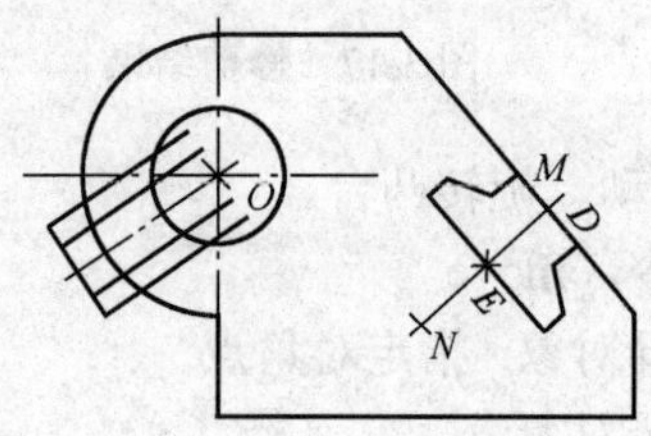

图 3-22 燕尾槽旋转结果

（8）修剪、删除多余线条。

（9）绘制断裂线剖面线，结果如图 3-14 所示。

（四）说明

复制(C)：将保留原图形对象，并放置旋转副本。

第四节　偏移、镜像和阵列

一、偏移（OFFSET）

（一）命令

OFFSET 偏移

启动“偏移”命令方法：

- 在命令行输入：offset 或 o（快捷键），回车；
- 选择下拉菜单中的“修改→偏移”选项；
- 点击“修改”工具栏中的图标；

（二）功能

OFFSET 可在指定的位置点或距离生成与原对象类似的新对象。它可操作直线、圆、圆弧、样条曲线、闭合多段线等对象，对直线、构造线等元素操作将平行偏移复制，对圆、圆弧等元素操作将同心复制，对闭合多段线操作可生成等距闭合多段线。它可按指定距离及通过点两种方式来操作。

（三）操作示例

【例 1】 用偏移命令的指定偏移距离模式将图 3-23（a）编辑成为图 3-23（b）。

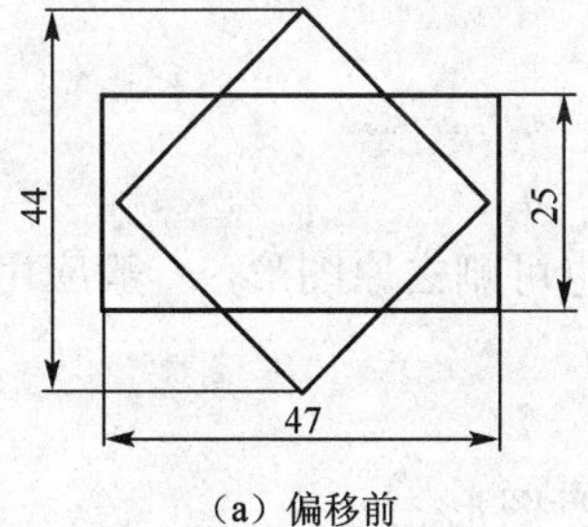

（a）偏移前　　（b）按指定偏移距离偏移对象

图 3-23　例 1 图

操作步骤：

（1）命令: _offset

当前设置: 删除源=否　图层=源　OFFSETGAPTYPE=0　　（当前模式）

（2）指定偏移距离或 [通过(T)/删除(E)/图层(L)] <6.0000>:　5

（3）选择要偏移的对象，或 [退出(E)/放弃(U)] <退出>:　　（选取矩形）

（4）指定要偏移的那一侧上的点，或 [退出(E)/多个(M)/放弃(U)] <退出>:

（在矩形内侧单击鼠标，确定偏移方向）

（5）选择要偏移的对象，或 [退出(E)/放弃(U)] <退出>:　　（选取正方形）

（6）指定要偏移的那一侧上的点，或 [退出(E)/多个(M)/放弃(U)] <退出>:

（7）选择要偏移的对象，或 [退出(E)/放弃(U)] <退出>:

（在正方形内侧单击鼠标，确定偏移方向）

（8）修剪多余线条，完成操作。

【例 2】 用偏移命令的选择通过点模式将图 3-24（a）编辑成为图 3-24（b）。

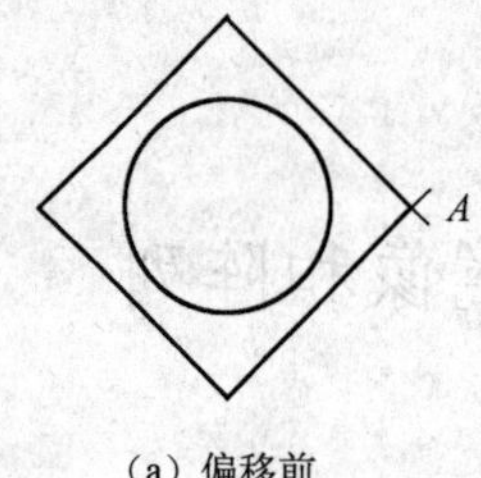

（a）偏移前　　（b）按通过点偏移对象

图 3-24　例 2 图

（1）命令: _offset

当前设置: 删除源=否　图层=源　OFFSETGAPTYPE=0　（当前模式）

（2）指定偏移距离或 [通过(T)/删除(E)/图层(L)] <通过>:t　（选择通过点方式）

（3）选择要偏移的对象，或 [退出(E)/放弃(U)] <退出>:　（选取圆作为偏移对象）;

（4）指定通过点或 [退出(E)/多个(M)/放弃(U)] <退出>:　（捕捉点 *A* 作为通过点）

（5）选择要偏移的对象，或 [退出(E)/放弃(U)] <退出>:　（回车结束操作）

二、镜像（MIRROR）

（一）命令

MIRROR 镜像

启动“镜像”命令方法:

① 在命令行输入：mirror 或 mi（快捷键），回车;

② 选择下拉菜单中的“修改→镜像”选项;

③ 点击“修改”工具栏中的 图标。

（二）功能

MIRROR 可将选定的图形对象作对称复制，也可删去原图形，一般应用于绘制具有对称特征的图形。

（三）操作示例

【例 1】 用镜像命令绘制如图 3-25 所示的卡盘图形。

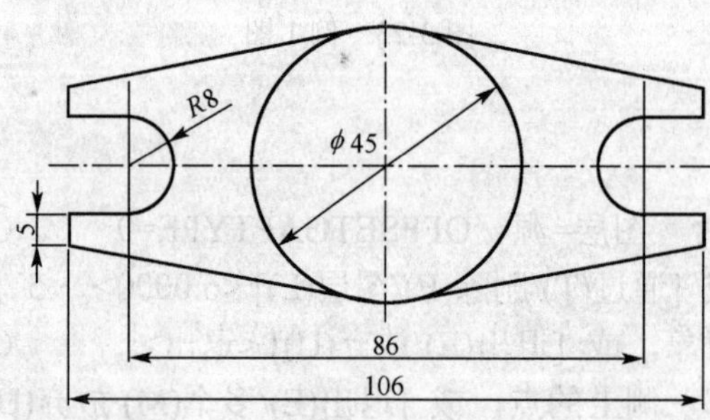

图 3-25　卡盘

操作步骤:

（1）按图 3-25 绘制出图 3-26（a）图形;

（2）启动“镜像”命令;

（3）命令: _mirror

选择对象:　（选取镜像对象，如图 3-26（a）所示）

（4）选择对象：　　　　　　　（按回车结束选取）

（5）指定镜像线的第一点：指定镜像线的第二点：　（以水平中心线为镜像线，分别捕捉镜像线上第一点 *A* 和第二点 *B*）

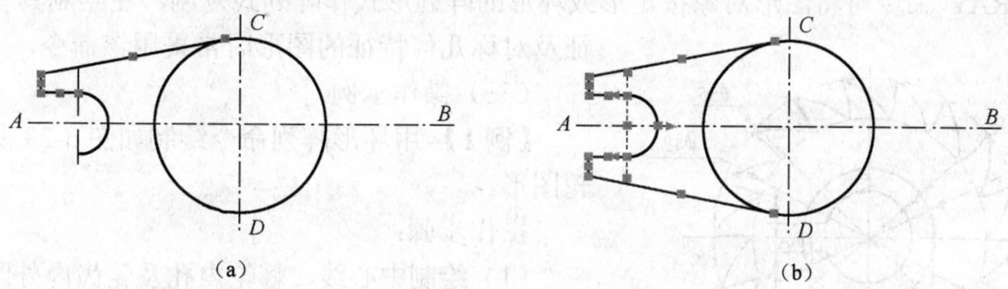

（a）　　　　　　（b）

图 3-26　卡盘绘图步骤

（6）要删除源对象吗？[是(Y)/否(N)] <N>:　　　　（按回车结束操作，得到图 3-26（b）所示图形）。

（7）同理以大圆左侧图形为镜像对象，以竖直中心线为镜像线，分别捕捉镜像线上第一点 *C* 和第二点 *D*，得到图 3-25 的图形。

【例 2】 用镜像命令镜像文字，如图 3-27 所示。

如果镜像图形对象中包含文本，当系统变量 MIRRTEXT 值为 1 时，镜像后的文本变为反文和倒排，如图 3-27（a）所示，当 MIRRTEXT 值为 0 时，文本将可读镜像，如图 3-27（b）所示。

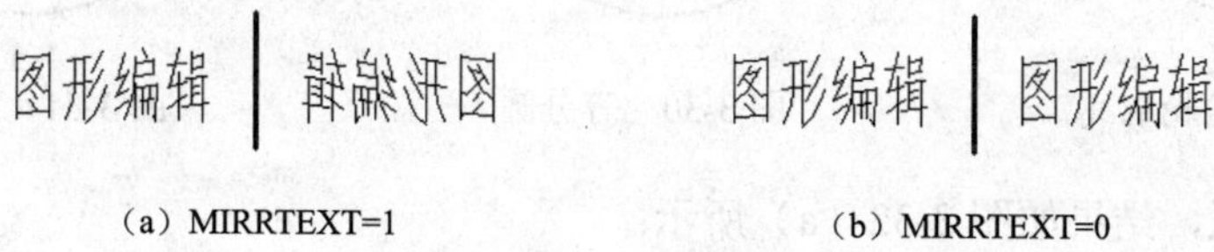

（a）MIRRTEXT=1　　　　（b）MIRRTEXT=0

图 3-27　镜像文字

操作步骤：

（1）在命令行中输入“MIRRTEXT”，回车；

（2）输入 MIRRTEXT 的新值 <1>:　　　（系统默认变量 MIRRTEXT 值为 1，输入变量新值“0”，按回车）；

（3）启动“镜像”命令；

（4）选择对象：　　　　　　　（选择文字“图形编辑”）

（5）指定镜像线的第一点：指定镜像线的第二点：　　（捕捉镜像线上两端点）

（6）命令行提示：“要删除源对象吗？[是(Y)/否(N)] <N>:”　（按回车结束操作）。

（四）说明

当命令行提示“要删除源对象吗？[是(Y)/否(N)] <N>”时，若用户不需保留原对象时，可键入“Y”回车。

三、阵列（ARRAY）

（一）命令

ARRAY 阵列

启动“阵列”命令方法：

- 在命令行输入：array 或 ar（快捷键），回车；

• 选择下拉菜单中的“修改→阵列”选项；
• 点击“修改”工具栏中的▦图标。

（二）功能

ARRAY 命令可将图形对象按矩形或环形的阵列形式作阵列式复制，在绘制具有均布特征及对称几何特征的图形时常采用该命令。

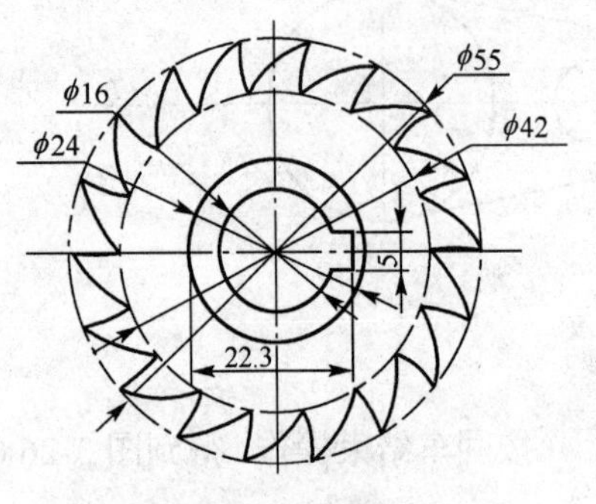

图 3-28　棘轮

（三）操作示例

【例 1】 用环形阵列命令绘制如图 3-28 所示的棘轮图形。

操作步骤：

（1）绘制中心线、棘轮内孔及轮齿内外圆，结果如图 3-29 所示；

（2）用定数等分命令将棘轮轮齿内外圆 18 等分，结果如图 3-30 所示；

（3）绘制圆弧 *ABO* 及 *ACD*，结果如图 3-31 所示；

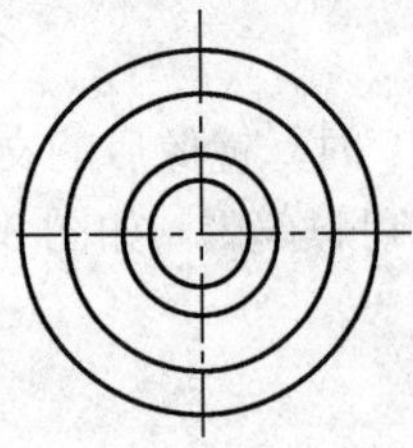

图 3-29　绘轮廓线

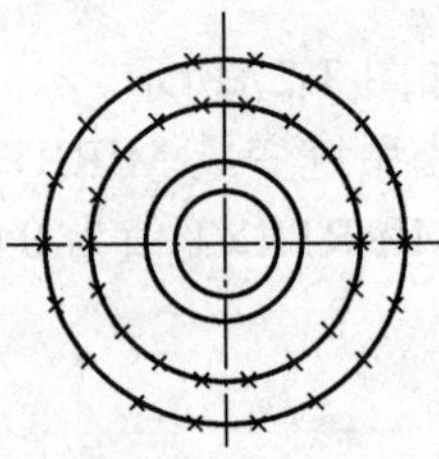

图 3-30　等分圆

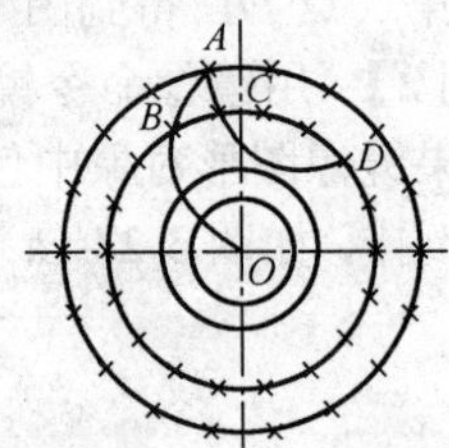

图 3-31　绘圆弧

（4）修剪圆弧，结果如图 3-32（a）所示；

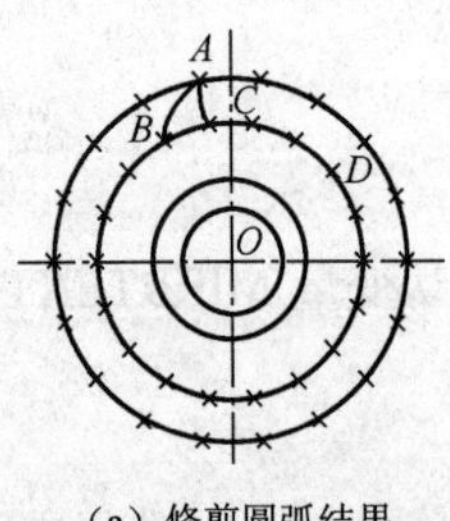

（a）修剪圆弧结果

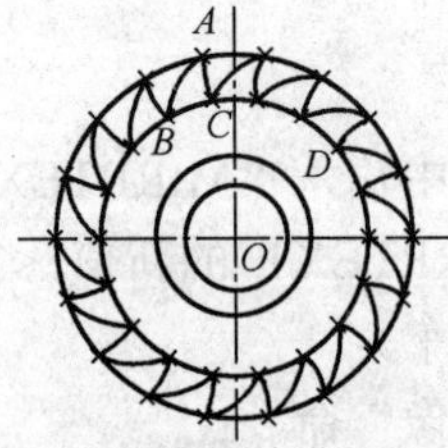

（b）阵列圆弧结果

图 3-32　修剪与阵列

（5）启动“阵列”命令，打开如图 3-33 所示的“阵列”对话框，按如下步骤设置：

① 选择“环形阵列”方式；

② 阵列中心点选取：按下 ▣ 图标后，在图形中捕捉圆心点 *O*；

③ 方法和值：选择“项目总数和填充角度”选项，在“项目总数”中输入“18”，在“填充角度”中输入“360”；

④ 选择“复制时旋转项目”复选框；

⑤ 选择对象：按下图标 ▣ 后，在图形中选取两段圆弧作为阵列对象；

⑥ 在“预览”中观看效果，无误后单击“确定”按钮，完成阵列，结果如图 3-32（b）

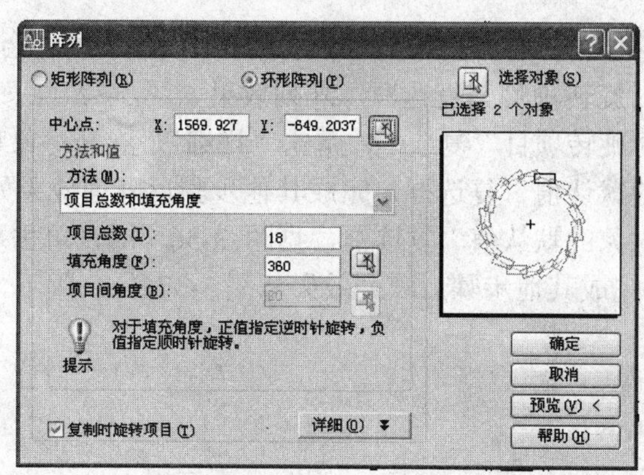

图 3-33 “阵列”对话框

所示。

（6）绘制键槽。

（7）删除多余的线条及点，结果如图 3-28 所示。

【例 2】 用矩形阵列命令绘制如图 3-34（a）所示的图形，其中圆半径为 5，阵列角度为 30º。

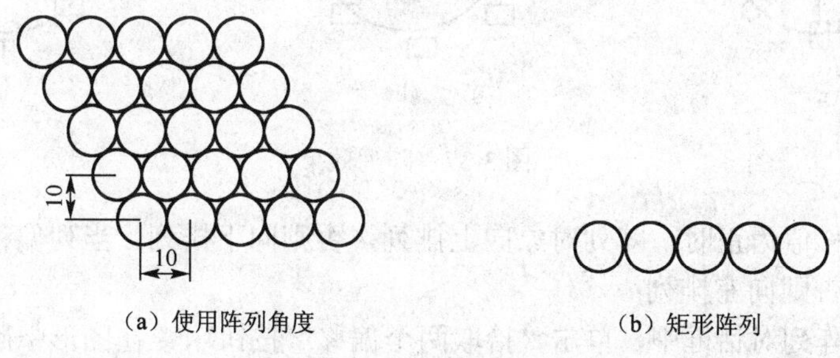

（a）使用阵列角度　　（b）矩形阵列

图 3-34 矩形阵列结果

操作步骤：

（1）绘制半径 5 的圆；

（2）启动“阵列”命令，打开 “阵列”对话框，按如下步骤设置；

（3）选择“矩形阵列”方式，如图 3-35 所示；

（4）设置行数为 1，列数为 5，行偏移为 0，列偏移为 10，阵列角度为 0；

（5）在图形中选取圆作为阵列对象，单击“确定”按钮，完成阵列，结果如图 3-34（b）所示；

（6）同理，再启动“阵列”命令，选择“矩形阵列”方式，设置行数为 5，列数为 5，行偏移为 10，列偏移为 0，阵列角度为 30º，单击“确定”按钮，完成阵列，结果如图 3-34（a）所示。

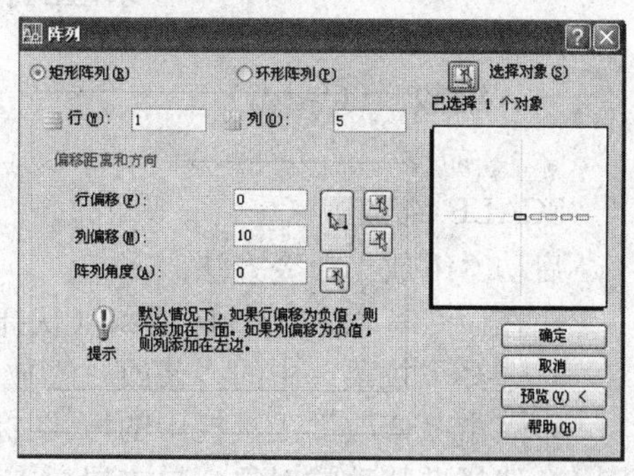

图 3-35 “矩形阵列”对话框

（四）说明

（1）环形阵列，当填充角度为正值时，图形对象按逆时针方向排列，填充角度为负值时，图形对象按顺时针方向排列。

（2）以小矩形为阵列对象时，在环形阵列对话框中设置不同将会有不同的效果：

① 当选中“复制时旋转项目”复选框，阵列效果如图 3-37（a）所示。

② 当关闭“复制时旋转项目”复选框，单击“详细”，展开对象基点对话框，见图 3-36（a），选择“设为对象的默认值”复选框，完成其他步骤后阵列效果如图 3-37（b）所示；

③ 若关闭“设为对象的默认值”复选框，见图 3-36（b），单击基点按钮，在图形中捕捉小矩形的中心点，完成其他步骤后阵列效果如图 3-37（c）所示。

（a）　　　　（b）

图 3-36　复制时旋转项目

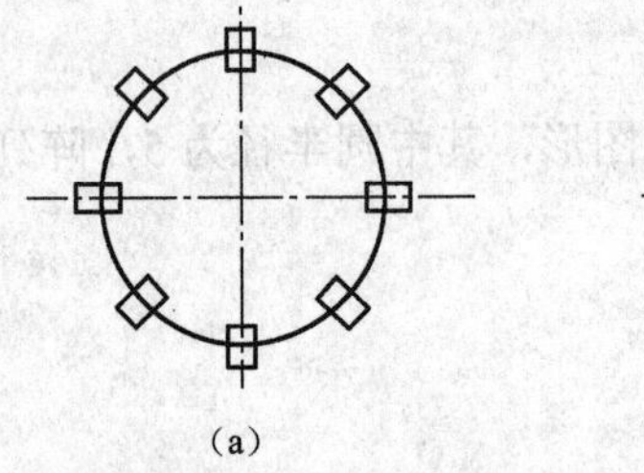

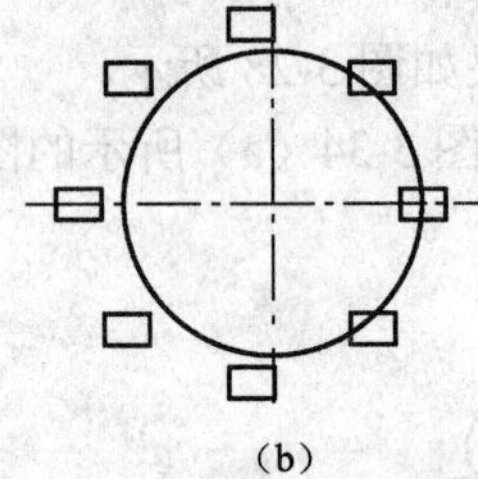

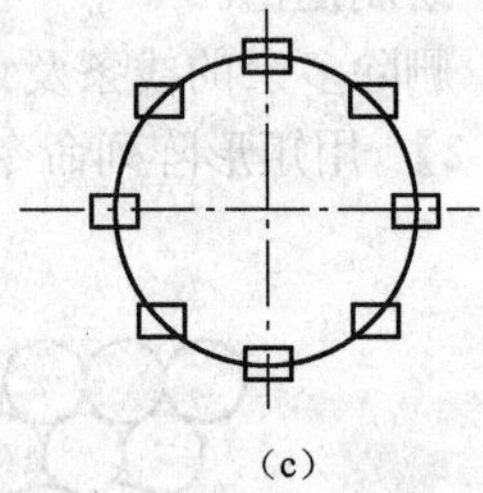

（a）　　　　（b）　　　　（c）

图 3-37　阵列效果

（3）当行偏移值为正时，阵列对象向上排列，否则向下排列；当列偏移值为正时，阵列对象向右排列，否则向左排列；

（4）在矩形阵列对话框中，单击“拾取两个偏移”按钮，在图形中确定一个矩形单元区域，此单元区域决定行和列的偏移，横向距离即为行距、纵向距离即为列距；或分别单击“拾取行偏移”、“拾取列偏移”按钮，在图形中使用定点确定行方向及距离及列方向及距离。

第五节　缩放和对齐

一、缩放（SCALE）

（一）命令

SCALE 缩放

启动“缩放”命令方法：

- 在命令行输入：scale 或 sc（快捷键），回车；
- 选择下拉菜单中的“修改→缩放”选项；
- 点击“修改”工具栏中的图标；
- 选择要移动的对象，单击鼠标右键，单击“缩放”。

（二）功能

SCALE 可按指定的比例系数和按参照两种模式，在选定的基点位置对图形对象进行放大或缩小的操作。

（三）操作示例

【例 1】 用缩放命令的按比例模式缩放对象，如图 3-38 所示。

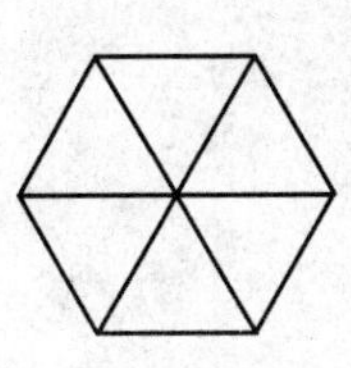

（a）比例值=1

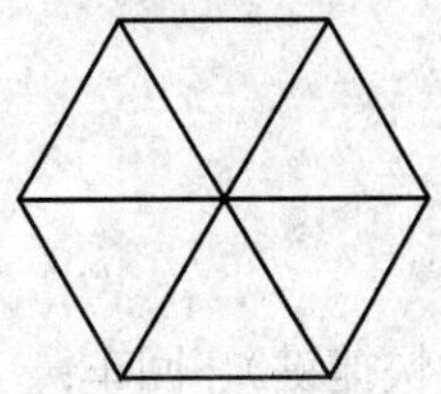

（b）比例值=1.3

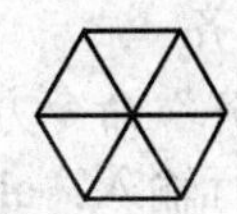

（c）比例值=0.6

图 3-38 按比例模式缩放

操作步骤：

（1）启动“缩放”命令；

（2）命令: _scale

选择对象: （选取图形）

（3）选择对象: （按回车结束选取）

（4）指定基点: （捕捉圆心作为缩放基点）

（5）指定比例因子或 [复制(C)/参照(R)] <0.6000>: 1.3

结果如图 3-38（b）所示；

（6）同理以 0.6 为比例因子进行缩放，结果如图 3-38（c）所示。

【例 2】 用缩放命令的按参照模式将图 3-39（a）编辑为图 3-39（b）。

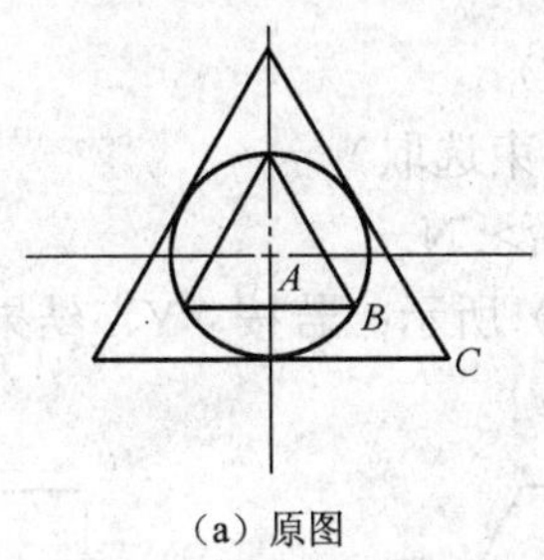

（a）原图

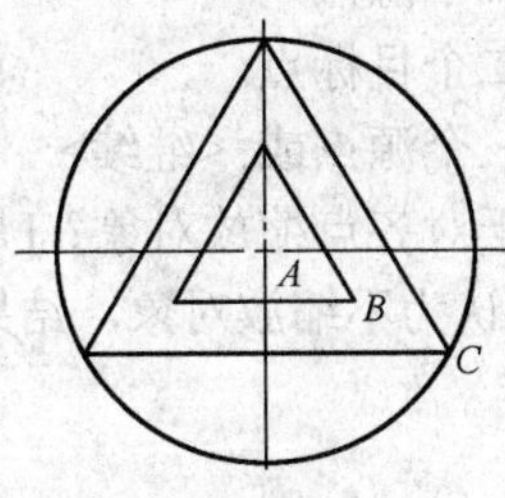

（b）结果

图 3-39 按参照模式缩放

操作步骤：

（1）启动“缩放”命令；

（2）选择对象: （选取择圆）

（3）选择对象: （按回车结束选取）

（4）指定基点: （捕捉圆心作为缩放基点）；

（5）指定比例因子或 [复制(C)/参照(R)] <1.0000>: r

（输入“R”，选“参照”模式）

（6）指定参照长度 <1.0000>: 指定第二点:

（分别捕捉参考长度上点 *A* 及点 *B*）；

（7）指定新的长度或 [点(P)] <1.0000>: （捕捉新参考长度点 *C*）。

（四）说明

按参照模式缩放对象，要先指定一段原长，再指定它的新长度。给定长度的方式可以给出数值，也可以给出两点，由这两点的距离来确定长度。

二、对齐（ALIGN）

（一）命令

ALIGN 对齐

启动“对齐”命令方法：

- 在命令行输入：align 或 al（快捷键），回车；
- 选择下拉菜单中的“修改→三维操作→对齐”选项。

（二）功能

ALIGN 命令可通过移动、旋转或偏移图形的方式来使某一对象与另一个对象对齐，可以选择缩放选项来控制大小匹配。

（三）操作示例

【例】 用对齐命令将图 3-40（a）的目标对象和图（b）的源对象编辑成为图 3-40（c）、（d）。

操作步骤：

（1）启动“对齐”命令；

（2）选择对象：　　　　（选取源对象）

（3）选择对象：　　　　（按回车结束选取）

（4）指定第一个源点：　　　　（捕捉点 *B*）

（5）指定第一个目标点：　　　　（捕捉点 *A*）

（6）指定第二个源点：　　　　（捕捉点 *D*）

（7）指定第二个目标点：　　　　（捕捉点 *C*）

（8）指定第三个源点或 <继续>：　　　　（按回车结束选取）

（9）是否基于对齐点缩放对象？[是(Y)/否(N)] <否>: N

（按回车则默认为不缩放对象，结果如图 3-40（c）所示；若按“Y”结果如图 3-40（d）所示）

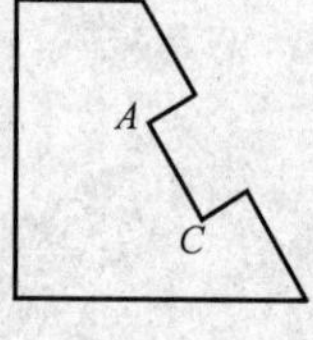

（a）目标对象

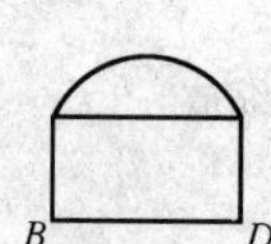

（b）源对象

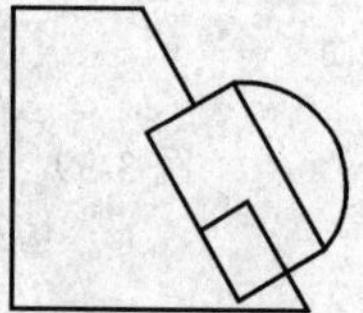
（c）不缩放对象结果

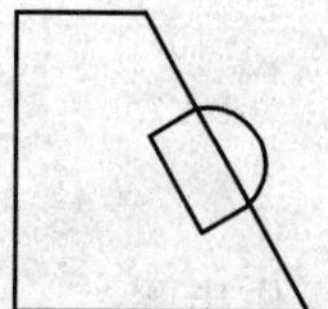
（d）缩放对象结果

图 3-40　对齐操作

第六节　延伸、拉长和拉伸

一、延伸（EXTEND）

（一）命令

EXTEND（延伸）

启动“延伸”命令方法：

- 在命令行输入：extend 或 ex（快捷键），回车；
- 选择下拉菜单中的“修改→延伸”选项；
- 点击“修改”工具栏中的 --/ 图标。

（二）功能

EXTEND 命令可将直线、圆弧、多段线等不封闭的图形对象延长到与选定的边界相交，边界可以为直线、圆、圆弧、多段线，边界可以为一个也可为多个。

（三）操作示例

【例】 用延伸命令将图 3-41（a）编辑成为图 3-41（b）。

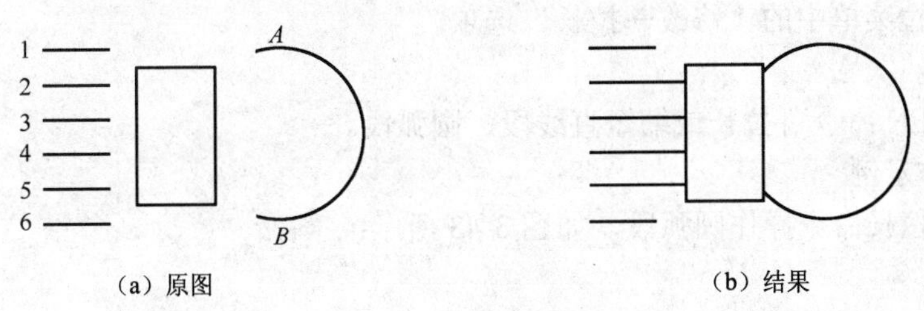

图 3-41　延伸操作

操作步骤：

（1）启动“延伸”命令；

（2）命令: _extend

当前设置:投影=UCS，边=延伸　选择边界的边...　（当前模式）

（3）选择对象或 <全部选择>:　（选取矩形为延伸边界）

（4）选择对象或 <全部选择>:　（按回车结束选取）

（5）选择要延伸的对象，或按住 Shift 键选择要修剪的对象，或[栏选(F)/窗交(C)/投影(P)/边(E)/放弃(U)]:　（在圆弧 *A* 端处单击，则圆弧延伸至矩形边线上）

（6）选择要延伸的对象，或按住 Shift 键选择要修剪的对象，或[栏选(F)/窗交(C)/投影(P)/边(E)/放弃(U)]:　（在圆弧 *B* 端处单击，则圆弧延伸至矩形边线上）

（7）选择要延伸的对象，或按住 Shift 键选择要修剪的对象，或[栏选(F)/窗交(C)/投影(P)/边(E)/放弃(U)]:　（用矩形窗口选取直线组，直线 2、3、4、5 延伸至矩形边线上，直线 1、6 未与边相交）

（8）选择要延伸的对象，或按住 Shift 键选择要修剪的对象，或[栏选(F)/窗交(C)/投影(P)/边(E)/放弃(U)]:　（按回车结束操作）

（四）说明

（1）边（E）选项用来控制是否把对象延伸到隐含边界。为延伸状态时，系统会假想将边界延长，使对象延伸到与边界相交。如图 3-42 所示。

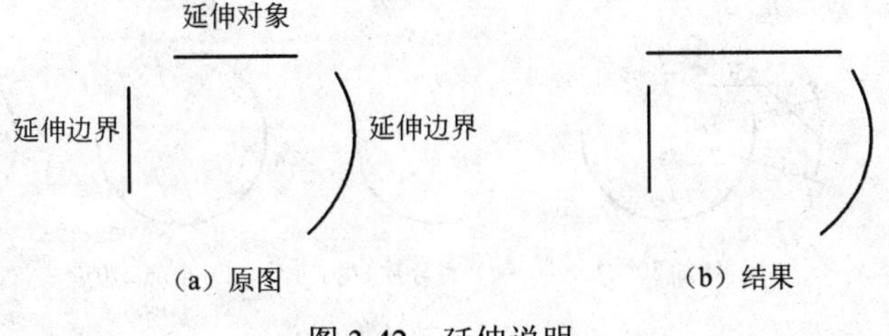

图 3-42　延伸说明

（2）当命令行提示“选择要延伸的对象，或按住 Shift 键选择要修剪的对象”时，可按住 Shift 键的同时选择对象，可将选定的图形对象以指定的延伸边界为剪切边进行剪切，此时它的效果与剪切命令相同。

二、拉长（LENGTHEN）

（一）命令

LENGTHEN（拉长）

启动“拉长”命令方法：

- 在命令行输入：lengthen 或 len（快捷键），回车；
- 选择下拉菜单中的“修改→拉长”选项。

（二）功能

LENGTHEN 命令可拉长或缩短直线段、圆弧段。

（三）操作示例

【例】 用拉长命令操作圆弧段，如图 3-43 所示；

操作步骤：

（1）增量(DE)模式拉长圆弧段

① 启动“拉长”命令；

② 选择对象或 [增量(DE)/百分数(P)/全部(T)/动态(DY)]: de

③ 输入长度增量或 [角度（A）] <0.0000>: a

④ 输入角度增量 <0>: 30　　（输入“30”为角增量值）

⑤ 选择要修改的对象或 [放弃(U)]:　　（拾取圆弧段 *A* 端处，则该圆弧 *A* 端处伸长圆心角度值为 30º的圆弧，结果见图 3-43（b））

（2）百分数(P) 模式拉长圆弧段

① 选择对象或 [增量(DE)/百分数(P)/全部(T)/动态(DY)]: p

② 输入长度百分数 <100.0000>: 80

③ 选择要修改的对象或 [放弃(U)]:　　（拾取圆弧段 *A* 端处，该圆弧段长度为原图的 80%，见图 3-43（c））

（3）全部(T)模式拉长圆弧段

① 选择对象或 [增量(DE)/百分数(P)/全部(T)/动态(DY)]: t

② 指定总长度或 [角度（A）] <20.0000)>: a

③ 指定总角度 <57>: 270　　（拾取圆弧段 *A* 端处，该圆弧段从 *A* 端处伸长或缩短到总圆心角度值为 270º的圆弧，结果见图 3-43（d））

（4）动态(DY)模式拉长圆弧段

① 选择对象或 [增量(DE)/百分数(P)/全部(T)/动态(DY)]: dy

② 选择要修改的对象或 [放弃(U)]:　　（拾取圆弧段 *A* 端处）

③ 指定新端点:　　（拖动鼠标使圆弧段到直线 *M* 处，结果见图 3-43（e））

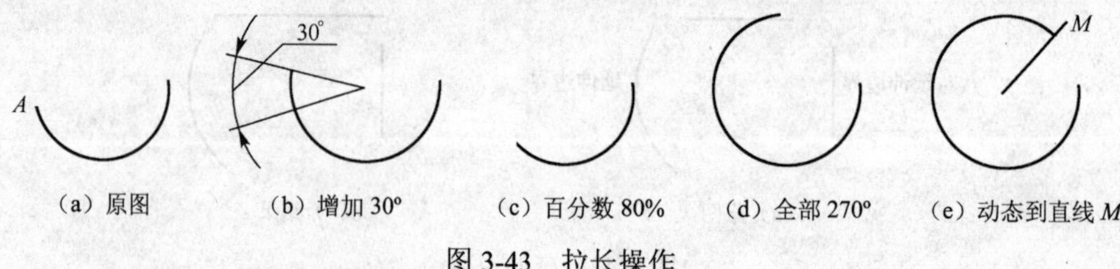

图 3-43　拉长操作

（四）说明

（1）选用增量“DE”时，输入的值为正时，对象伸长，否则对象缩短，图形对象在离拾取端近的一端伸长或缩短。

（2）圆弧段的拉长有弧长和角度（A）两种，要注意选择。

三、拉伸（STRETCH）

（一）命令

STRETCH（拉伸）

启动“拉伸”命令方法：

- 在命令行输入：stretch 或 s（快捷键），回车；
- 选择下拉菜单中的“修改→拉伸”选项；
- 点击“修改”工具栏中的 图标。

（二）功能

STRETCH 命令可移动图形中的一部分，并保持移动部分与未移动部分的连接关系，可以拉长、缩短和移动图形对象。

（三）操作示例

【例】 用拉伸命令将图 3-44（a）编辑成为图 3-44（b）。

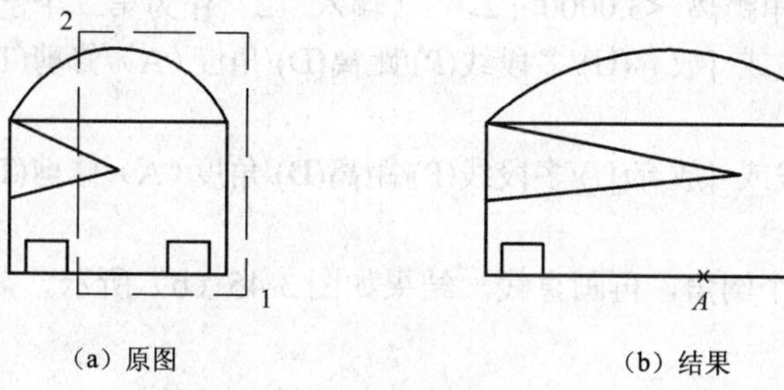

图 3-44　拉伸操作

操作步骤：

（1）启动“拉伸”命令；

（2）以交叉窗口或交叉多边形选择要拉伸的对象...

选择对象:　　　　（用交叉窗口方式选取图形对象，如图 3-44（a）所示）

（3）选择对象:　　（按回车结束选取）

（4）指定基点或 [位移(D)] <位移>:　　　　（捕捉 *A* 点作为基点）

（5）指定第二个点或 <使用第一个点作为位移>:　　（捕捉 *B* 点作为第二点）

（四）说明

拉伸命令在选取图形对象时，须用窗交或圈交方式选取，完全位于窗内的对象将移动，与窗口边界相交的对象将拉伸或压缩。

第七节　倒角、圆角

一、倒角（CHAMFER）

（一）命令

CHAMFER（倒角）

启动“倒角”命令方法：

- 在命令行输入：chamfer 或 cha（快捷键），回车；
- 选择下拉菜单中的“修改→倒角”选项；
- 点击“修改”工具栏中的 图标。

（二）功能

CHAMFER 命令以给定的距离或角度对两条直线作倒角，倒角处直线修剪或延长，两直线间用线段连接起来。

（三）操作示例

【例】 用倒角命令将在轴左端面绘制 *C*2 倒角，如图 3-45 所示。

操作步骤：

（1）启动“倒角”命令；

（2）命令: _chamfer

(“修剪”模式) 当前倒角距离 1 = 2.0000，距离 2 = 3.0000 （当前模式）

选择第一条直线或 [放弃(U)/多段线(P)/距离(D)/角度(a)/修剪(T)/方式(E)/多个(M)]: d（输入“d”，重新设置倒角距离）

（3）指定第一个倒角距离 <2.0000>: 2 （输入“2”作为第一个倒角距离）

（4）指定第二个倒角距离 <3.0000>: 2 （输入“2”作为第二个倒角距离）

（5）选择第一条直线或 [放弃(U)/多段线(P)/距离(D)/角度（A）/修剪(T)/方式(E)/多个(M)]: (在直线 1 的左端单击)

（6）选择第一条直线或 [放弃(U)/多段线(P)/距离(D)/角度（A）/修剪(T)/方式(E)/多个(M)]: (在直线 2 的上端单击)

（7）同理完成第二个倒角，再画直线，结果如图 3-45（b）所示。

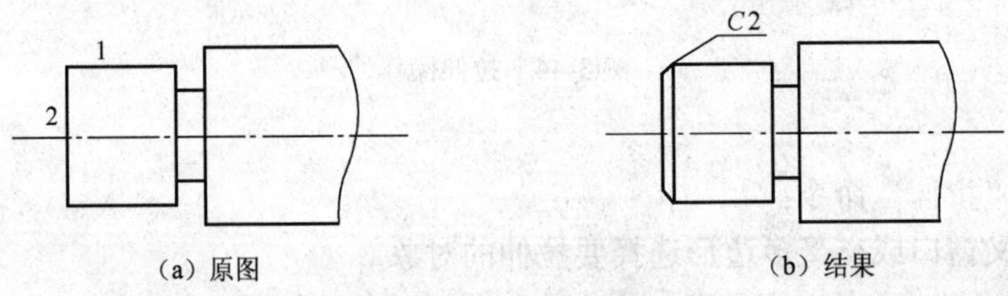

（a）原图 （b）结果

图 3-45 倒角操作

（四）说明

（1）选项功能。

① 多段线(P)：对二维多段线的每一个顶点进行倒角，当线段长度小于倒角距离时，不作倒角，如图 3-46（b）所示 *A* 点处不倒角；

（a）原图 （b）结果

图 3-46 对多段线倒角操作

② 角度（A）：根据倒角的距离和角度进行倒角，如图 3-47（b）所示。

③ 方式（E）：选择该选项会提示“输入修剪方法 [距离(D)/角度(A)] <距离>”，还需选择距离(D)/角度（A）方式。

④ 修剪(T)：设置倒角操作后是否对直线进行修剪，若为不修剪模式，结果如图 3-47（c）所示。

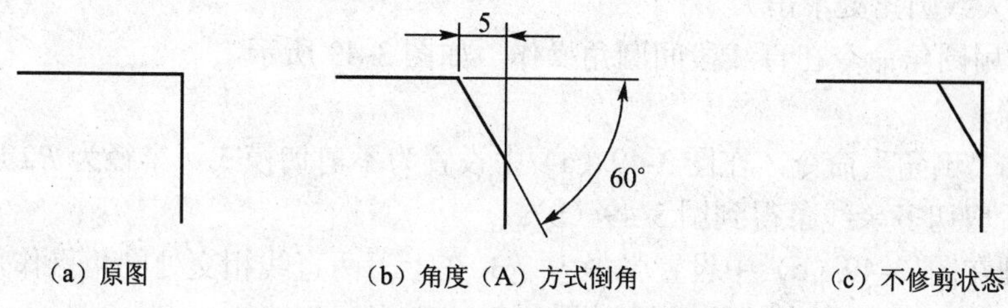

（a）原图　（b）角度（A）方式倒角　（c）不修剪状态

图 3-47　根据倒角的距离和角度进行倒角

⑤ 多个(M)：可为多组直线添加倒角，不必重复启动命令。

（2）当倒角距离设置太大时，不产生倒角。

（3）当倒角距离为 0 时，倒角命令可使两条不相交的直线相交。

二、圆角（FILLET）

（一）命令

FILLET（圆角）

启动“圆角”命令方法：

- 在命令行输入：fillet 或 f（快捷键），回车；
- 选择下拉菜单中的“修改→圆角”选项；
- 点击“修改”工具栏中的图标。

（二）功能

FILLET 命令对两条直线、圆弧、圆、多段线等对象作圆角。

（三）操作示例

【例 1】 用圆角命令在图 3-48（a）上绘制如图 3-48（b）中的 *R*30 圆弧段。

操作步骤：

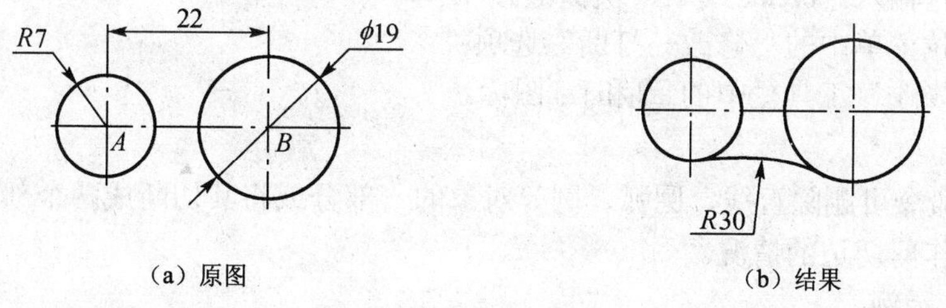

（a）原图　（b）结果

图 3-48　在圆间圆角操作

（1）启动“倒角”命令；

（2）命令: _fillet

当前设置: 模式 = 修剪，半径 = 20.0000

（3）选择第一个对象或 [放弃(U)/多段线(P)/半径(R)/修剪(T)/多个(M)]: r

（输入“R”，重新给定圆角半径）

（4）指定圆角半径 <30.0000>: 30

（5）选择第一个对象或 [放弃(U)/多段线(P)/半径(R)/修剪(T)/多个(M)]:

（在圆 *A* 大致圆角处单击）

（6）选择第二个对象，或按住 Shift 键选择要应用角点的对象:

（在圆 *B* 大致圆角处单击）

【例 2】 用圆角命令在直线段间圆角操作，如图 3-49 所示。

操作步骤:

（1）启动“倒角”命令，在图 3-49（a）中设置为不剪切模式、半径为 *R*2 进行轴肩处圆角操作，之后剪切多余线条得到图 3-49（b）;

（2）同理在图 3-49（c）中设置半径为 *R*3 在上下两直线相交处圆角操作，设置半径为 *R*4 在左右两直线相交处圆角操作，得到图 3-49（d）。

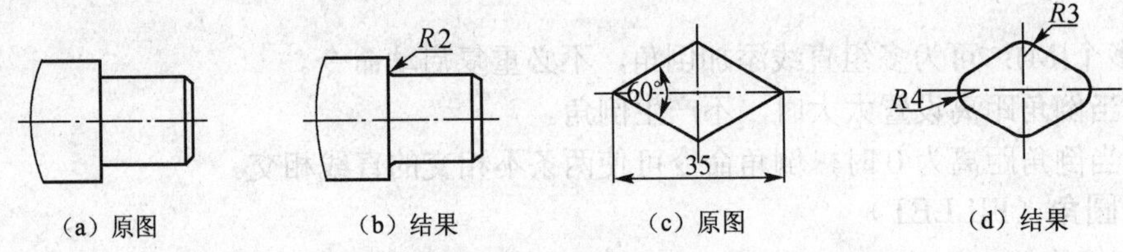

图 3-49　在直线段间圆角操作

（四）说明

圆角的选项功能与倒角类同，这里不再说明。

第八节　打断、合并和分解

一、打断（BREAK）

（一）命令

BREAK（打断）

启动“打断”命令方法:

- 在命令行输入：break 或 br（快捷键），回车;
- 选择下拉菜单中的“修改→打断”选项;
- 点击“修改”工具栏中的和图标。

（二）功能

BREAK 命令可删除直线、圆弧、圆等对象的一部分或将其切断成两个部分，可用于没剪切边或不宜作剪切边的情况。

（三）操作示例

【例】 用打断命令将图 3-50（a）编辑成为图 3-50（b）、（c）所示图形。

操作步骤:

（1）启动“打断”命令;

（2）_break 选择对象:　　（选择大圆）

（3）指定第二个打断点或 [第一点(F)]:f　　（重新指定第一点）

（4）指定第一个打断点:　　（在大圆上拾取点 1 作为打断第一点）

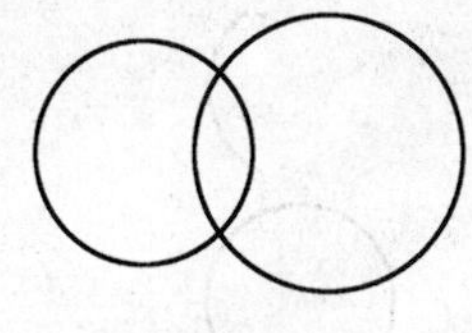

（a）原图

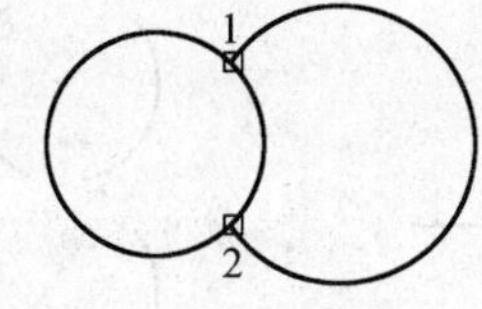

（b）结果

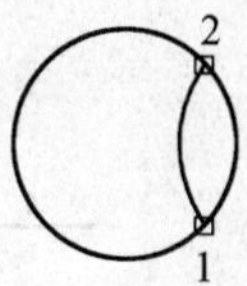

（c）结果

图 3-50　打断操作

（5）指定第二个打断点：　　　　（在大圆上拾取点 2 作为打断第一点）

点 1 和点 2 点间逆时针圆弧段被删除，结果如图 3-50（b）所示；

（6）同理当打断点 1、点 2 顺序不同时，结果如图 3-50（c）所示。

（四）说明

（1）对于圆，从第一打断点逆时针方向到第二打断点的部分被删除；

（2）打断命令操作时，若不把拾取对象的点作为打断第一点时，可在命令行提示："指定第二个打断点或 [第一点(F)]:" 时不输入 "f" 重新指定第一点；

（3）如果第二打断点选取在对象外部，则对象该端被切掉，不产生新对象；

（4）当拾取对象为第一打断点，第二打断点与其重合，则对象被分为两个对象。

二、合并（JOIN）

（一）命令

JOIN（合并）

启动"合并"命令方法：

- 在命令行输入：join 或 j（快捷键），回车；
- 选择下拉菜单中的"修改→合并"选项；
- 点击"修改"工具栏中的 ⇥ 图标。

（二）功能

JOIN 命令可将直线、圆弧、椭圆弧和样条曲线等独立的线段连接为一个对象，或将圆弧段闭合为一整圆。

（三）操作示例

【例】 用合并命令将两条直线或圆弧合并成一条直线或一整圆，见图 3-51。

操作步骤：

（1）启动"合并"命令；

（2）选择源对象：　　　　（拾取直线 *A* 或圆弧）

（3）选择要合并到源的直线：　　　　（拾取直线 *B*）

（4）选择要合并到源的直线：　　　　（按回车结束操作）

A、B 两条直线连成一条直线，结果见图 3-51（a）；

（5）两段圆弧合并成一段圆弧，结果见图 3-51（b）。

（四）说明

闭合(L)：当源对象为圆弧时，可用该选项使一段圆弧转换为整圆，如图 3-51（c）所示。

三、分解（EXPLODE）

（一）命令

EXPLODE（分解）

启动"分解"命令方法：

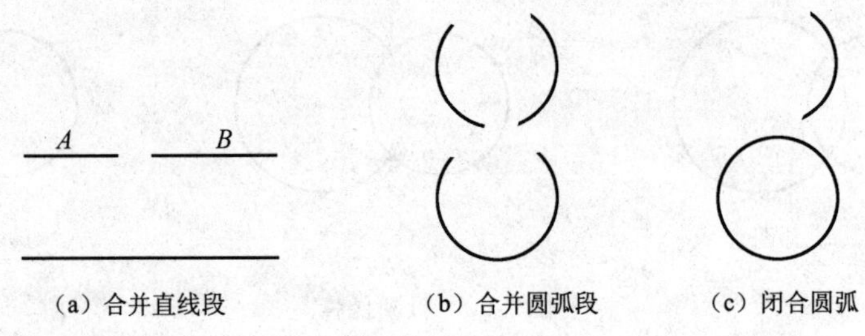

（a）合并直线段　　（b）合并圆弧段　　（c）闭合圆弧

图 3-51　合并操作

- 在命令行输入：explode，回车；
- 选择下拉菜单中的“修改→分解”选项；
- 点击“修改”工具栏中的 图标。

（二）功能

EXPLODE 命令可将一个整体的图形对象进行分解，如矩形、多段线、块及尺寸等，分解后可对其局部进行编辑。

（三）操作示例

【例】 用分解命令将矩形分解，如图 3-52 所示。

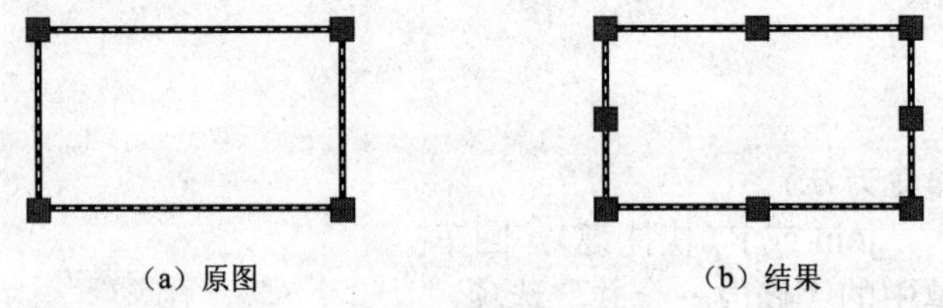

（a）原图　　（b）结果

图 3-52　分解操作

操作步骤：

（1）启动“合并”命令；

（2）选择对象:　　　　　　（选择矩形）

（3）选择对象:　　　　　　（按回车结束操作）

分解前矩形为一个图块，分解后为四条直线。

思考与练习

1．运用绘图命令和编辑命令按 1:1 比例绘制图 3-53 所示图形，不需尺寸标注。

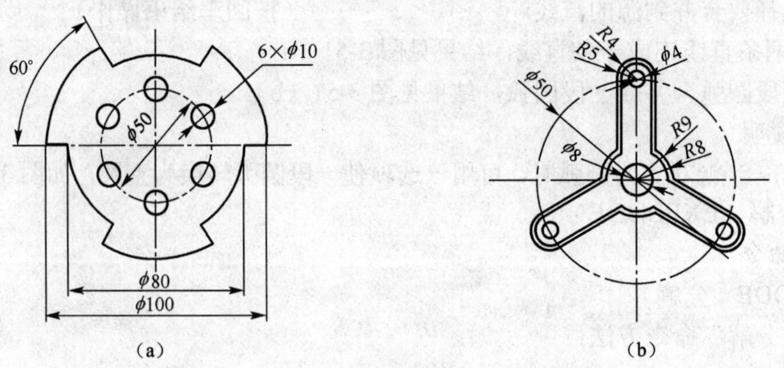

（a）　　（b）

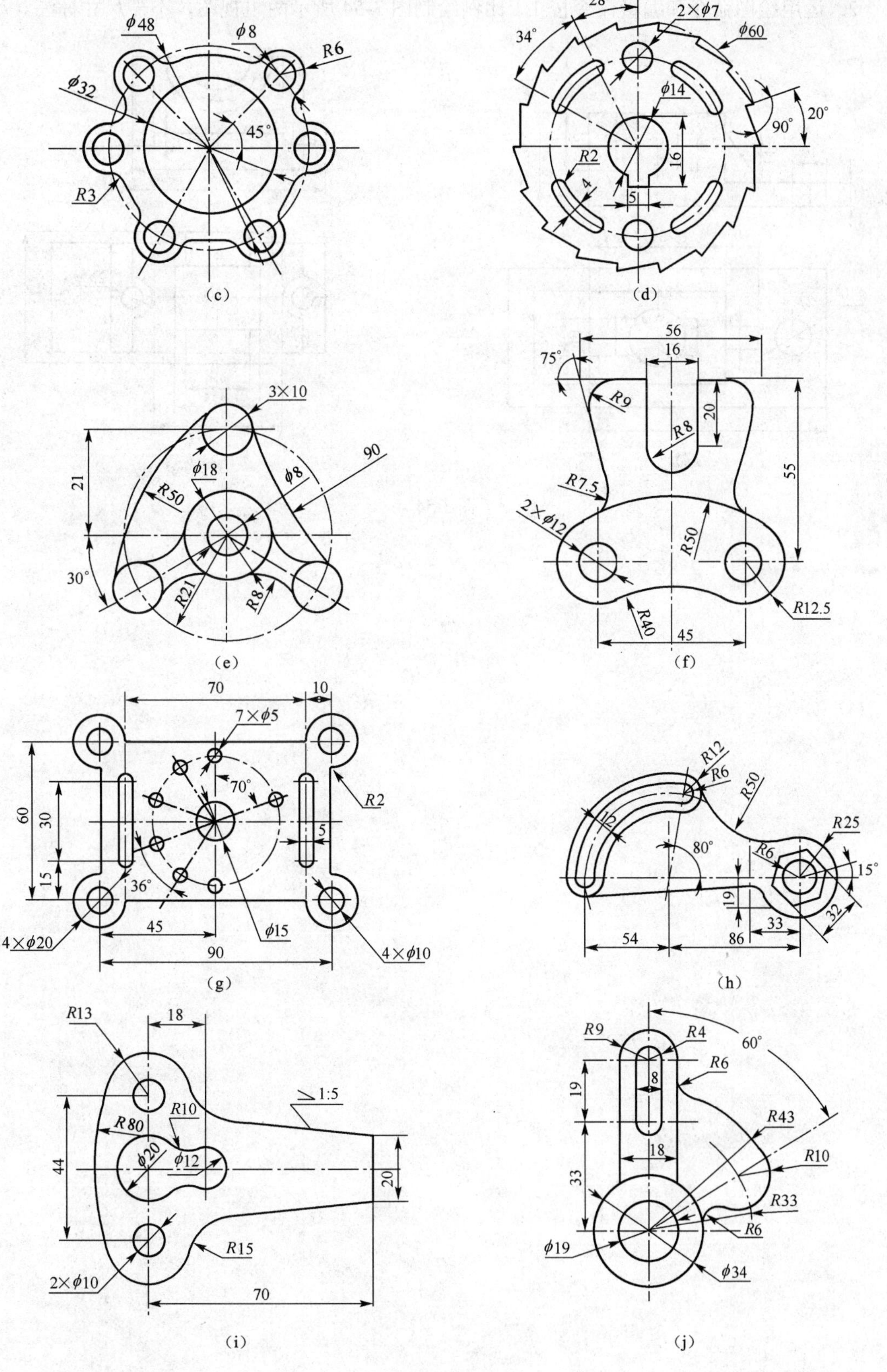

图 3-53

2．运用绘图命令和编辑命令按 1:1 比例绘制图 3-54 所示两组视图，不需尺寸标注。

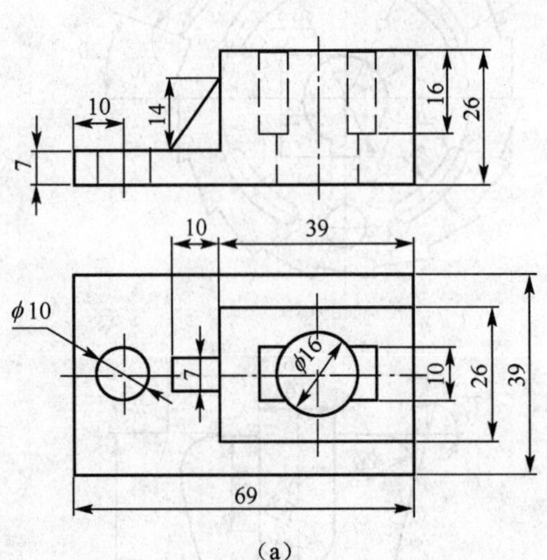

(a)

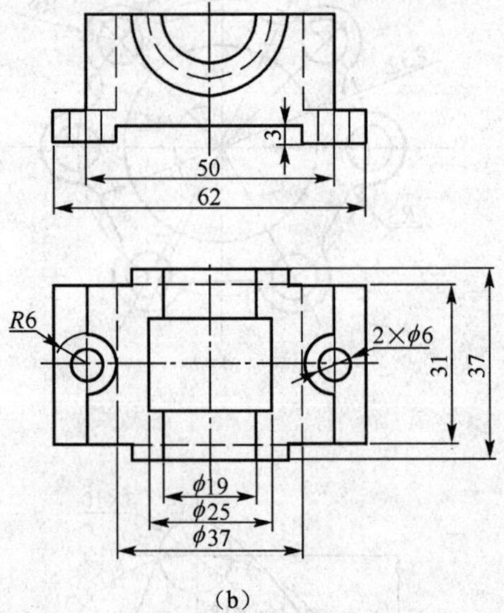

(b)

图 3-54

第四章　图　　层

第一节　图层的基本操作

一、图层概述

在 AutoCAD 的使用中，绘制各种图形，不管繁简与否，都将会使用到层。图形越复杂，所涉及的层也越多。层虽说是 AutoCAD 中较简单的工具，但也是最有效的工具之一。切实理解层的概念，合理运用层的各项操作，都将会直接影响图形绘制的质量。同时，也可使繁琐的工作变得简单而有趣。

1．什么是图层

通俗地讲，图层就像是含有文字或图形等元素的胶片，一张张按顺序叠放在一起，组合起来形成页面的最终效果。图层可以将页面上的元素精确定位。图层中可以加入文本、图片、表格、插件，也可以在里面再嵌套图层。

图层就像一张透明的纸，在透明纸上绘画，被画上的部分叫不透明区，没画上的部分叫透明区，通过透明区可以看到下一层的内容。把透明纸按顺序叠加在一起就组成了完整的图像，如图 4-1 所示。

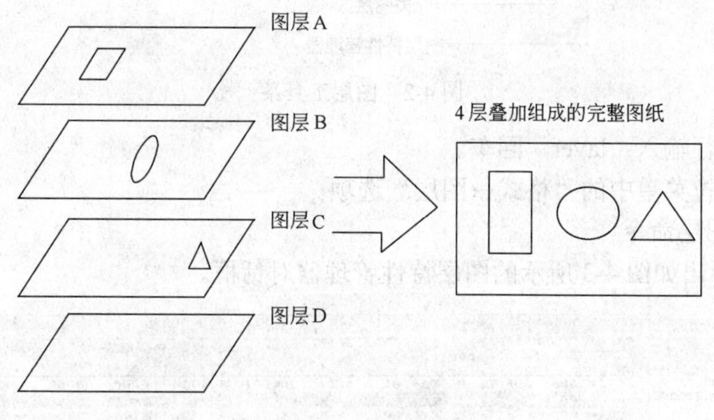

图 4-1　图层

2．为什么引入图层

方便管理不同类型、不同概念的图形对象。

3．图层的特性

（1）用户可以在一幅图中使用任意数量的图层。

（2）每一图层均应有不同的名字，用户新建一幅图时，CAD 自动生成名为“0”的层，层名不能被修改，其余图层由用户根据需要创建。

（3）一个图层只能设置一种线型、一种颜色及一个状态，但一个图层下的不同实体可以使用不同的线型、颜色。

（4）用户只能在当前图层上绘图，用户可通过图层操作功能改变当前工作图层。

（5）各图层具有相同的坐标系、绘图界限、缩放系数，用户可以对位于不同图层上的实体进行操作。

（6）用户可以对各图层进行打开、关闭、冻结、解冻、加锁、解锁等操作，以决定各图层上的对象的可见性及可操作性。

二、图层操作

在图层操作之前，要先将图层工具条调出来，以方便操作。

（一）启动“图层”命令方法

（1）用鼠标右键单击工具条任意位置，在弹出的菜单中选择“图层”即可，如图 4-2 所示。再单击图 4-2 中的按钮。

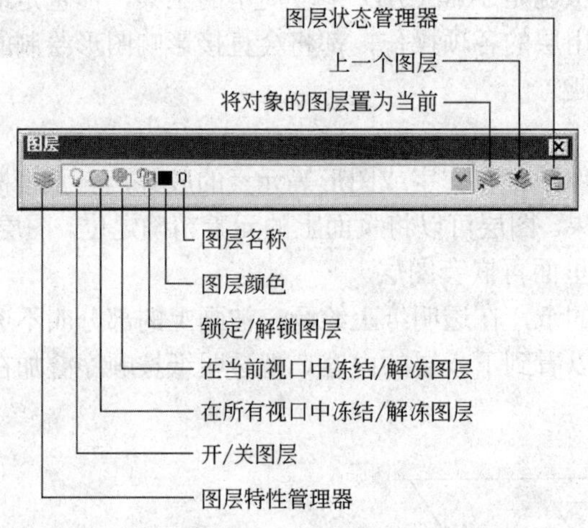

图 4-2　图层工具条

（2）在命令行输入：layer，回车。

（3）选择下拉菜单中的“格式→图层”选项。

（二）执行图层命令

AutoCAD 弹出如图 4-3 所示的图层特性管理器对话框。

图 4-3　图层特性管理器

其中，各工具的作用分别说明如下。

图层特性管理器中有以下两个窗格：树状图、列表视图。

1．树状图上方各按钮含义

（1）新特性过滤器 显示“图层过滤器特性”对话框，从中可以根据图层的一个或多个特性创建图层过滤器。

（2）新组过滤器 创建图层过滤器，其中包含选择并添加到该过滤器的图层。

（3）图层状态管理器 显示图层状态管理器，从中可以将图层的当前特性设置保存到一个命名图层状态中，以后可以再恢复这些设置。

（4）新图层 创建新图层。列表将显示名为 LAYER1 的图层。该名称处于选定状态，因此可以立即输入新图层名。新图层将继承图层列表中当前选定图层的特性（颜色、开或关状态等）。

（5）所有视口中已冻结的新图层 创建新图层，然后在所有现有布局视口中将其冻结。可以在“模型”选项卡或布局选项卡上访问此按钮。

（6）删除图层 将选定图层标记为要删除的图层。单击“应用”或“确定”时，将删除这些图层。只能删除未被参照的图层。参照的图层包括图层 0 和 DEFPOINTS、包含对象（包括块定义中的对象）的图层、当前图层以及依赖外部参照的图层。 局部打开图形中的图层也被视为已参照并且不能删除。注意如果绘制的是共享工程中的图形或是基于一组图层标准的图形，删除图层时要小心。

（7）置为当前 将选定图层设置为当前图层。将在当前图层上绘制创建的对象。

2．列表视图各按钮含义

（1）名称项 显示并更改图层名。

（2）开/关项 控制图层的开关状态。通过单击小灯泡图标可实现图层的开关，打开的图层灯泡为黄色，关闭的图层灯泡为灰色。打开的图层是可见的，而关闭的图层则不可见，也不能被打印。当图形重新生成时，被关闭的层将一起被生成。

（3）冻结/解冻项 控制图层的冻结与解冻。系统默认是解冻状态，小图标为太阳，点击它将转成代表冻结的雪花。解冻的图层是可见的，而冻结的图层则不可见，也不能被打印。当图形重新生成时，系统不再重生冻结层上的对象，这样可以加快系统的运行速度。

（4）锁定/解锁项 控制图层的锁定与解锁。小图标中一把小锁形象地表达了图层状态。被锁定的图层是可见的，图层上的对象不能被编辑，但可以在该层上添加图形对象。

（5）颜色项 设置图层的颜色。点击图层中对应图标项，弹出如图 4-4 所示选择颜色对话框，单击某颜色框即可选择所需颜色。

（6）线型项 设置图层线型。单击此项弹出如图 4-6 所示的选择线型对话框，该对话框中列出了已加载的各种线型，可从中选择一种线型为所选图层的绘图线型，也可以单击加载按钮加载线型。

（7）线宽项 设置线型宽度。单击此项弹出线宽对话框，在此可选择需要的线宽。

（8）打印/不打印项 控制图层是否可以打印。设置图层不打印后，该图层上的对象会显示。若图层是关闭或冻结的，又设为可打印时，系统不会打印该图层，不打印设置只对可见图层有效。

第二节　机械工程 CAD 制图规则简介

“CAD 工程制图规则”是中华人民共和国国家标准。它包括：机械工程 CAD 制图规则、电气工程 CAD 制图规则、建筑工程 CAD 制图规则。本章节主要简单介绍机械工程 CAD 制图规则。

一、图线线宽的规定（见表 4-1）

表 4-1　机械工程图线的线宽组

组　别	1	2	3	4	5	一 般 用 途
线宽/mm	2.0	1.4	1.0	0.7	0.5	粗实线、粗点画线
	1.0	0.7	0.5	0.35	0.25	细实线、细点画线、虚线、波浪线、双折线、双点画线

二、图线所在的图层命名、图线的颜色、线型等的规定（见表 4-2）

表 4-2　机械图样中图线的分层、颜色、线型、线宽的规定

图层名称	图线颜色	线　型	图　例	线型在 ACADISO.LIN 中的名称	常用线宽
01	绿色	粗实线		CONTINUOUS	0.7mm
02	白/黑色	细实线 细波浪线 双折线			0.35mm
03	黄色	粗虚线		ACAD-ISO02W100	0.7mm
04		细虚线			0.35mm
05	红色	细点画线 剖面线		ACAD-ISO04W100	0.35mm
06	棕色	粗点画线			0.7mm
07	洋红	细双点画线		ACAD-ISO05W100	0.35mm
08	白/黑色	尺寸线 尺寸界线 投影连线		CONTINUOUS	0.35mm

第三节　设置图层、颜色、线型及线型比例

一、图层的操作

启动软件后，系统会自动建立一个图层，名称为 0 层，该层名称不能修改。用户若要进行新图层的创建，或修改颜色、线型、线宽等，都需要在图层特性管理器对话框中进行操作。“图层特性管理器”对话框如图 4-4 所示。

启动“图层”命令的方法：

- 菜单：格式→图层；
- 命令：layer;
- 工具按钮：“图层”工具栏中的“图层特性管理器”按钮“ ”。

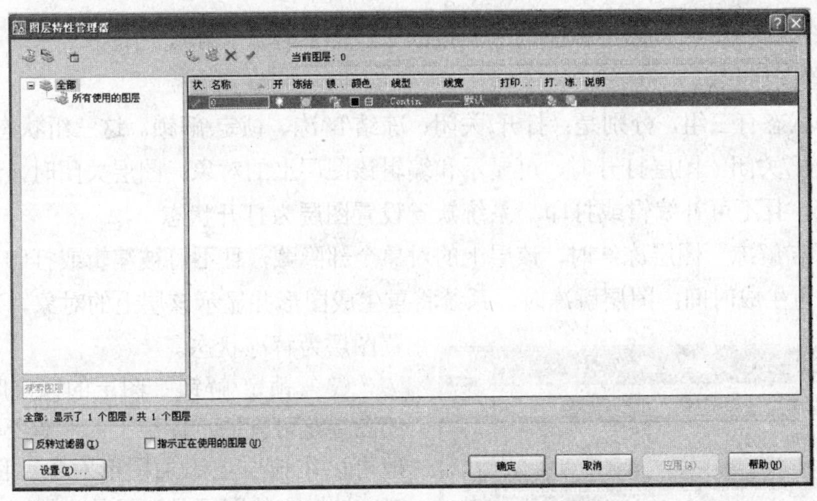

图 4-4 “图层特性管理器”对话框

执行上述任一操作后，系统打开“图层特性管理器”对话框（如图 4-2 所示），可以再进一步进行有关图层的操作。

1．新建图层

调用命令的方法：

- 单击“图层特性管理器”对话框中的新建图层按钮“ ”。
- 在“图层特性管理器”对话框中的任一空白位置右击鼠标，会出现快捷菜单，如图 4-5 所示。在此快捷菜单中选择“新建图层”选项。
- 打开“图层特性管理器”对话框后，直接按回车键，也可新建图层。

2．图层的删除

当某个图层中没有任何对象时，可以将其删除，以节约系统资源。

调用“删除图层”的方法：选择要删除的图层后，执行以下操作之一。

- 单击“删除图层”按钮“×”。
- 右击鼠标，在弹出的快捷菜单中选择“删除图层”选项。
- 直接按键盘上的[Delete]键。

说明：以下图层不能删除：0 层、Defpoints（定义点图层）、当前正在使用的图层、依赖外部参照的图层和包含对象的图层。

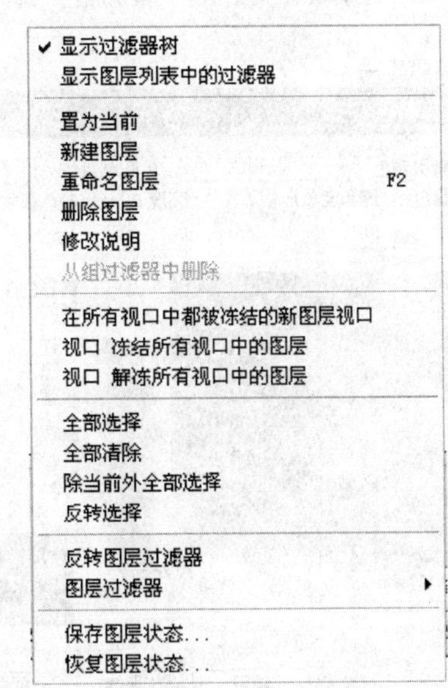

图 4-5　图层特性管理器对话框的快捷菜单

3．图层的重命名

AutoCAD 系统的“0”层不能重命名，其他所有的图层都可以进行重命名的操作。以图层 3 名称改为“标注”为例，说明图层重命名的方法如下：

（1）在“图层特性管理器”对话框中，选中“图层 3”；

（2）双击该图层的名称“图层 3”，该名称为反显状态 图层3 ；

（3）键入新的图层名称“标注”后，按回车，然后单击“确定”即可。

4．设置图层状态

图层的状态有三组，分别是：打开/关闭、冻结/解冻、锁定/解锁。这三组状态解释如下。

（1）打开/关闭　图层打开时，可显示和编辑该图层上的对象；图层关闭时，该层上的内容全部隐藏，且不可补编辑或打印。系统缺省设置图层为打开状态。

（2）冻结/解冻　图层冻结时，该层上的对象全部隐藏，且不可被编辑或打印，但可减少复杂图形的重生成时间；图层解冻时，系统将重生成图形并显示该层上的对象。系统缺省设置图层为解冻状态。

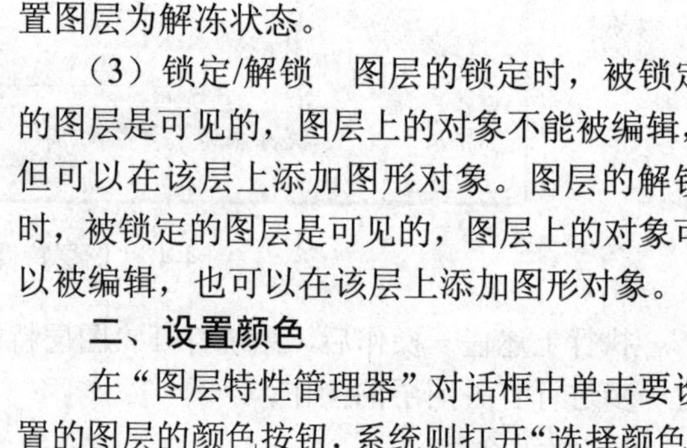

（3）锁定/解锁　图层的锁定时，被锁定的图层是可见的，图层上的对象不能被编辑，但可以在该层上添加图形对象。图层的解锁时，被锁定的图层是可见的，图层上的对象可以被编辑，也可以在该层上添加图形对象。

二、设置颜色

在“图层特性管理器”对话框中单击要设置的图层的颜色按钮，系统则打开“选择颜色”对话框。用户在该对话框中选择自己想要设置的颜色后确定即可。具体操作步骤：

（1）单击“图层特性管理器”对话框中某一图层的颜色处，打开“选择颜色”对话框，其中包括“索引颜色”、“真彩色”、“配色系统”三个选项卡，如图 4-6 所示。

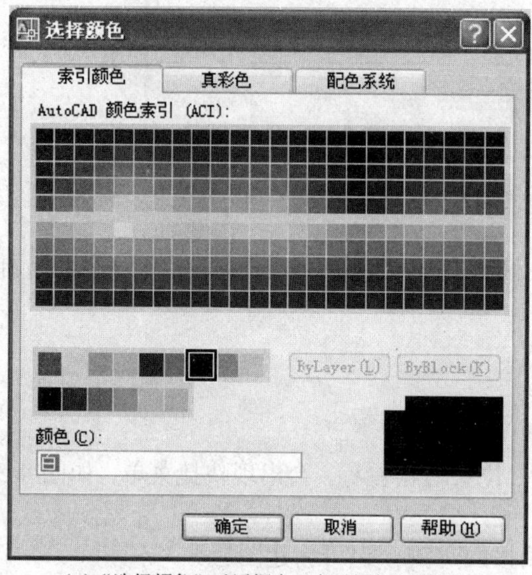

（a）“选择颜色”对话框中“索引颜色”选项卡

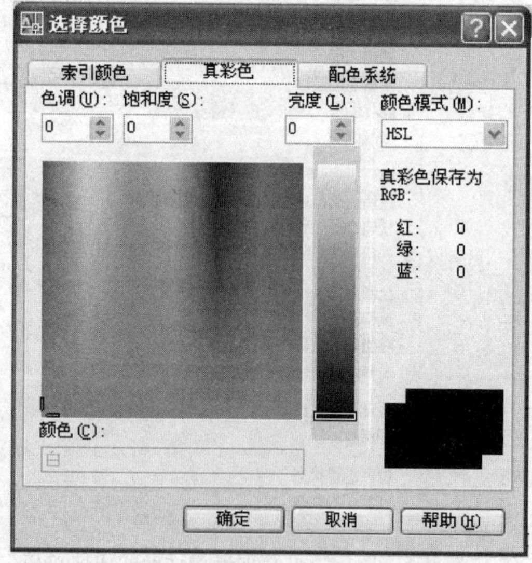

（b）“选择颜色”对话框中“真彩色”选项卡

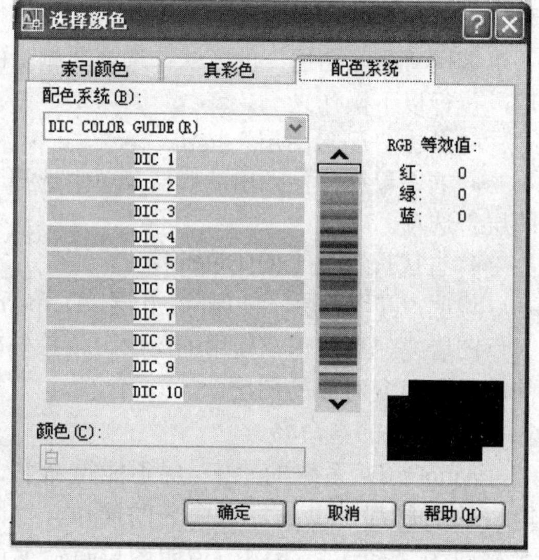

（c）“选择颜色”对话框中“配色系统”选项卡

图 4-6　“选择颜色”对话框各选项卡的内容

（2）在其中选择要设置的颜色，单击“确定”返回到“图层特性管理器”对话框。

（3）单击“应用”或“确定”按钮，颜色设置完成。

三、设置线型

机械制图国家标准规定，图形中的要素所用的线型应有所区别，如图形的轮廓线为粗实线，中心线等要素用细点画线，剖面线、尺寸标注线等用细实线，不可见轮廓线用虚线等。AutoCAD 2008 提供了强大的线型资源，供用户按需选择使用。下面介绍线型的设置方法。

（1）在“图层特性管理器”对话框中，单击要设置的图层的线型处，系统将打开“选择线型”对话框，如图 4-7 所示。缺省设置下，该对话框中只有一种线型，即 Continuous（连续线）。

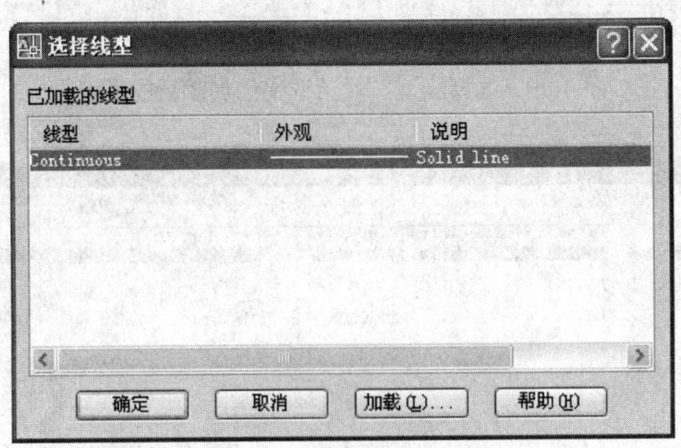

图 4-7 “选择线型”对话框

（2）在“加载或重载线型”对话框（如图 4-8 所示）中，单击“可用线型”右侧的下拉按钮，选择合适的线型后，单击“确定”按钮。此时，系统返回到“选择线型”对话框，如图 4-9 所示。单击新加载的线型，再单击确定。系统返回到“图层特性管理器”对话框（如图 4-10 所示），单击“应用”或“确定”按钮，完成线型的设置。

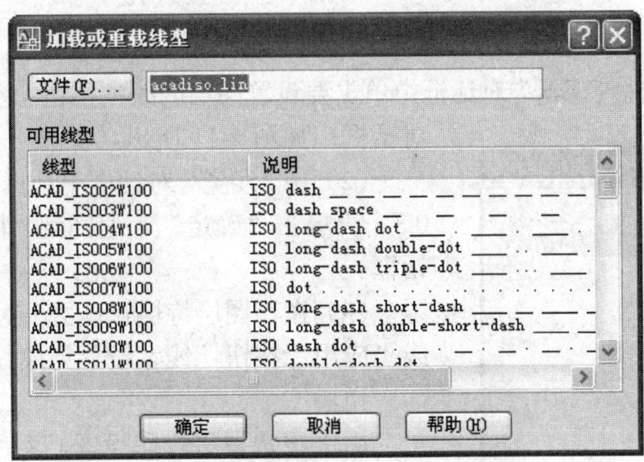

图 4-8 “加载或重载线型”对话框

四、设置线宽

机械制图国家标准规定，粗实线的线宽为 0.5mm 和 0.7mm，细实线、细点画线的线宽为粗实线的 1/2。新建的图层中线型的宽度由系统自动设置为默认，用户可根据自己的需要设置新的线宽值。

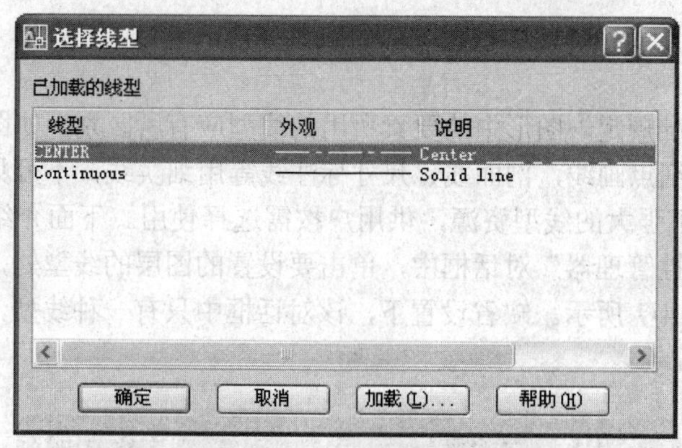

图 4-9 “选择线型”对话框中已加载新的线型

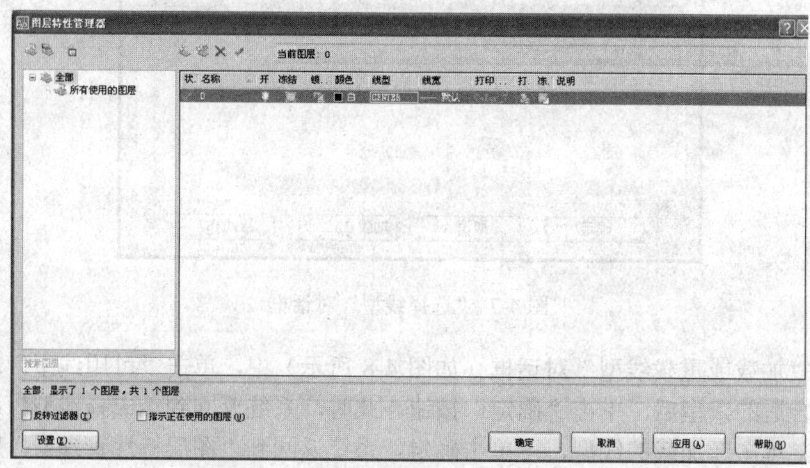

图 4-10 “图层特性管理器”对话框中图层的线型已改为“CENTER”线型

具体操作方法如下：

（1）在“图层特性管理器”对话框中单击要设置图层的线宽按钮，系统则打开了“线宽”对话框，如图 4-11 所示。

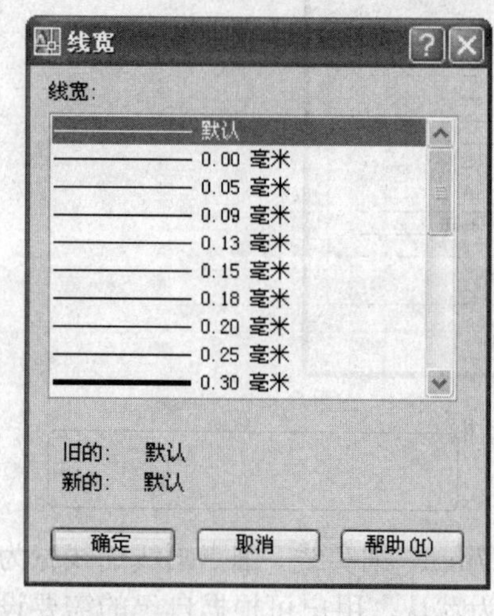

图 4-11 “线宽”对话框

（2）在“线宽”对话框中选择需要设置的线宽，如 0.3，再单击“确定”，返回到“图层特性管理器”对话框。

（3）在“图层特性管理器”对话框中单击“确定”或“应用”按钮，线宽设置完成。

说明：

由于线宽属于打印设置，系统缺省设置为关闭状态。若要在绘图窗口中显示线宽设置效果，可单击状态栏中的“线宽”，使其处于按下状态，或通过以下菜单操作：选择“格式→线宽”，打开“线宽设置”对话框，如图 4-12 所示，在该对话框中单击“显示线宽”的复选框，然后单击“确定”，也可设置线宽显示。

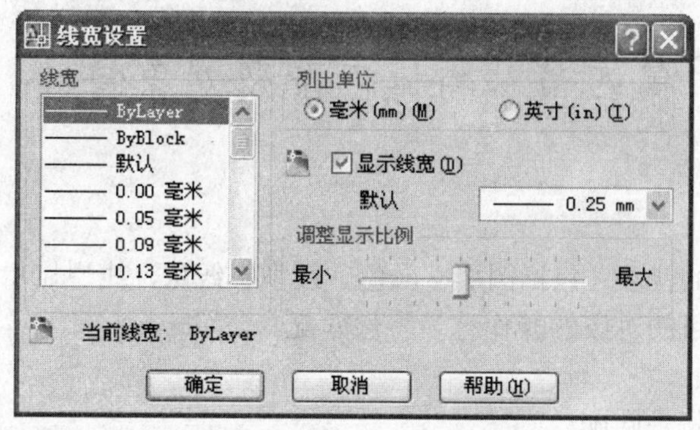

图 4-12 “线宽设置”对话框

五、设置线型显示比例

机械制图国家标准规定粗实线、细实线、点画线、虚线等线型有一定的规格要求。要使它们在图形中能够正确显示，符合国家规定，必须要进行线型显示比例的设置。

启动方法：

- 菜单：格式→线型；
- 命令：linetype↙；
- 工具按钮：单击“特性”工具栏中“线型控制”的下拉按钮，选择“其他”。

执行上述操作之一，系统打开“线型管理器”对话框，如图 4-13 所示。

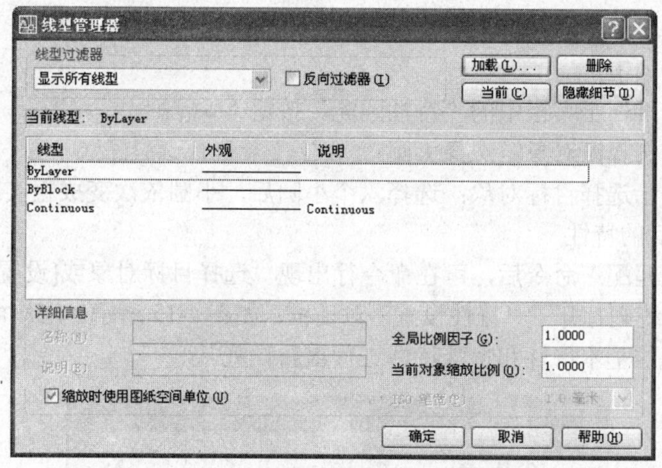

图 4-13 “线型管理器”对话框

在“线型管理器”对话框中，控制线型显示比例的有两个参数，分别是全局比例因子和当前对象缩放比例。

（1）全局比例因子　该系数确定全图所有线型的比例系数，对所有线型都起控制作用，并且一直持续到下一个比例因子输入为止。该比例因子一般取为由绘图界限与初始样板确定的样板图的放大倍数。一般情况，此系数设置不要改变。

（2）当前对象缩放比例　通过此系数的设置只对当前的线型起作用，不影响其他的线型。一般设置为 0.3～0.4。

第四节　特性匹配及对象特性

一、特性匹配

1．定义

将选定的源对象的特性（包括图层、颜色、线型、线宽、线型显示比例、文字的类型、字体高度等）复制到目的对象的操作称为特性匹配。

2．命令启动方法

- 菜单：修改→特性匹配；
- 命令：MATCHPROP↙；
- 工具按钮："标准"工具栏中"特性匹配"按钮"🖌"（相当于其他软件的格式刷功能）。

【例】 将图 4-11 中的粗实线的线宽复制到其他细实线上。如图 4-14 所示。

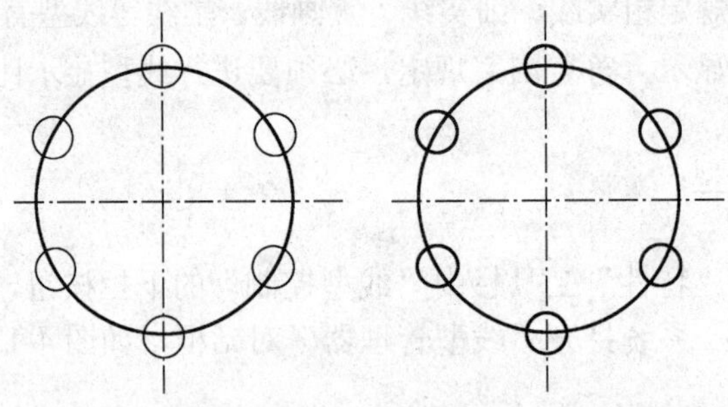

图 4-14　将大圆的线宽应用"特性匹配"功能复制到小圆上

具体操作步骤如下：

（1）单击"标准"工具栏中的"特性匹配"按钮"🖌"；

（2）系统提示选择源对象：选择大圆；

（3）系统再提示选择目标对象：选择六个小圆后，小圆依次变成粗实线，完成操作。

3．修改复制后的特性

在使用"特性匹配"命令后，可在命令行出现"选择目标对象或[设置（S）]："提示下输入 S 后回车，系统则打开了"特性设置"对话框，如图 4-15 所示。用户可以在此对话框中对要复制的源对象的基本特性和特殊特性进行重新设置。

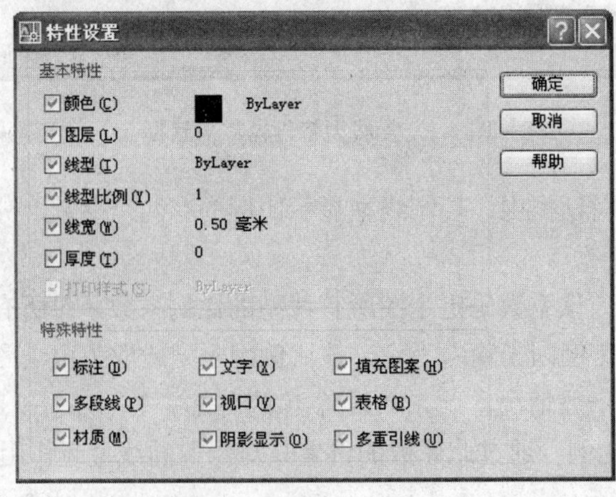

图 4-15　"特性设置"对话框

二、对象特性

在 AutoCAD 系统中，绘制的每个对象都具有特性。有些特性是基本特性，适用于多数对象。例如图层、颜色、线型和打印样式。有些特性是专用于某个对象的特性。例如，圆的特性包括半径和面积，直线的特性包括长度和角度。多数基本特性可以通过图层指定给对象，也可以直接指定给对象。

• 如果特性值设置为“随层”，则将为对象与其所在的图层指定相同的值。

例如，如果为在图层 0 上绘制的直线指定颜色“随层”，并将图层 0 指定为“红”，则该直线的颜色将为红。

• 如果将特性设置为一个特定值，则该值将替代图层中设置的值。

例如，如果将图层 0 上的直线指定为“蓝色”，并将图层 0 指定为“红色”，则直线的颜色为蓝色。

命令启动方法如下：

• 工具栏：标准 ；

• 菜单：修改→特性；

• 快捷菜单：选择要查看或修改其特性的对象，在绘图区域中单击鼠标右键，然后单击“特性”；

• 命令：properties↙。

执行以上操作之一，系统打开“特性”选项板，如图 4-16 所示。

可以指定新值以修改任何可以更改的特性。单击该值并使用以下方法之一：

• 输入新值。

• 单击右侧的向下箭头并从列表中选择一个值。

• 单击“拾取点”按钮，使用定点设备修改坐标值。

• 单击“快速计算”计算器按钮可计算新值。

• 单击左或右箭头可增大或减小该值。

• 单击“...”按钮并在对话框中修改特性值。

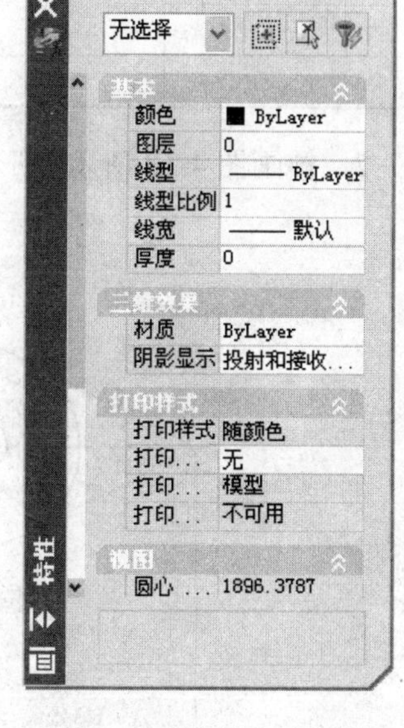

图 4-16 “特性”选项板

【例】 将图 4-17（a）中的轮廓线型改为 Continuous，颜色改为红色，线宽改为 0.3。

具体操作步骤如下：

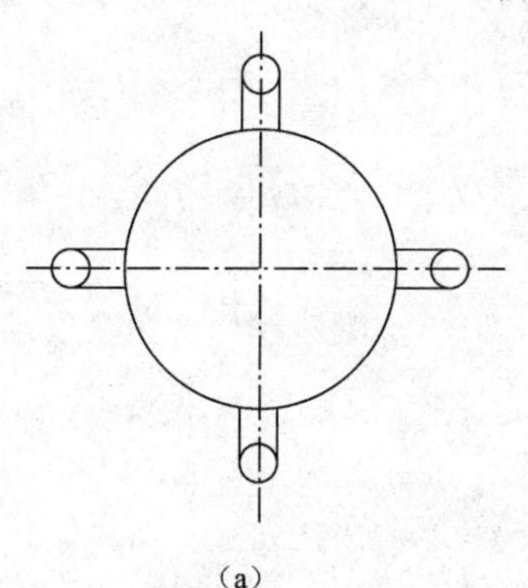

（a）

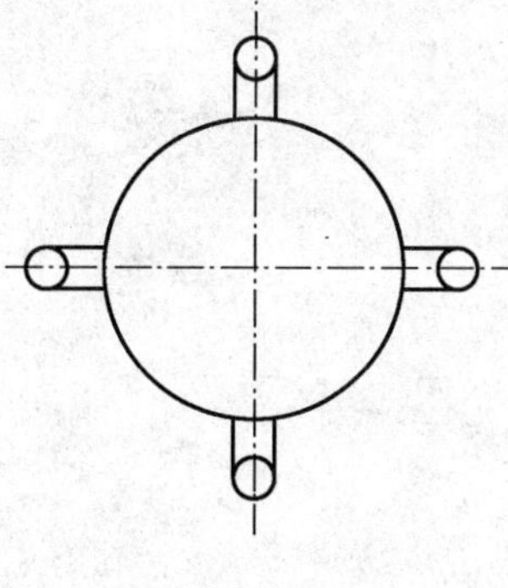

（b）

图 4-17　对象特性的修改

（1）选择图中的轮廓线部分；

（2）单击“特性工具栏”中的颜色栏的下拉按钮，在列表的颜色中选择“红色”；

（3）单击“特性工具栏中”的线型下拉按钮，在列表的线型中选择“Continuous”；

（4）单击“特性工具栏”中的线宽下拉按钮，在列表的线宽中选择“0.3”，最后图形修改如图 4-17（b）所示。

思考与练习

1．按下表规定设置图层、颜色、线型和线宽，并设置适当的线型比例。

图 层 名 称	颜　色	颜 色 号	线　型	线宽/mm
01	绿	3	Continuous	0.5
02	白/黑	7	Continuous	0.25
04	黄	2	Acad_ISO2W100	0.25
05	红	1	Acad_ISO4W100	0.25
07	粉红	6	Phantom	0.25

2．抄画图 4-18 所示图形。

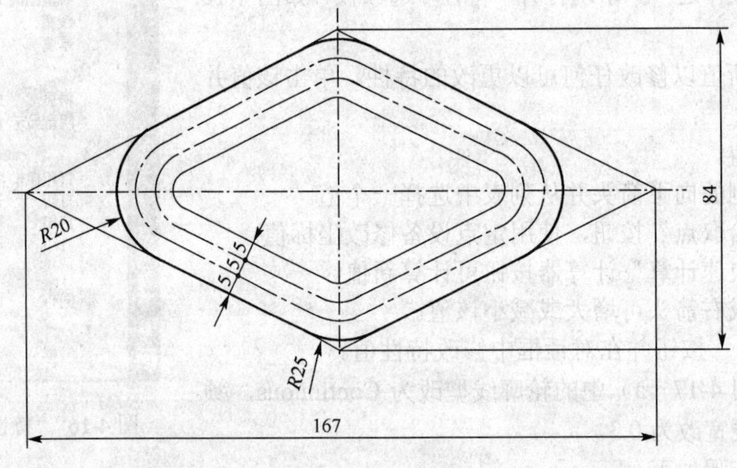

图 4-18　题 2 图

第五章　文字与图案填充

AutoCAD 2008 的文字功能并不是很强，在机械制图中，用到文字的地方也并不多，除了填写标题栏，加上技术要求及其他一些必要的说明外，大部分都是图线了。国家机械制图标准对汉字的要求是长仿宋体，对数字和字母的要求是斜体，与水平线约成 75°，向右倾斜。本章主要介绍如何按国家标准的要求来进行文字样式设置和输入及编辑。另外，还对在机械制图中常用的剖面线的画法作了介绍。

第一节　文字样式设置、输入及编辑

一、文字样式的设置方法

因为机械制图国家标准对汉字的要求是长仿宋体，并采用国家正式公布的简化字，汉字的高度不应小于 3.5mm，其宽度约为高度的 0.7 倍，所以，AutoCAD 2008 中预设好的样式“Standard”就不符合机械制图国家标准对汉字的要求，必须要重新设置。其设置方法如下。

命令名称：文字样式（STYLE）。

功能：在图形中创建、修改或设置命名文字样式。

启动方法：

- 单击“标注”工具条按钮；
- 下拉菜单：格式→文字样式；
- 输入命令：STYLE 回车。

执行命令后，会弹出名为“文字样式”的对话框，如图 5-1 所示。

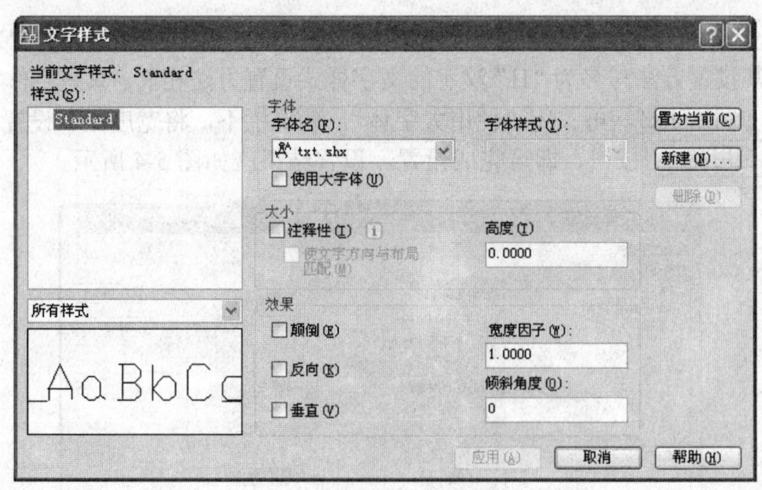

图 5-1　文字样式对话框

操作方法：

（1）单击 新建(N)... 按钮，弹出名为“新建文字样式”的对话框，如图 5-2 所示。

在样式名的框中输入“H”作为新文字样式“汉字”的名称，取“汉”的第一个汉语拼音字母为名字。单击 确定 按钮，返回“文字样式”对话框，此时对话框中的样式栏下会增多一个名为“H”的文字样式。

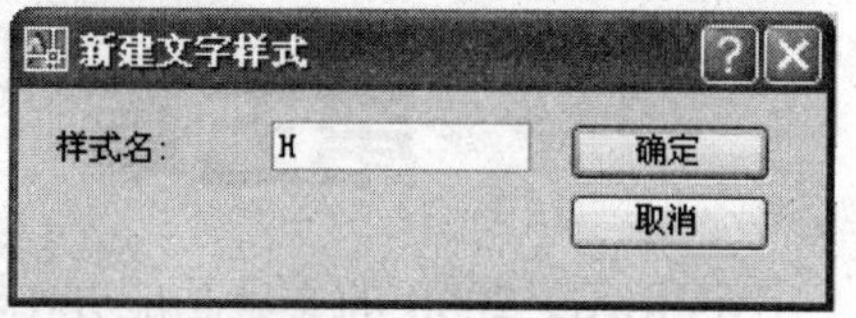

图 5-2 “新建文字样式”的对话框

（2）名为“H”汉字的文字样式的设置。

① 字体栏下，单击 SHX 字体下的 按钮，在下拉出的几项中选择“gbenor.shx”，将 SHX 字体设置为“gbenor.shx”。再打开“使用大字体”，单击大字体下的 按钮在下拉出的几项中选择“gbcbig.shx”，将大字体设置为“gbcbig.shx”。

② 效果栏下，将宽度因子设置为“0.7”。

③ 其余不变，单击 应用(A) 按钮，即可完成设置。再单击 置为当前(C) 按钮，可将设置好的名为“H”的汉字文字样式设为当前样式。设置结果应如图 5-3 所示。

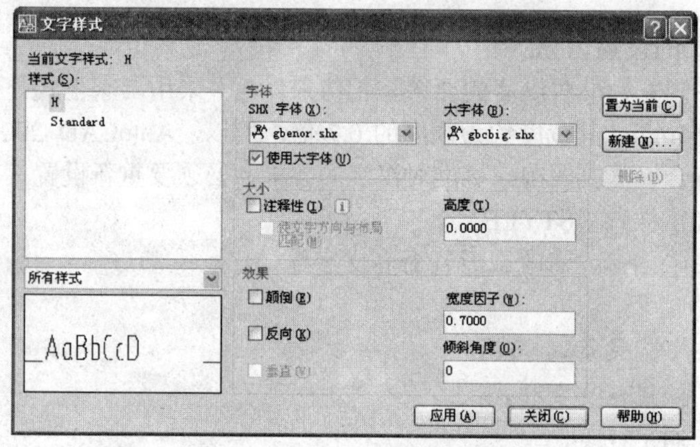

图 5-3 名为“H”汉字的文字样式的设置

（3）可另外设置一个专门写阿拉伯数字和拉丁字母的文字样式，命名为“X”，表示“西文”的意思。其设置方法与名为“H”汉字的文字样式设置方法相同。只是字体栏下，将 SHX 字体设置为“gbeitc.shx”，再关闭“使用大字体”，效果栏下，将宽度因子设置为“1”，其余不变，单击 应用(A) 按钮，即可完成设置。设置结果应如图 5-4 所示。

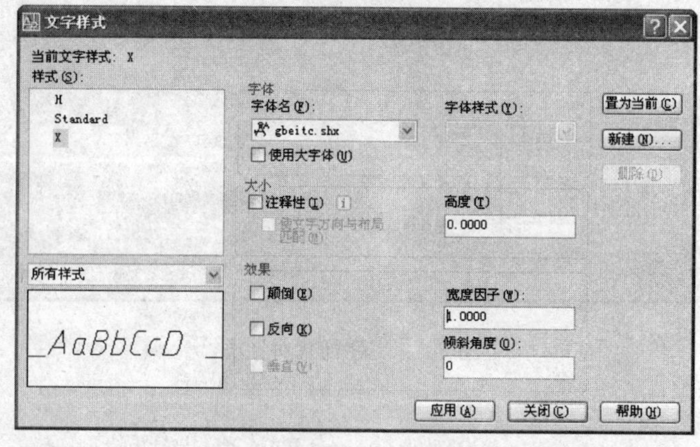

图 5-4 名为“X”西文的文字样式的设置

在机械制图中，设置好了以上名为“H”汉字的文字样式和名为“X”西文的文字样式两个文字样式就足够日常绘图应用了。因为机械制图国家标准对字体的高度也有专门的规定，分别是 20mm、14mm、10mm、7mm、5mm、3.5mm、2.5mm、1.8mm，而且汉字的高度不应小于 3.5 mm，所以在以上两个文字样式的设置中，“文字高度”栏下，还是设为“0”，这样就方便以后在具体输入时灵活地设定文字的高度。

二、文字的输入

在机械制图中，文字的输入大体上分为以下两种情况：一是标题栏和一些表格的填写；二是写技术要求。这些都要用到汉字和西文。下面分别介绍上面两种情况下文字的输入。

考生姓名	张　三	题号	
准考证号码	88888888	比例	1:1
身份证号码	66666666	齿轮箱	
评卷姓名			

图 5-5　标题栏

（一）多行文字命令

命令名称：多行文字（MTEXT）。

功能：按指定的总宽度输入多行文字。

启动方法：

- 单击“标注”工具条 A 按钮；
- 下拉菜单：绘图→文字→多行文字；
- 输入命令：MTEXT 回车。

【例 1】 在图 5-5 中输入标题栏中的文字。

操作步骤：

（1）启动命令后，命令行提示：指定第一角点:移动光标，在“考生姓名”一栏中，捕捉左上角的“端点”。

（2）命令行提示：指定对角点或 [高度(H)/对正(J)/行距(L)/旋转(R)/样式(S)/宽度(W)/栏(C)]: 移动光标，在“考生姓名”一栏中，捕捉右下角的“交点”。

（3）此时，会在绘图区弹出名为“文字格式”的对话框，如图 5-6 所示，单击 左边起第一个文字样式名的按钮，在下拉出的几个样式名中选择“H”作为当前样式，在有数字“2.5”的栏中输入“5”作为文字的高度。然后在下面有光标闪烁的框中输入文字“考生姓名”，输完后，单击按钮，在下拉出的几个选项中选择“正中”。设置好的“文字格式”的对话框如图 5-7 所示。然后在下面有光标闪烁的框中输入文字“考生姓名”，输完后回车，再单击 确定 按钮，即可完成本空文字的输入。

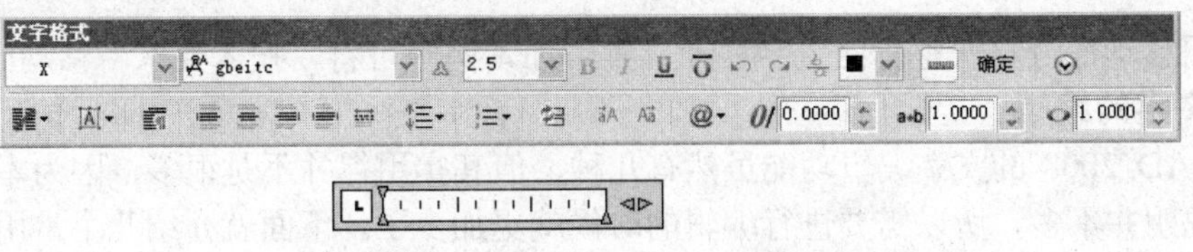

图 5-6　“文字格式”的对话框

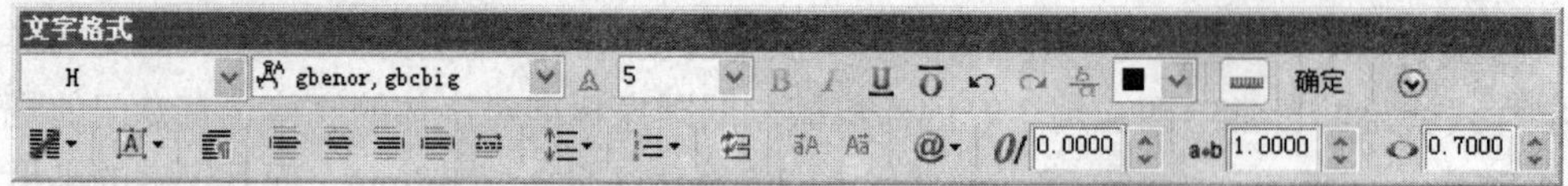

图 5-7　设置好的“文字格式”的对话框

（4）用同样方法，输入其他空格中的文字。

注意：

（1）有数字和字母的时候，其文字样式一定要用“X”，其余不变。

（2）标题栏的有些字体的高度可以设置大一些，如【例 1】中的“齿轮箱”可设为 7 mm，但最大不能大于 7 mm。

（3）单击 @· 按钮，在下拉出的子菜单中可输入符号，如“度数　%%d”等。

（4）单击 U 和 O 两个按钮，可以为文字加上上画线和下画线。

（5）单击 按钮，可以将文字分栏。

（二）单行文字命令

命令名称：单行文字（MTEXT）。

功能：输入能同时在屏幕上显示的文字。

启动方法：

- 下拉菜单：绘图→文字→多行文字。
- 输入命令：DTEXT 回车。

【例 2】 输入图 5-8“技术要求”中的文字。

技术要求

1. 铸件应经时效处理消除内应力。

2. 未注铸造圆角 $R1\sim3$。

图 5-8 “技术要求”中的文字

操作步骤：

启动命令后，命令行提示：当前文字样式：“Standard” 文字高度：2.5000　注释性：否

指定文字的起点或 [对正(J)/样式(S)]:输入“S”。更改当前文字样式。

命令行提示：输入样式名或 [?] < Standard >: 输入“H”。选择设置好的汉字样式“H”为当前样式。

命令行提示：指定文字的起点或 [对正(J)/样式(S)]:在图中需要注写技术要求的地方单击一点。

命令行提示：指定高度 <2.5000>:输入“5”。

命令行提示：指定文字的旋转角度 <0>:回车。

此时在屏幕上会有光标闪烁，输入“技术要求”回车

再输入“1.铸件要经时效处理消除内应力。”回车

再输入“2.未注圆角 $R1\sim3$。”回车

注意：

可以用移动命令将一整行的文字移动位置，如本例中可将“技术要求”移动到中间。

三、文字的编辑

AutoCAD 2008 的文字编辑功能虽然有几种，但其实用得并不是很多，因为本身机械制图的文字说明并不多，所以需要进行编辑的时候就更加少了。下面就介绍几个常用的命令。

（一）对象特性命令　（PROPERTIES）

命令名称：对象特性（PROPERTIES）。

功能：改变和设定被选中对象的如图层、线型、颜色、高度等特性。

启动方法：

- 单击“标准”工具条按钮；
- 下拉菜单：修改→特性；
- 输入命令：PROPERTIES 回车。

【例】 将图 5-5 中标题栏中的准考证号码“888888”更改为“111111”，并将文字高度更改为 3.5 mm。

操作步骤：

（1）启动命令后，屏幕上会弹出一个名为“特性”的对话框，如图 5-9 所示。

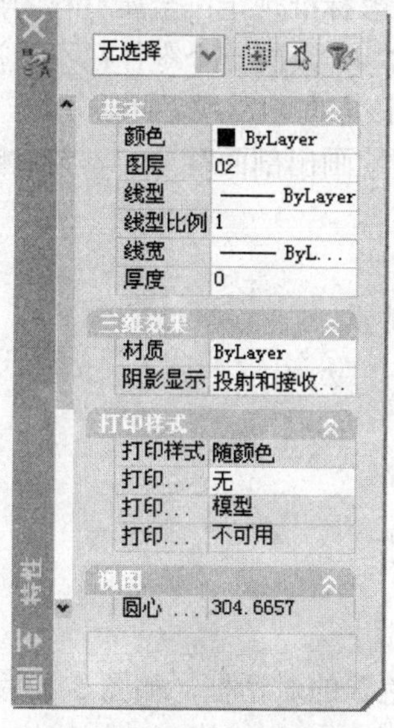

图 5-9 “特性”的对话框

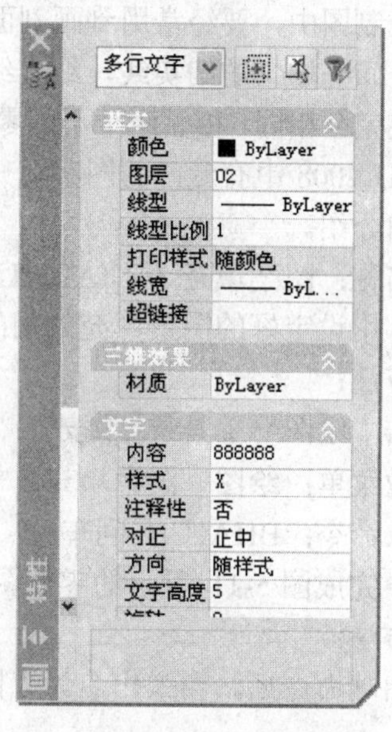

图 5-10 “特性”的对话框

（2）移动光标，选中“888888”，此时，被选中的“888888”会变成虚线，在“特性”的对话框中的文字栏中的内容变成了“888888”，如图 5-10 所示。单击“888888”，会在右边出现一个 ... 按钮，单击此 ... 按钮，会弹出如图 5-6 所示“文字格式”的对话框，在下面有光标闪烁的框中更改“888888”为“111111”，单击 确定 按钮，关闭“文字格式”的对话框，可以将文字栏中的内容“888888”更改为“111111”，将文字高度由“5”更改为“3.5”，然后关闭“特性”的对话框，单击 ESC 键，完成修改。

注意：

（1）对象特性命令还可以更改文字样式、角度等其他特性。

（2）直接双击待编辑的文字，也可以弹出如图 5-6 所示“文字格式”的对话框，也可以进行文字的编辑。但直接双击待编辑的文字如果是用“单行文字命令”输入的，就不会弹出如图 5-6 所示“文字格式”的对话框，而是该行文字会加上黑框，可直接在其上面进行编辑。

（二）编辑文字命令（DDEDIT）

命令名称：编辑文字（DDEDIT）。

功能：编辑文字、标注文字、定义属性。

启动方法：

- 下拉菜单：修改→对象→文字→编辑。

• 输入命令：DDEDIT 回车。

操作方法：启动命令后

命令行提示：选择注释对象或 [放弃(U)]:选中要编辑的文字。

命令行提示：选择注释对象或 [放弃(U)]:回车。

此时被选中的该行文字会加上黑框，可直接在其上面进行编辑。由于操作方法较为简单，在此就不再举例操作了。

第二节　画剖面符号

在机械制图中，要经常用到画剖面线，机械制图国家标准规定：金属材料的剖面符号为相互平行、间隔均匀的细实线，细实线要与轮廓线成约 45°，同一个零件在不同视图中的剖面符号应该完全相同，相邻两个不同零件的剖面符号应该方向相反或者间隔不同，以便区别。在 AutoCAD 2008 中有专门的图案填充命令，可以方便地画出剖面符号，本节对图案填充命令进行详细介绍。

命令名称：图案填充（BHATCH）。

功能：用设定好的图案填充封闭的区域或选定的对象。

启动方法：

• 单击“绘图”工具条 按钮；
• 下拉菜单：绘图→图案填充；
• 输入命令：BHATCH 回车。

【例】 完成图 5-11 所示的零件图。

操作方法：

（1）启动命令后，会弹出名为“图案填充和渐变色”的对话框，如图 5-12 所示。

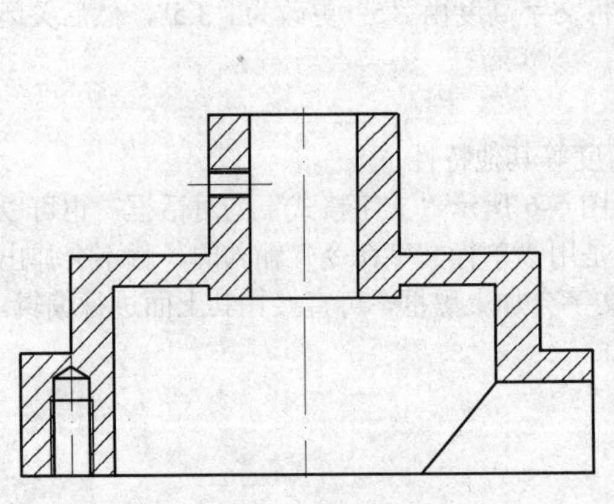

图 5-11　零件图示例

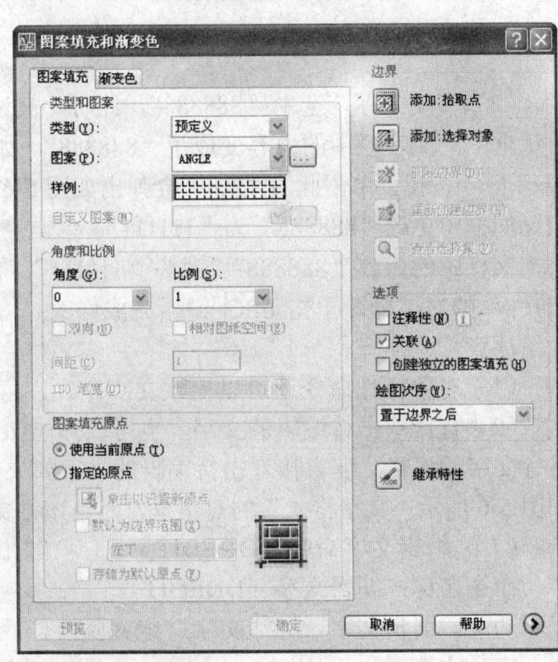

图 5-12　“图案填充和渐变色”的对话框

（2）单击“边界”栏下的（添加:拾取点）按钮，此时，光标变成十字形，命令行提示: 拾取内部点或 [选择对象(S)/删除边界(B)]：移动十字光标在图中要画剖面线的地方单击。（被选中的部分会变成虚线）

命令行提示：正在选择所有可见对象...

命令行提示：正在分析所选数据...

命令行提示：正在分析内部孤岛...

命令行提示：拾取内部点或 [选择对象(S)/删除边界(B)]：继续移动十字光标在图中要画剖面线的地方单击。（被选中的部分会变成虚线）

命令行提示：拾取内部点或 [选择对象(S)/删除边界(B)]：回车。

（3）返回到图 5-12 所示的“图案填充和渐变色”对话框，单击“类型和图案”栏下的“图案” ANGLE 按钮，在下拉出的图案名称中选择第一个“ANSI31”，此时“样例”的图会变为，正是需要的金属材料的剖面符号。

（4）单击 确定 按钮，完成剖面线的绘制。

注意：

（1）上述第（2）步拾取内部点时一定要点在图的内部，不要点在边界上。而且，点在图内部的区域必须是封闭的，否则系统会出现图 5-13 所示边界定义错误的提示。此时可单击 确定 按钮，返回到十字光标重新选择要填充的封闭的区域。

（2）如果不记得选择第一个“ANSI31”的名称，可以单击 ANGLE 右边的 ... 按钮，会弹出名为“填充图案选项板”的对话框，如图 5-14 所示。然后，可选择第一个“ANSI”按钮下的图案“ANSI31”，如图 5-15 所示。

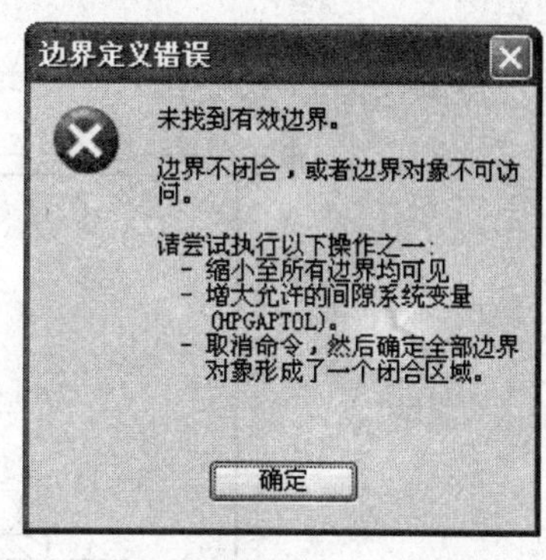

图 5-13　边界定义错误提示

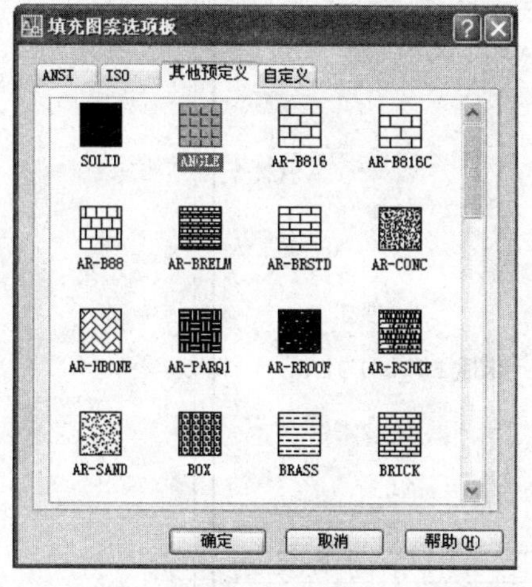

图 5-14　“填充图案选项板”的对话框

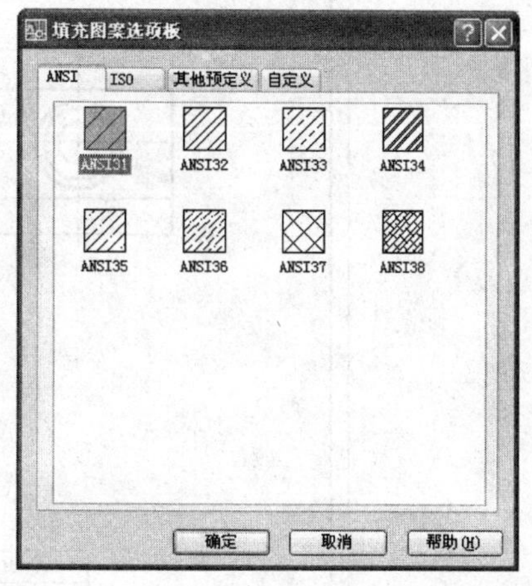

图 5-15　“填充图案选项板”的对话框的 ANSI 图案

（3）如果要绘制相邻两个不同的零件，其剖面符号应该方向相反或者间隔不同，如图 5-16 所示的例子。这时可以通过调整“角度和比例”栏中不同的角度和比例来实现。

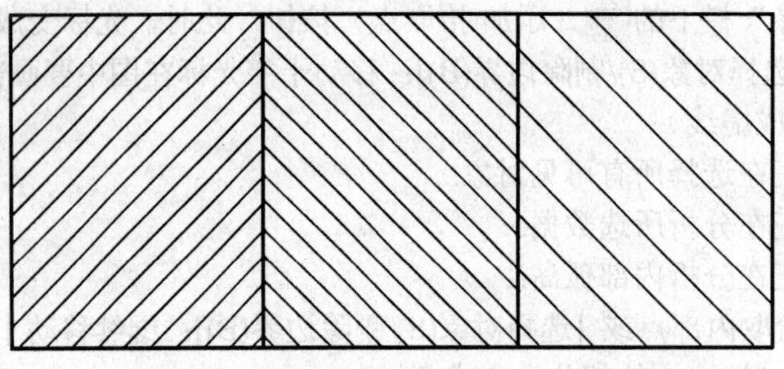

（a）角度=0° 比例=1　（b）角度=90° 比例=1　（c）角度=90° 比例=2

图 5-16　相邻不同的剖面线示例

思考与练习

抄画图 5-17 所示图形，并填写标题栏和技术要求，尺寸等到学完第六章再标注。

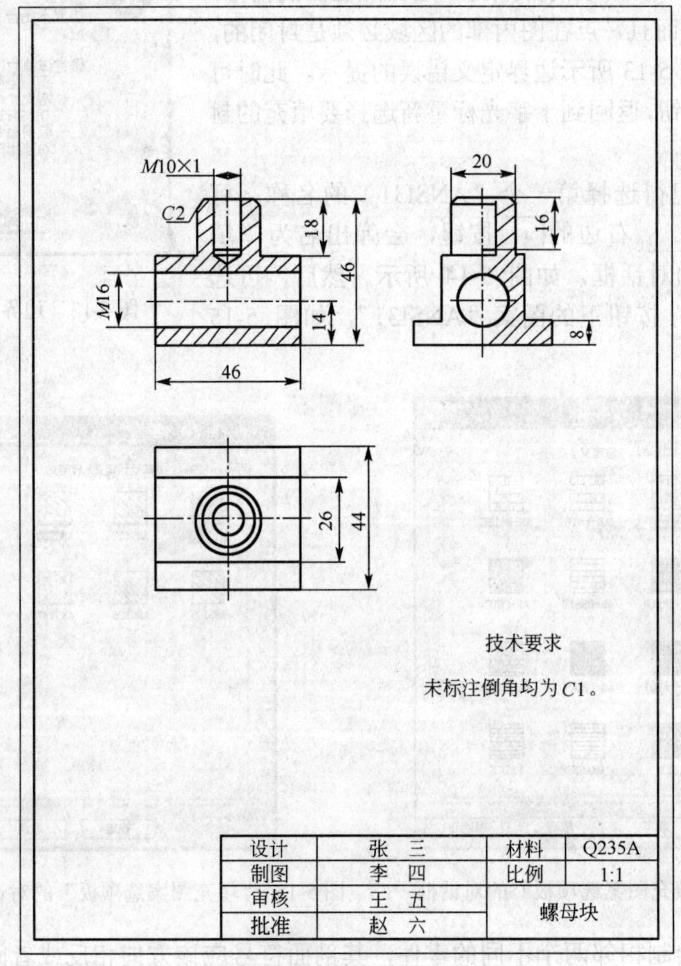

图 5-17　题图

第六章 尺 寸 标 注

本章主要内容包括国家标准中机械制图尺寸注法的有关规定，以及 CAD 中标注样式的设置。在 AutoCAD 中系统已设置好的标注样式是 ISO 的标准，与国家标准中机械制图尺寸注法的有关规定有较大的区别，本章中将做较为详细的讲述。本章还对尺寸公差的标注方法、形位公差及倒角等的标注方法进行了详尽的讲述。通过本章的学习，读者能够严格按照国家标准中机械制图尺寸注法的有关规定的要求标注出一个完整的机械图样来。

第一节 尺寸标注样式的设置

一、国家标准中机械制图尺寸注法的有关规定简介

国家标准对机械制图的尺寸注法有详尽的规定，在制图时要严格遵守相关的国家标准规定，本节对机械制图尺寸注法的国家标准做一些基本简介。

机件的真实大小应以图样上标注的尺寸数值为依据，与图形的大小及绘图的准确度无关；图样中的尺寸如果以 mm 为单位时，不用标注单位的符号（或名称），但如果采用其他单位，就必须标注单位的符号（或名称）；图样上标注的尺寸为机件的最后完工尺寸，否则应另加说明；机件上的每一尺寸一般只标注一次，并应标注在表示该结构最清晰的图形上。

1．尺寸标注的基本要素

尺寸包括三个要素：尺寸界线、尺寸线（含箭头）和尺寸数字，如图 6-1 所示。

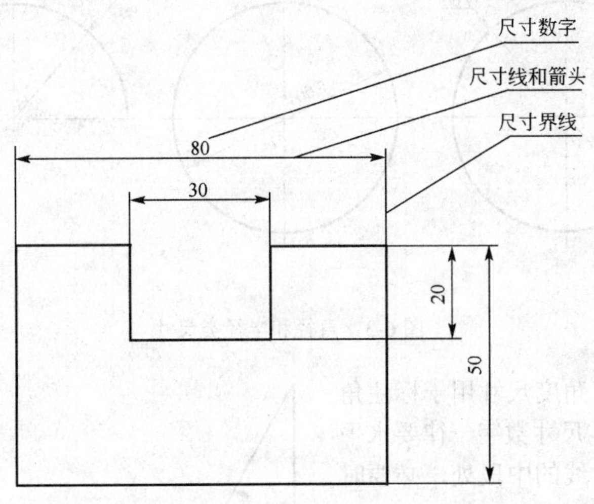

图 6-1 尺寸标注的基本要素

（1）尺寸界线 尺寸界线要用细实线绘制，并由图形的轮廓线、轴线或对称中心线引出，也可利用轮廓线、轴线或对称中心线作为尺寸界线。

尺寸界线一般垂直于尺寸线，并超出尺寸线终端 2~3mm。

（2）尺寸线 尺寸线用细实线绘制，不能用其他图线来代替，一般也不得与其他图线重

合或画在其延长线上。标注线性尺寸时，尺寸线必须与所注的线段平行，当有几条互相平行的尺寸线时，大尺寸要标注在小尺寸的外面。在圆或圆弧上标注直径或半径尺寸时，尺寸线一般应通过圆心或其延长线通过圆心。

箭头的大小如图 6-2 所示，d 为粗实线的线宽，d 取 0.7mm 时，$4d$=2.8mm，取 3mm。

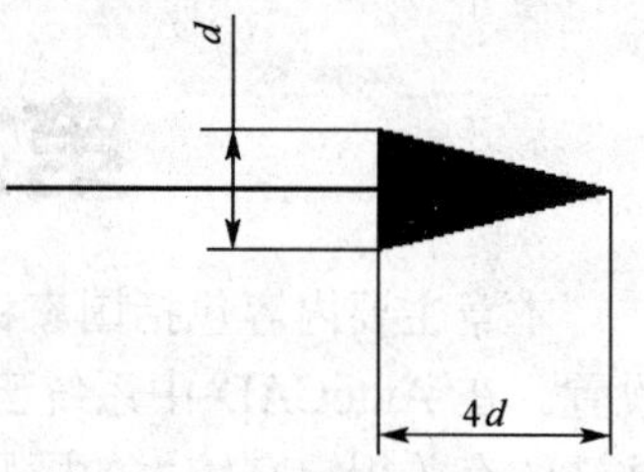

图 6-2　箭头的大小

（3）尺寸数字　线性尺寸的尺寸数字一般应注写在尺寸线的上方或左方。数字的书写方向应由左向右书写或由下向上书写，或者有向上的趋势。尺寸数字的大小一般字高取 3.5mm，斜体、向右倾斜约 15°。尺寸数字一般应注写在尺寸线的中间，也可以靠左或靠右，尺寸数字离开尺寸线的距离约为 1~2 mm。

2．尺寸标注的类型

（1）线性尺寸　线性尺寸是用来标注长度的尺寸类型，又分为线性标注和对齐标注两种类型。

线性尺寸如果图形比较小，没有足够的空间时，可将箭头画在外面，或用小圆点代替箭头，尺寸数字也可注写在图形的外面或引出标注。

（2）圆、圆弧的直径和半径类尺寸　圆、圆弧的直径和半径类尺寸用于标注圆、圆弧的直径和半径，其标注方法应按图 6-3 所示。

尺寸数字前面加注符号 ϕ 表示直径，R 表示半径，尺寸数字如果在圆或圆弧的内部，则其书写方向必须与尺寸线平行；尺寸数字如果在圆或圆弧的外面，则其书写方向可以水平书写。

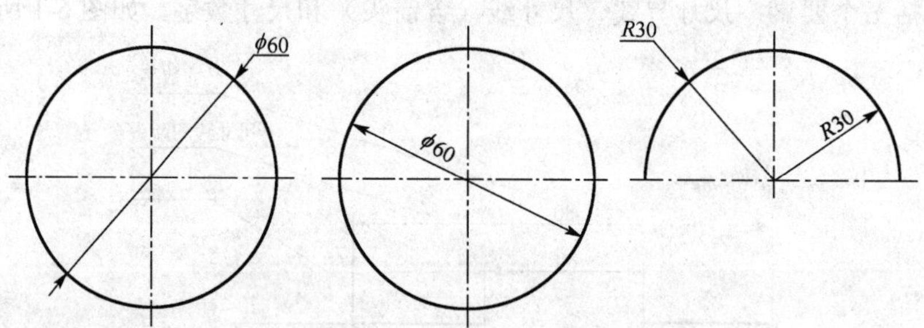

图 6-3　直径和半径类尺寸

（3）角度尺寸　角度尺寸用于标注角度，如图 6-4 所示。尺寸数字一律要水平书写，一般写在尺寸线的中段处，必要时也可引出标注或注写在尺寸线的外面。

图 6-4　角度尺寸

由于尺寸标注的类型有线性尺寸、半径、直径尺寸、角度尺寸等，所以必须重新设置尺寸的标注样式，使之符合我国机械制图国家标准的规定。另外，由于在标注样式的设置中要用到的文字样式设置，在前面的章节已经介绍，本章就不再重述。

二、标注样式的设置方法

命令名称：标注样式（DIMSTYLE）。

功能：设置新的标注样式。

启动方法：

- 单击“标注”工具条按钮；
- 下拉菜单：标注→样式；
  或者：格式→标注样式；
- 输入命令：DIMSTYLE 回车。

执行命令后，会弹出名为“标注样式管理器”的对话框，如图 6-5 所示。

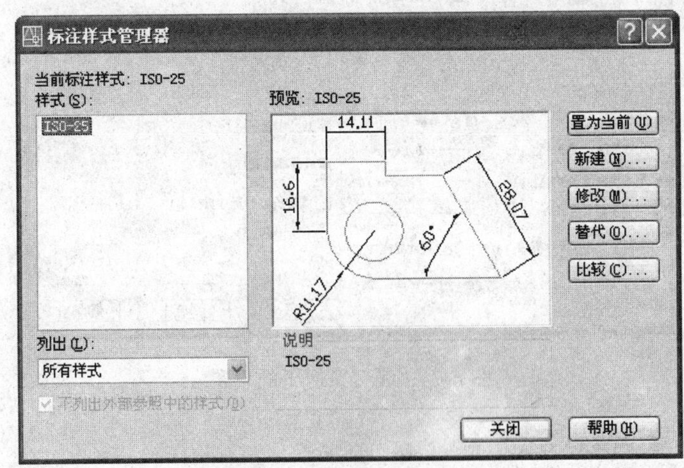

图 6-5　标注样式管理器

下面分别介绍线性尺寸，半径、直径尺寸和角度尺寸标注样式的设置方法。

三、线性尺寸标注样式的设置方法

操作步骤：

（1）执行上述命令后，弹出名为“标注样式管理器”的对话框，如图 6-5 所示，单击 新建(N)... 按钮，弹出名为“创建新标注样式”对话框，如图 6-6 所示。

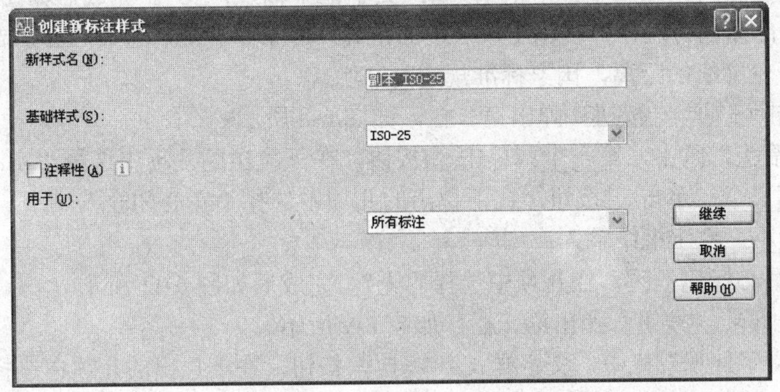

图 6-6　创建新标注样式

（2）在“新样式名”栏中输入样式名“线性”，其余的不变，单击 继续 按钮，弹出“新建标注样式：线性”对话框，如图 6-7 所示。

（3）单击 线 按钮，弹出第一栏，如图 6-7 所示。

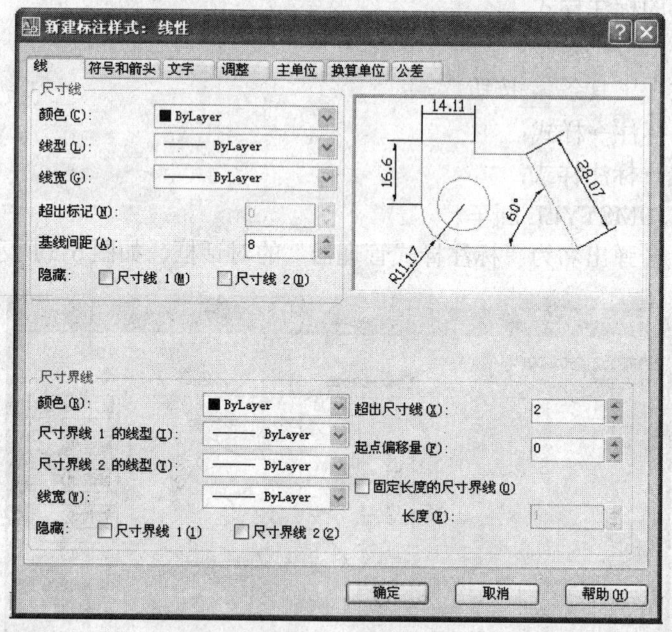

图 6-7 “线”按钮下的设置

在这一栏的设置方法如下：

① 在“尺寸线”区中，颜色：单击 按钮，在下拉出的几项中选择“Bylayer”（随层）；

同法，线型：单击 按钮，在下拉出的几项中选择“Bylayer”（随层）；

同法，线宽：单击 按钮，在下拉出的几项中选择“Bylayer”（随层）；

在基线间距：文字框中输入：“8”。

注意：基线间距为两个线性尺寸按基线标注时，两条尺寸界线的距离。

② 在“尺寸界线”区中，颜色：单击 按钮，在下拉出的几项中选择“Bylayer”（随层）；同法，线宽：单击 按钮，在下拉出的几项中选择“Bylayer”（随层）；在超出尺寸线：的文字框中输入：“2”，在起点偏移量：文字框中输入：“0”。完成后如图 6-9 所示。

注意：超出标记为尺寸界线超出尺寸线的距离，国家标准规定为 2~3mm；起点偏移量为尺寸界线离开轮廓线的距离，国家标准规定为 0。

（4）单击 符号和箭头 按钮，弹出第二栏，如图 6-8 所示。

① 在“箭头”区中，第一个：单击 按钮，在下拉出的几项中选择“实心闭合”；

同法，第二个：单击 按钮，在下拉出的几项中选择“实心闭合”。

在箭头大小：文字框中输入：“3”。

② 在“圆心标记”区，在几项中选择“无”。完成后如图 6-11 所示。

（5）单击 文字 按钮，弹出第三栏，如图 6-9 所示。

① 在“文字外观”栏中，文字样式：单击 按钮，在下拉出的几项中选择“X”（X 为前面已经设置好的文字样式，用于西文字体。）

同法，文字颜色：单击 按钮，在下拉出的几项中选择“Bylayer”（随层）；在文字大小：文字框中输入："3.5"。其余不用填。

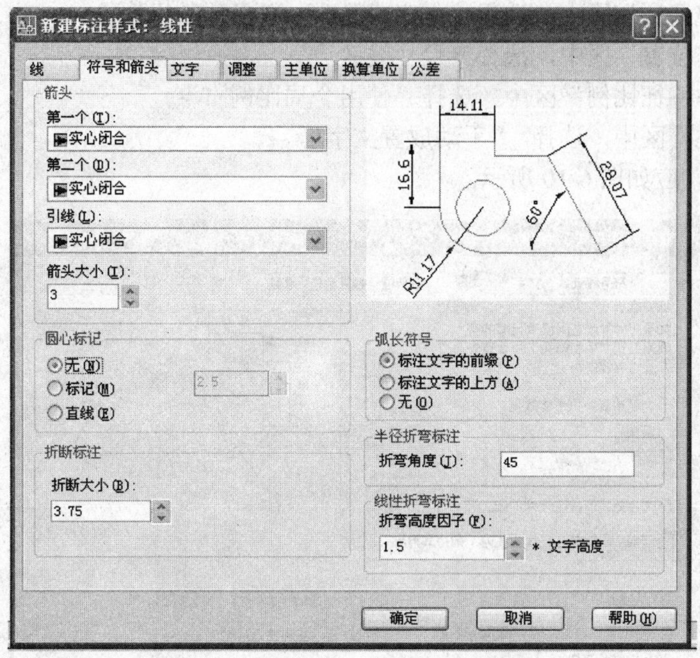

图 6-8 "符号和箭头"按钮下的设置

② 在"文字位置"栏中，垂直：单击 按钮，在下拉出的几项中选择"上方"；在从尺寸线偏移：文字框中输入："1"。

③ 在"文字对齐"栏中，选择"与尺寸线对齐"。

填写结束后，应如图 6-9 所示。

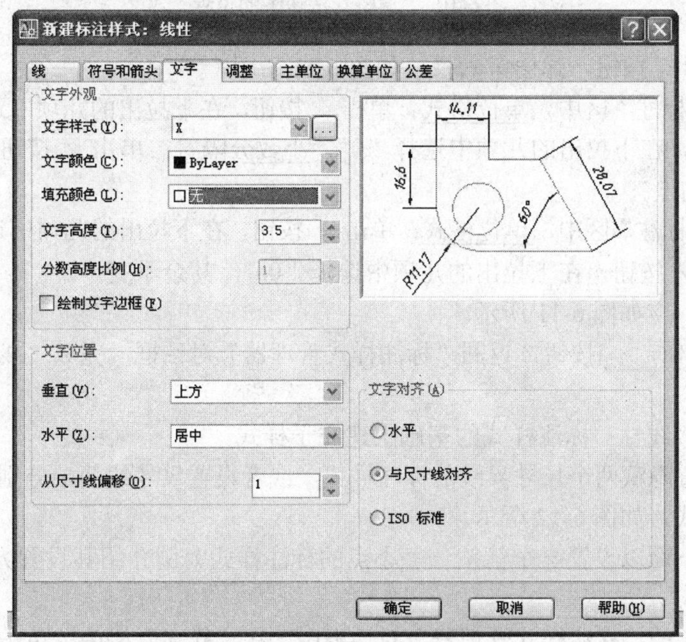

图 6-9 "文字"按钮下的设置

（6）单击 调整 按钮，弹出第五栏，如图 6-10 所示。

① 在“调整选项”区中，选择“文字或箭头，取最佳效果”；

② 在“文字位置”区中，选择“尺寸线旁边”；

③ 在“标注特征比例”区中，选择“使用全局比例 1”；

④ 在“优化”区中，选择 “手动放置文字”。

填写结束后，应如图 6-10 所示。

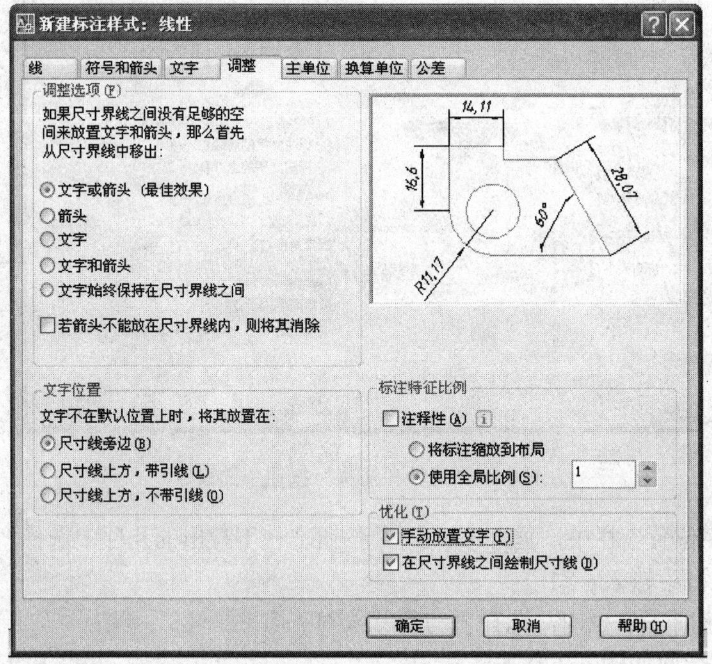

图 6-10 “调整”按钮下的设置

（7）单击 主单位 按钮，弹出第六栏，如图 6-11 所示。

① 在“线性标注”区中，单位格式：单击 按钮，在下拉出的几项中选择“小数”；精度：单击 按钮，在下拉出的几项中选择“0”；小数分隔符：单击 按钮，在下拉出的几项中选择“‘.’ 句点”。

② 在“角度标注”区中，单位格式：单击 按钮，在下拉出的几项中选择“度/分/秒”；精度：单击 按钮，在下拉出的几项中选择“0d”；其余不变。

填写结束后，应如图 6-11 所示。

（8）单击 确定 按钮，返回“标注样式管理器”对话框，完成“线性”标注样式的设置。

也可以在此“线性”标注样式的基础上建立子样式。

例如，要设置隐藏两个尺寸界线的标注样式，或者设置尺寸线两端分别是一个箭头、一个小点的标注样式，如图 6-12 所示。

设置方法：下面以设置一个箭头一个小点的标注样式为例介绍其设置方法。

操作步骤：

（1）在图 6-5 的“标注样式管理器”对话框中，在“样式”栏中，单击“线性”样式，再单击 置为当前(U) 按钮，将“线性”标注样式设置为当前样式。

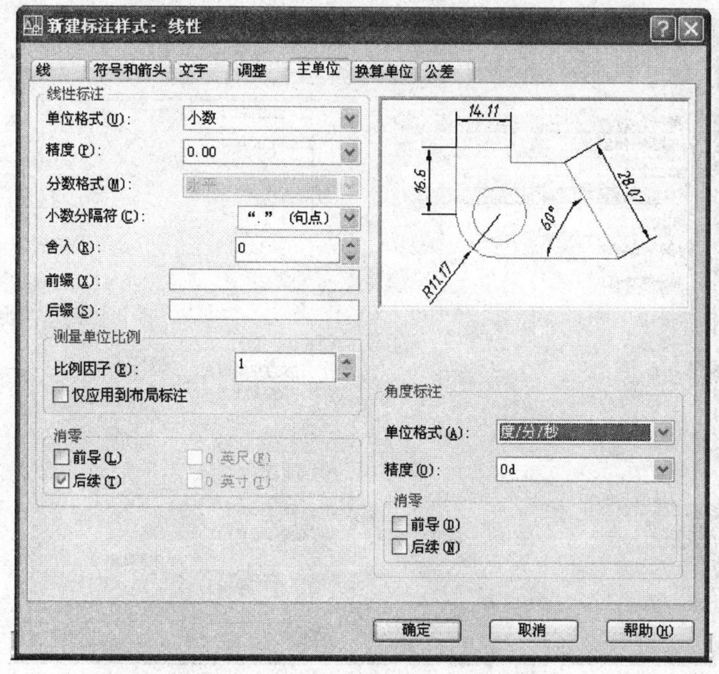

图 6-11 “主单位”按钮下的设置

（2）单击 新建(N)... 按钮，弹出名为“创建新标注样式”对话框，如图 6-6 所示。然后在新样式名的文字框中输入“线性（右小点）”作为新样式名。在基础样式：单击 按钮，在下拉出的几项中选择“线性”。单击 继续 按钮。

（3）单击 符号和箭头 按钮，弹出第三栏，在“箭头”区中，第一个：单击 按钮，在下拉出的几项中选择“实心闭合”，同法，第二个：单击 按钮，在下拉出的几项中选择“小点”。如图 6-13 所示。

（4）其余设置不变，单击 确定 按钮即可完成设置。

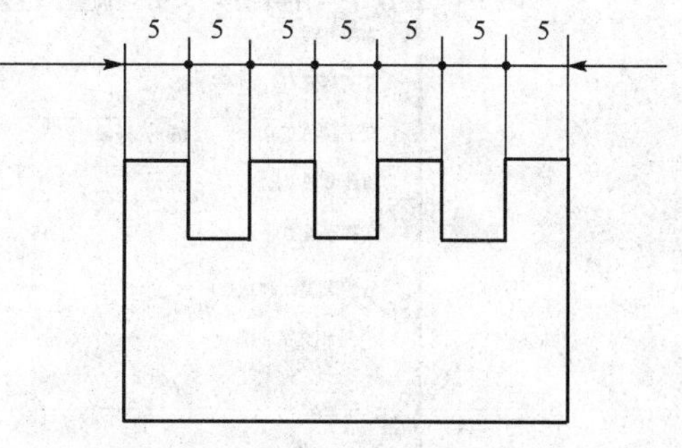

图 6-12 “线性”标注样式的子样式举例

四、圆和圆弧的直径、半径尺寸标注样式的设置

操作步骤：

（1）在图 6-5 的“标注样式管理器”对话框中，在“样式”栏中，单击“线性”样式，再单击 置为当前(U) 按钮，将“线性”标注样式设置为当前样式。

（2）单击 新建(N)... 按钮，弹出名为“创建新标注样式”对话框，如图 6-6 所示。然后在新样式名的文字框中输入“直径、半径”作为新样式名。在基础样式：单击 按钮，在下拉出的几项中选择“线性”；在用于：单击 按钮，在下拉出的几项中选择“所有标注”；单击 继续 按钮。

（3）单击 文字 按钮，弹出第三栏，如图 6-14 所示。

在“文字对齐”栏中，选择“ISO 标准”。填写结束后，应如图 6-14 所示。

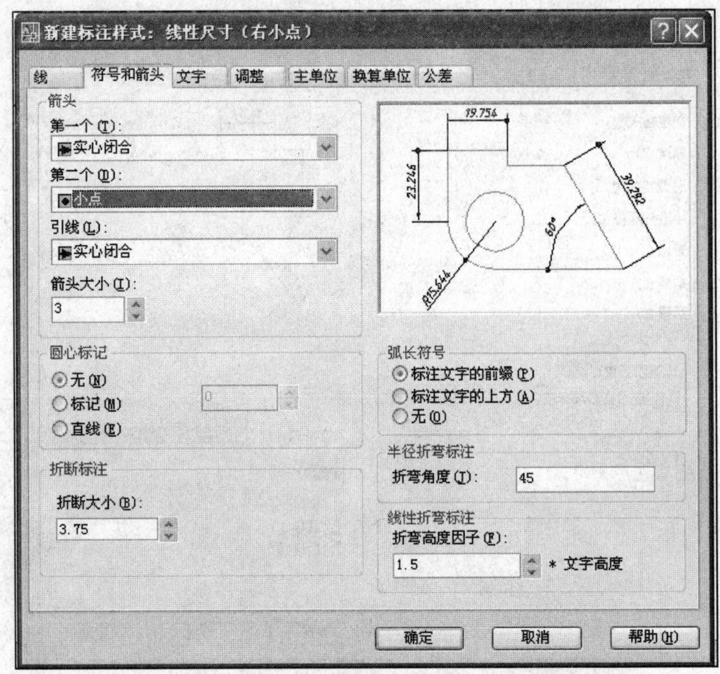

图 6-13　线性样式的子样式（右小点）的设置

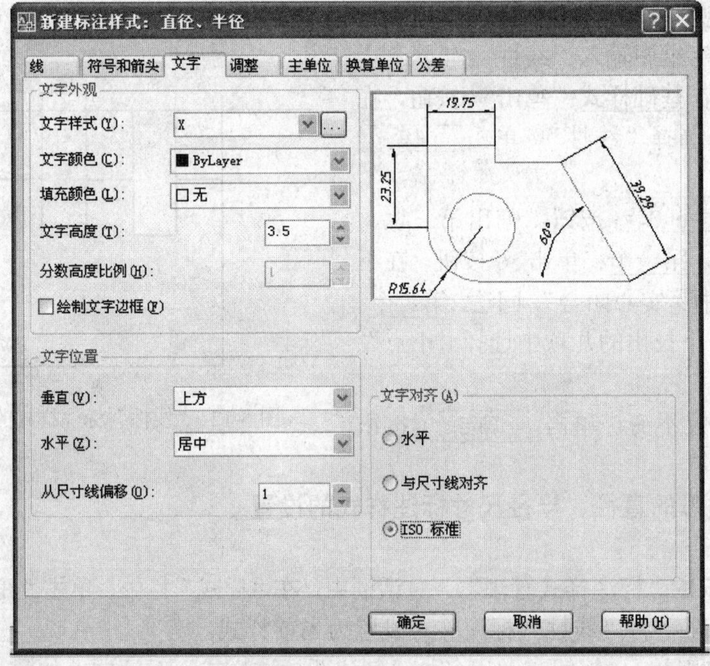

图 6-14　直径、半径标注样式的设置 1

（4）单击 调整 按钮，弹出第五栏，如图 6-15 所示。

在“调整选项”区中，选择“箭头”。填写结束后，应如图 6-15 所示。

（5）其余设置不变，单击 确定 按钮即可完成设置。

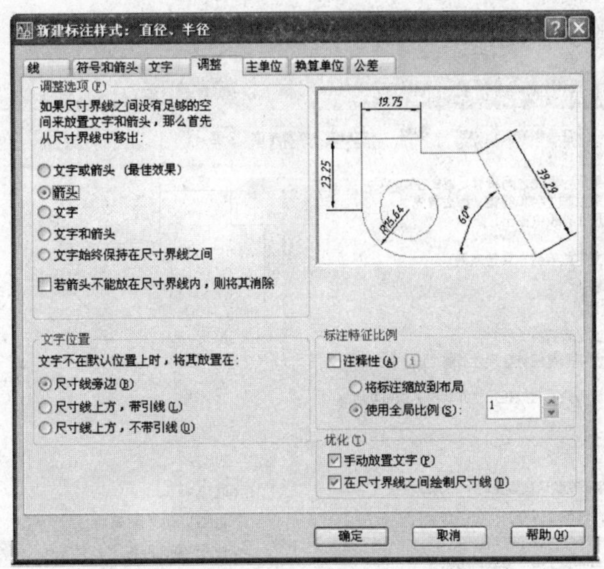

图 6-15　直径、半径标注样式的设置 2

五、角度尺寸标注样式的设置

操作步骤：

（1）在图 6-5 的“标注样式管理器”对话框中，在“样式”栏中，单击“直径、半径”样式，再单击[置为当前(U)]按钮，将“圆”标注样式设置为当前样式。

（2）单击[新建(N)...]按钮，弹出名为“创建新标注样式”对话框，如图 6-6 所示。然后在新样式名的文字框中输入“角度”作为新样式名。在基础样式：单击[∨]按钮，在下拉出的几项中选择“直径、半径”；在用于：单击[∨]按钮，在下拉出的几项中选择“所有标注”。单击[继续]按钮。

（3）单击[文字]按钮，弹出第三栏，如图 6-16 所示。

在“文字对齐”栏中，选择“水平”。结果如图 6-16 所示。

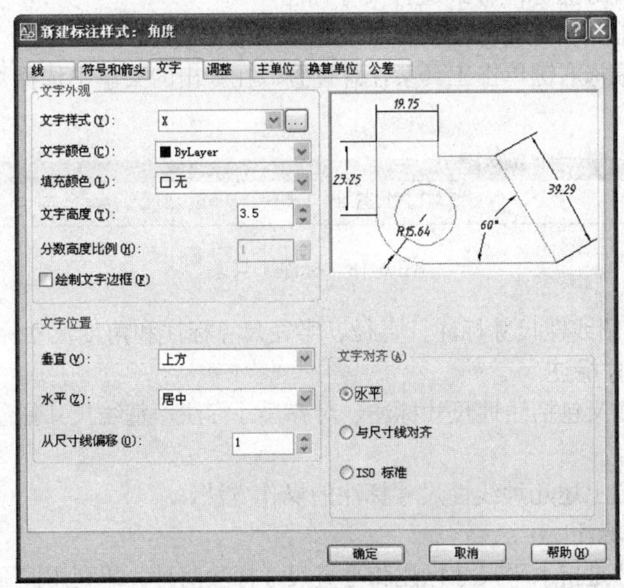

图 6-16　角度标注样式的设置

（4）单击调整按钮，弹出第三栏，如图 6-17 所示。

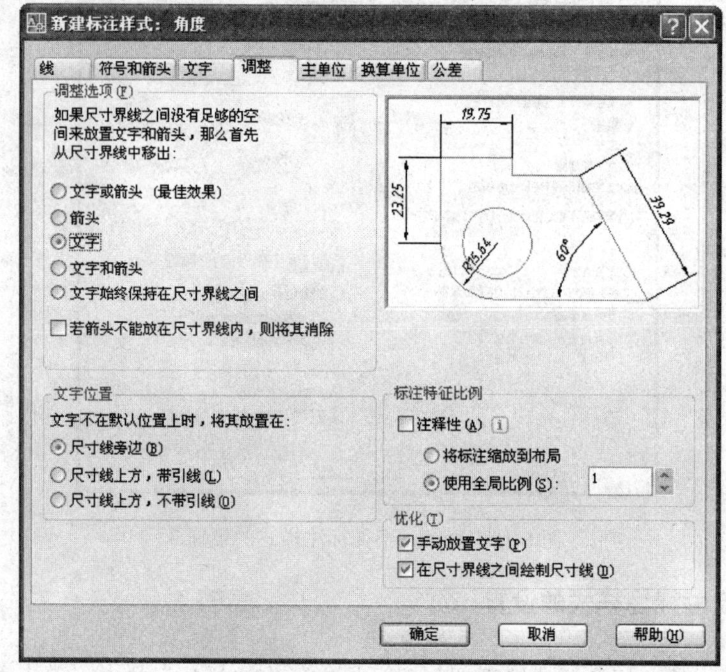

图 6-17　角度标注样式的设置 2

（5）其余设置不变，单击确定按钮即可完成设置。

第二节　标注尺寸及编辑尺寸

尺寸标注样式的设置好之后，要将其作为样板文件来保存，以便在下次作图时应用。本节介绍如何利用设置好的标注样式进行尺寸标注。

在标注尺寸之前，要先将标注工具条调出来，以方便标注。

操作方法：用鼠标右键单击工具条任意位置，在弹出的菜单中选择“标注”即可。如图 6-18 所示。

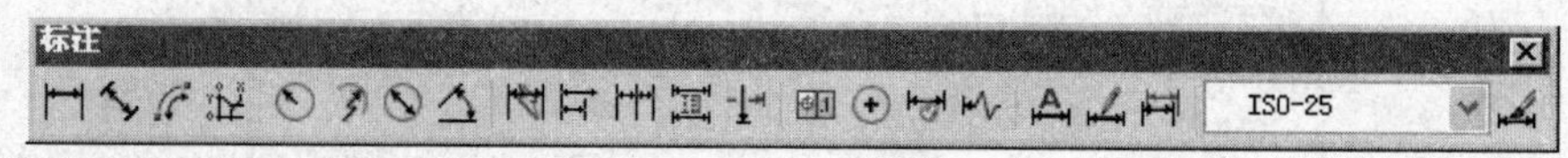

图 6-18　标注工具条

下面分别举例介绍线性尺寸标注，直径、半径尺寸标注和角度尺寸标注的操作方法。

一、线性型尺寸标注

线性型尺寸标注又包括线性尺寸标注、对齐尺寸标注、基线尺寸标注和连续尺寸标注几种。如图 6-19 所示。

下面分别来介绍上述几种线性尺寸标注的操作方法。

（一）线性尺寸标注

此处的线性尺寸是指水平尺寸标注和垂直尺寸标注两种。即利用此命令可以标注水平和垂直两种尺寸。在标注之前要将先前设置好的“线性尺寸标注样式”设置为当前样式，方法

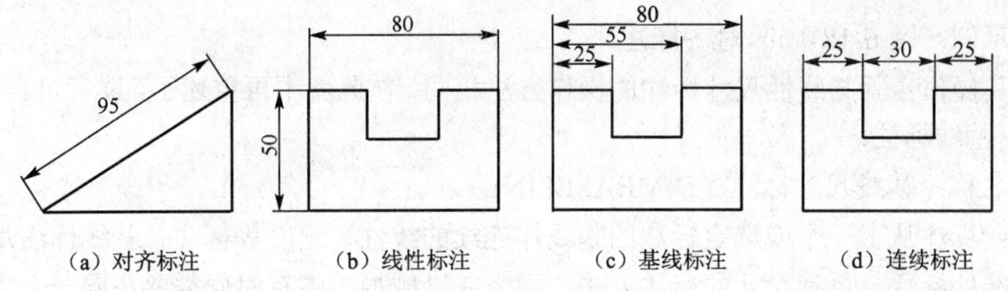

（a）对齐标注　（b）线性标注　（c）基线标注　（d）连续标注

图 6-19　线性标注示例

是：在标注工具条上单击“ISO-25”的按钮，在下拉的几种标注样式中单击“线性”即可将“线性尺寸标注样式”设置为当前样式。

命令名称：创建线性标注（DIMLINEAR）。

功能：标注水平或垂直的长度尺寸。

启动方法：

- 单击“标注”工具条按钮；
- 下拉菜单：标注→线性；
- 输入命令：DIMLINEAR 回车。

操作示例：图 6-19（b）线性标注。

操作步骤：启动命令后

命令行提示：“指定第一条尺寸界线原点或<选择对象>”。先打开开关，将光标移到要标注的轮廓线第一点附近单击，捕捉直线的端点选择到第一点。

命令行提示：“指定第二条尺寸界线原点”。用同样的方法，单击，捕捉直线的端点选择到第二点。

命令行提示：“指定尺寸线位置或[多行文字(M)/文字(T)/角度(A)/水平(H)/垂直(V)/旋转(R)]”。移动鼠标，在两点之间拉出尺寸界线，在合适的位置单击鼠标左键，即可完成线性尺寸标注。

注意：①如果绘图是按照 1∶1 的比例，则可以在命令行提示：“指定尺寸线位置或[多行文字(M)/文字(T)/角度(A)/水平(H)/垂直(V)/旋转(R)]”。这一步骤中系统会自动测量两点之间的距离。如果绘图不是按照 1∶1 的比例，则在此步骤中要先输入“T”，回车后，命令行提示：“输入标注文字”，再输入尺寸数字，回车即可。

②如果尺寸数字前面有符号如“ϕ、R”等，字母“R”可直接输入，而符号“ϕ”则要用控制码“%%C”来输入。如“ϕ50”要输入“%%C50”。

（二）对齐尺寸标注

命令名称：对齐尺寸标注（DIMALIGNED）。

功能：标注倾斜方向的长度尺寸。

启动方法：

- 单击“标注”工具条按钮；
- 下拉菜单：标注→对齐；
- 输入命令：DIMALIGNED 回车。

操作示例：图 6-18（a）对齐标注。

因为其操作步骤与线性尺寸标注的操作方法相同，在此就不再重述了，读者可自行操作。

（三）基线标注

命令名称：基线尺寸标注（DIMBASELINE）。

功能：标注从上一个或选定标注的基线作连续的线性、角度等标注。基线标注是指从同一尺寸基准处标注一系列尺寸的标注方法。因为在机械加工中有时候需要在同一个零件中多个尺寸用同一个基准，这样在设计画图时就要从同一个基准开始标注尺寸了。

启动方法：

- 单击“标注”工具条按钮；
- 下拉菜单：标注→基线；
- 输入命令：DIMBASELINE 回车。

操作示例：图 6-18（c）基线标注。

操作步骤：启动命令后

（1）先按线性标注的方法标注第一个尺寸“25”。

（2）命令行提示：“指定第二条尺寸界线原点或 [放弃(U)/选择(S)] <选择>：”先打开对象捕捉开关，将光标移到要标注的轮廓线第二点附近单击，选择到第二点。

（3）命令行提示：“指定第二条尺寸界线原点或 [放弃(U)/选择(S)] <选择>：” 同法，将光标移到要标注的轮廓线第三点附近单击，选择到第三点。

（4）命令行提示：“指定第二条尺寸界线原点或 [放弃(U)/选择(S)] <选择>：”如果不再标注了，就回车即可。

标注后结果如图 6-19（c）所示。

说明：

（1）如果上述步骤的第一步不用做，即第一个尺寸已经标注好了，则启动命令后，在第三步中，命令行提示：“指定第二条尺寸界线原点或 [放弃(U)/选择(S)] <选择>：”先要回车，命令行再提示：“选择基准标注：”，将光标移至作为基准标注的尺寸界线上单击左键选择，再继续以后的操作。

（2）两个基线的尺寸线之间的距离为 8mm，是在上一节中已经设置好的“基线间距为 8”。

（四）连续标注

命令名称：连续尺寸标注（DIMCONTINUE）。

功能：标注从上一个或选定标注的基线作连续的线性、角度等标注。指在同一方向连续出现的多个尺寸标注，它们的尺寸线保持平齐。如图 6-19（d）所示。

启动方法：

- 单击“标注”工具条按钮；
- 下拉菜单：标注→连续；
- 输入命令：DIMCONTINUE 回车。

操作示例：图 6-19（d）连续标注。

操作步骤：启动命令后

（1）先按线性标注的方法标注第一个尺寸“25”。

（2）命令行提示：“指定第二条尺寸界线原点或 [放弃(U)/选择(S)] <选择>：” 先打开

对象捕捉开关，将光标移到要标注的轮廓线第二点附近单击，选择到第二点。

（3）命令行提示：“指定第二条尺寸界线原点或 [放弃(U)/选择(S)] <选择>：” 同法，将光标移到要标注的轮廓线第三点附近单击，选择到第三点。

（4）命令行提示：“指定第二条尺寸界线原点或 [放弃(U)/选择(S)] <选择>：”如果不再标注了，回车即可。

标注后结果如图 6-19（d）所示。

说明：如果上述步骤的第一步不用做，即第一个尺寸已经标注好了，则启动命令后，在第三步中，命令行提示：“指定第二条尺寸界线原点或 [放弃(U)/选择(S)] <选择>：”先要回车，命令行再提示：“选择连续标注：”，将光标移至作为连续标注的尺寸界线上单击左键选择，再继续以后的操作。

二、直径、半径型尺寸标注

直径、半径型尺寸标注是用来标注圆和圆弧的直径和半径。直径和半径型尺寸标注分别有两个不同的命令。

在标注之前要将先前设置好的“直径、半径”标注样式设置为当前样式，方法是：在标注工具条上单击“ISO-25”的按钮，在下拉的几种标注样式中单击“直径、半径”即可将“直径、半径”标注样式设置为当前样式。

1．直径标注

命令名称：直径标注（DIMDIAMETER）。

功能：标注圆和圆弧的直径尺寸。

启动方法：

- 单击“标注”工具条按钮；
- 下拉菜单：标注→直径；
- 输入命令：DIMDIAMETER 回车。

操作示例：标注图 6-20 所示直径、半径型尺寸标注举例的直径尺寸。

操作步骤：

（1）启动命令后，命令行提示：“选择圆弧或圆：”将光标移到要标注圆 $\phi12$ 的圆周上单击左键，选择该圆。

（2）命令行提示：“指定尺寸线位置或 [多行文字(M)/文字(T)/角度(A)]：”移动光标，在要放置尺寸的位置单击左键。

（3）重复启动直径标注命令，命令行提示：“选择圆弧或圆：”将光标移到要标注圆 $\phi8$ 的圆周上单击左键，选择该圆。

（4）命令行提示：“指定尺寸线位置或 [多行文字(M)/文字(T)/角度(A)]：” 输入“T”回车。

（5）命令行提示：“输入标注文字”，再输入“2X%%C8”回车。

标注后结果如图 6-20 所示。

说明：

（1）执行第 4 步时，最好关闭对象捕捉开关，否则标注出来的尺寸会自动水平或垂直放置。

（2）圆的尺寸线可以放置在圆的里面，也可以移动到圆的外面，如果在圆的外面，则尺寸数字会按照设置好的水平书写。

2．半径标注

命令名称：半径标注（DIMRADIUS）。

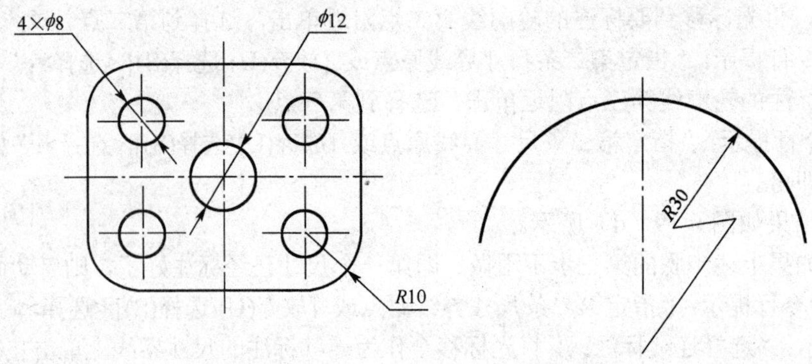

图 6-20　直径、半径型尺寸标注举例

功能：标注圆和圆弧的半径尺寸。

启动方法：

- 单击“标注”工具条按钮；
- 下拉菜单：标注→半径；
- 输入命令：DIMRADIUS 回车。

因为半径标注命令与直径标注操作方法基本相同，在此就不再举例说明了。

3．折弯标注

命令名称：半径标注（DIMJOGGED）。

功能：标注圆和圆弧的半径尺寸，但尺寸线是折弯的。

启动方法：

- 单击“标注”工具条按钮；
- 下拉菜单：标注→折弯；
- 输入命令：DIMJOGGED 回车。

折弯标注命令与直径标注操作方法基本相同，在此就不再举例说明了。

三、角度尺寸标注

角度尺寸标注用于标注角度的尺寸。

在标注之前要将先前设置好的“角度尺寸标注样式”设置为当前样式，方法是：在标注工具条上单击“ISO-25”的按钮，在下拉的几种标注样式中单击“角度”即可将“角度尺寸标注样式”设置为当前样式。

命令名称：角度标注（DIMANGULAR）。

功能：标注角度的尺寸。

启动方法：

- 单击“标注”工具条按钮；
- 下拉菜单：标注→半径；
- 输入命令：DIMANGULAR 回车。

操作示例：标注图 6-21 所示角度尺寸标注举例的尺寸。

（1）启动命令后，命令行提示：“选择圆弧、圆、直线或 <指定顶点>：”移动光标，在要标注角度的第一条直线上单击左键，选择直线。

（2）命令行提示：“选择第二条直线：” 移动光标，在要标注角度的第二条直线上单击左键，选择直线。

（3）命令行提示："指定标注弧线位置或 [多行文字(M)/文字(T)/角度(A)]："移动光标，在要放置尺寸的位置单击左键即可完成。

标注后结果如图 6-21 所示。

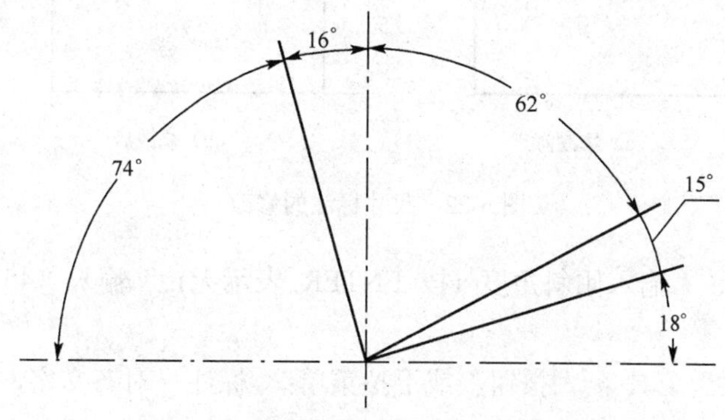

图 6-21 角度尺寸标注举例

注意：

（1）如果绘图是按照 1∶1 的比例，则系统会自动测量两条直线之间的角度。如果绘图不是按照 1∶1 的比例，则在第 3 步骤中要先输入"T"，回车后，命令行提示："输入标注文字"，再输入尺寸数字，例如"45°"，则要用控制码"45%%D"回车即可。

（2）选择两条直线的先后顺序对系统自动测量的角度值没有影响。

（3）标注角度"15°"时要用引线标注，可以画一条辅助线，再输入文字"15°"。

四、尺寸标注的编辑

尺寸标注好之后，如果要对尺寸数字的大小、方向，尺寸线、尺寸界线等要素进行修改，可以利用尺寸标注的编辑功能对注好的尺寸方便地进行编辑修改。本节就介绍几种常用的方法对尺寸标注进行编辑。

（一）尺寸数字的编辑

用于对尺寸数字的更改，改变尺寸数字的旋转角度及尺寸界线倾斜。

命令名称：编辑标注（DIMEDIT）。

功能：对标注的尺寸修改其尺寸数字及尺寸界线。

启动方法：

- 单击"标注"工具条按钮；
- 下拉菜单：标注→倾斜；
- 输入命令：DIMEDIT 回车。

操作示例：将图 6-22（a）所示的尺寸修改为图 6-22（b）所示。

操作步骤：

（1）启动命令后，命令行提示："输入标注编辑类型 [默认(H)/新建(N)/旋转(R)/倾斜(O)] <默认>："输入"O"，回车。

（2）命令行提示："选择对象："将光标移到要编辑的标注尺寸"80"上单击，选择标注尺寸，回车。命令行提示："选择对象："回车（不再选择了）。

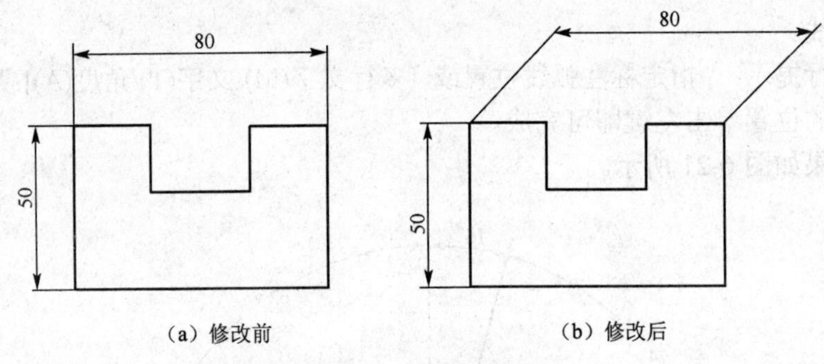

（a）修改前　（b）修改后

图 6-22　尺寸标注的修改

（3）命令行提示：“输入倾斜角度 (按 ENTER 表示无):”输入“45”回车，结果如图 6-22（b）所示。

（4）单击“标注”工具条按钮，或下拉菜单： 标注→对齐文字，启动命令。

（5）命令行提示：“选择对象：”将光标移到要编辑的标注尺寸“50”上单击，选择标注尺寸，回车。

（6）命令行提示：指定标注文字的新位置或 [左(L)/右(R)/中心(C)/默认(H)/角度(A)]:

移动光标，在标注文字的新位置单击左键即可。结果如图（b）所示。

注意：

（1）第一个命令的几个选项意义。

默认（H）：表示将尺寸文本按系统默认的位置和方向复位。

新建（N）：修改尺寸数字为新的尺寸数字。

旋转（R）：将尺寸数字按指定的角度进行旋转。

倾斜（O）：将尺寸界线按指定的角度进行旋转。

（2）角度 45 表示尺寸界线从水平线逆时针旋转 45°，如果角度–45 表示尺寸界线从水平线顺时针旋转 45°。

（3）第二个命令的几个选项意义。

左（L）：指标注文字移动到尺寸线的左端。

右（R）：指标注文字移动到尺寸线的右端。

中心（C）：指标注文字移动到尺寸线的中心，即居中。

默认（H）：指标注文字移动到系统默认的位置（仅对已经移动或旋转过的标注文字）。

角度（A）：将标注文字旋转一定的角度。

（二）更改标注样式

此命令用于更改已经标注好的尺寸的样式。

例如，在标注时误将半径、直径样式用于角度的标注，则可以利用此命令将其更改为需要的样式，而不用将其删除后再重新标注。如图 6-23 所示。

操作步骤：

（1）移动光标到需要更改标注样式的尺寸上，单击左键选择此尺寸，可以一次选择多个尺寸。

（2）将需要的标注样式设置为当前样式（如本图就将角度样式设置为当前样式）。方法：

在名为标注的工具条上的“ISO-25”栏中，单击▼，在下拉的选项中选择“角度”即可。

（3）按两次ESC键。完成后结果如图 6-23（b）所示。

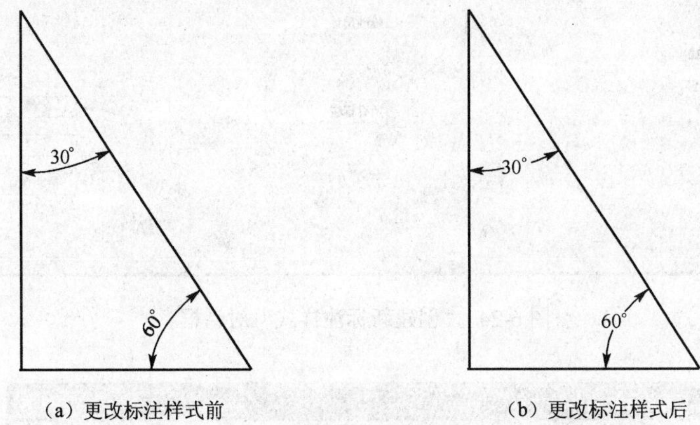

（a）更改标注样式前　　（b）更改标注样式后

图 6-23　更改标注样式示例

说明：也可利用以下方法来更改标注样式：

（1）下拉菜单：标注→更新；

（2）工具条按钮：⊢⊣；

（3）输入命令：DIMSTYLE 回车。

第三节　尺寸公差和形位公差的标注

在机械制造中，经常要有精度要求，这就需要有尺寸公差，在 AutoCAD 2008 中，专门提供了尺寸公差的标注方法。在标注公差之前，首先要设置专门的尺寸公差标注样式才能进行标注。

一、尺寸公差标注样式的设置

尺寸公差标注样式的设置方法与第一节的标注样式的设置相同，具体步骤如下。

（1）启动方法：

- 单击“标注”工具条按钮；
- 下拉菜单：标注→样式；
  或者：格式→标注样式；
- 输入命令：DIMSTYLE 回车。

（2）执行上述命令后，弹出名为“标注样式管理器”的对话框，如图 6-5 所示，单击[新建(N)...]按钮，弹出名为“创建新标注样式”对话框，如图 6-24 所示。

（3）在“新样式名”栏中输入样式名“公差”，在基础样式：单击▼按钮，在下拉出的几项中选择“线性尺寸”；在用于：单击▼按钮，在下拉出的几项中选择“所有标注”；填写结束后，应如图 6-24 所示。

（4）单击[继续]按钮，弹出“新建标注样式：尺寸公差”对话框。前面的几项[线]、[符号和箭头]、[文字]、[调整]、[主单位]、[换算单位]不用更改，单击[公差]按钮，弹出图 6-25 所示对话框。

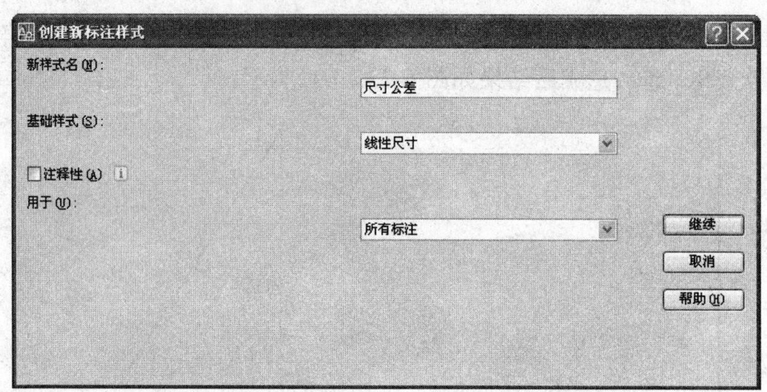

图 6-24 “创建新标注样式”对话框

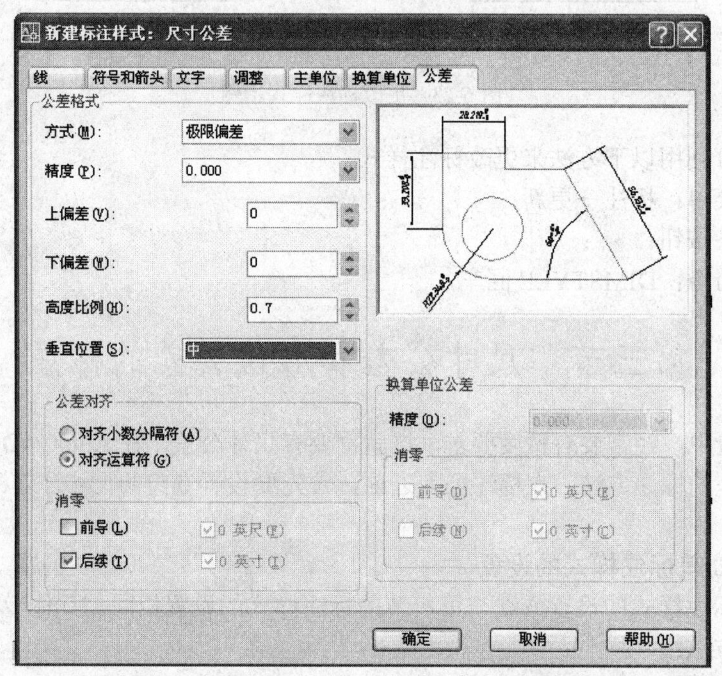

图 6-25 新建标注样式：尺寸公差”对话框

（5）在“公差格式”区中：

① 方式：单击 按钮，在下拉出的几项中选择“极限偏差”；

② 精度、上偏差、下偏差均不用更改（默认为 0），在高度比例：的文字框中输入：“0.7”；

③ 垂直位置：单击 按钮，在下拉出的几项中选择“中”，设置结束后如图 6-25 所示。

（6）单击 确定 按钮，返回“标注样式管理器”的对话框，在“样式”栏中，单击“公差”样式，再单击 置为当前(U) 按钮，将“公差”标注样式设置为当前样式。单击 关闭 按钮。完成“公差”标注样式的设置。

二、尺寸公差标注示例

下面以图 6-26 所示的例子来介绍如何进行尺寸公差的标注。在标注之前要将先前设置好的“尺寸公差标注样式”设置为当前样式，方法是：在标注工具条上单击“ISO-25”的

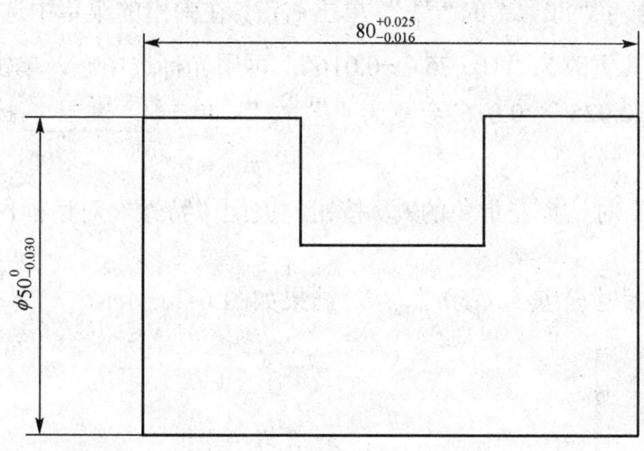

图 6-26 尺寸公差标注示例

按钮，在下拉的几种标注样式中单击“尺寸公差度”即可将“尺寸公差标注样式”设置为当前样式。

（1）启动命令：尺寸公差命令的启动方法与线性尺寸标注的命令一样，也是用以下三个方法均可。启动方法：

- 单击“标注”工具条 ⊢⊣ 按钮；
- 下拉菜单：标注→线性；
- 输入命令：DIMLINEAR 回车。

（2）命令行提示：“指定第一条尺寸界线原点或<选择对象>”。先打开 对象捕捉 开关，将光标移到要标注的轮廓线第一点附近单击，捕捉端点选择到第一点。

（3）令行提示：“指定第二条尺寸界线原点”。用同样的方法，捕捉端点选择到第二点。

（4）命令行提示：“指定尺寸线位置或[多行文字(M)/文字(T)/角度(A)/水平(H)/垂直(V)/旋转(R)]”。移动鼠标，在两点之间拉出尺寸界线，在合适的位置单击鼠标左键，即可完成标注。

（前面 4 个步骤的操作与线性标注的一样）标注出来的尺寸数字为“80^{+0}_{-0}”，要将尺寸数字更改为“$80^{+0.025}_{-0.016}$”，继续执行以下的操作。

（5）使用“分解”命令将标注好的尺寸分解。方法：单击“分解”工具条按钮，命令行提示：“选择对象”，将光标移到尺寸上，单击左键选中尺寸 ，命令行提示：“选择对象”，回车即可。

（6）将光标移到尺寸数字“80^{+0}_{-0}”上，单击左键选中尺寸数字，再单击“对象特性”工具条按钮，弹出图 6-27 所示的“特性”对话框，在“文字”区中，单击“内容”的文字框，该文字框中会出现一个有三个小点的按钮，如图示 内容 \A1;60 {\H0 ... 。再单击该按钮，会弹出一个名为“文字格式”的对话框，如图 6-28 所示。

（7）此时，尺寸数字“80^{+0}_{-0}”的前面会有光标闪烁，单击“文字格式”的对话框中的@按钮，在弹出的菜单中选择“直径 %%C”即可在尺寸数字“80^{+0}_{-0}”前面插入直径符号 ϕ。

然后用光标选中尺寸数字“80^{+0}_{-0}”的“$^{+0}_{-0}$”，单击右键，在弹出的菜单中选择“非堆叠”，“$^{+0}_{-0}$”会变成“0 ^-0”,将其更改为“+0.025^-0.016”，再用光标选中它，单击右键，在弹出的菜单中选择“堆叠”，“+0.025^-0.016”会变为“$^{+0.025}_{-0.016}$”，单击 确定 按钮，返回“特性”对话框。

（8）单击“特性”对话框左上角的 × 按钮，关闭“特性”对话框，再连续按两次 ESC 键，即可完成标注。

（9）同法，标注尺寸公差“$\phi 50^{\ 0}_{-0.030}$”，结果如图 6-26 所示。

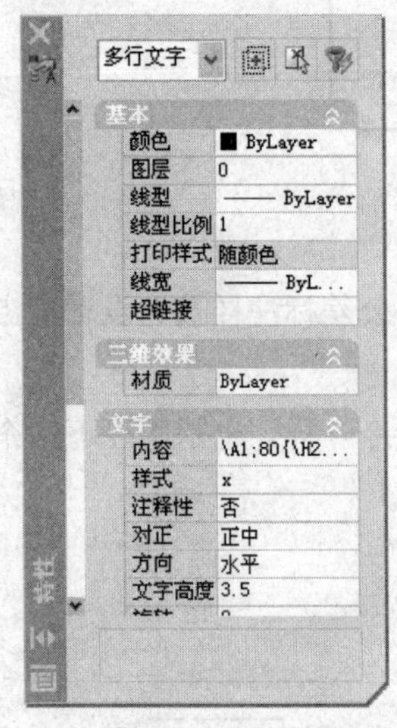

图 6-27 “特性”对话框

图 6-28 “文字格式”的对话框

三、形位公差的标注

在机械制图中，经常要标注形位公差、倒角以及对一些细小的结构进行引出来标注，形位公差是形状公差和位置公差的统称。其中，形状公差 4 项，没有基准，形状或位置公差 2 项，位置公差 8 项，有基准。

操作示例：标注如图 6-29 形位公差标注示例。

操作方法：

（1）启动方法：

- 单击“标注”工具条 按钮；
- 下拉菜单：标注→公差；
- 输入命令：TOLREANCE 回车。

（2）弹出如图 6-30 所示“形位公差”对话框，单击符号栏下面的黑框，又会弹出名为“特征符号”面板，可选择公差符号（如本例中的“垂直度”）；然后在“公差 1”栏下，单击前面的黑框就会出现符号直径符号“ϕ”（再次单击前面的黑框又可以将 ϕ 去掉），在数字框中填入公差值（如本例中填入 0.005），单击数字框后面的黑框可弹出“附加符号”的面板，可以选择附加符号；最后在“基准 1”栏下的数字框中填入基准字母（如本例中的“*A*”）。单击 确定 按钮，关闭“形位公差”对话框。

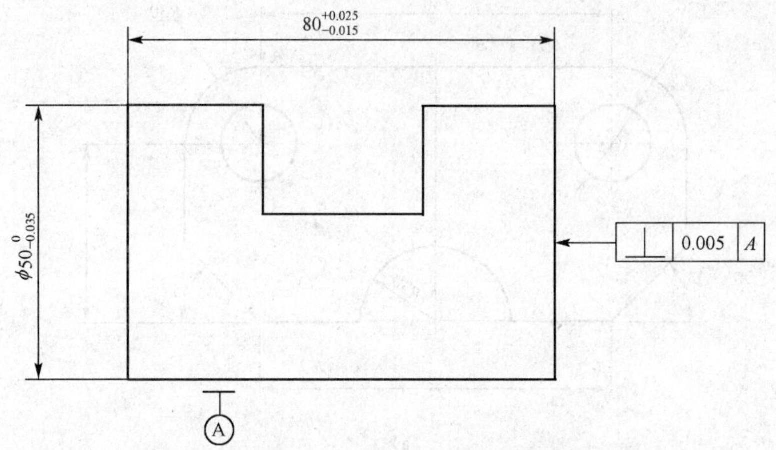

图 6-29 形位公差标注示例

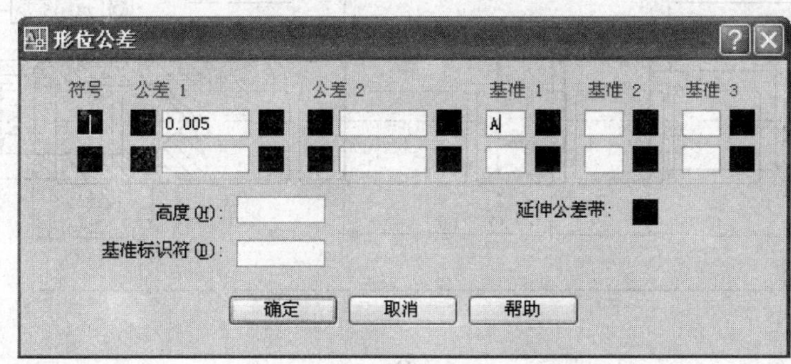

图 6-30 “形位公差”对话框

（3）基准符号的画法。

① 利用多段线命令画一线段，长为 5mm，线宽为 1mm。

② 设置捕捉中点，捕捉到线段的中点，画一细实线与此线段段垂直，长度自定。

③ 利用两点画圆的方法，以细实线的一个端点为起点，画一个 ϕ5mm 的圆。

④ 利用多行文字命令，用对象捕捉追踪的方法捕捉到圆的四个象限点，在圆的中心输入字母“*A*”，文字样式为原先设置好的“X”（西文），文字高度为 3.5mm，对齐方式为“正中”。

注意：可将已经画好的基准符号设置为一个图形块，以后就可以插入了。

画好后结果如图 6-29 示。

四、倒角的标注方法

可直接用直线命令在需要标注倒角的地方画一条 45°的直线，再画一条水平线，然后用文字命令在水平线上输入需要标注的文字如“C1”即可。在此就不再举例操作了。

思考与练习

抄画图 6-31，并标注尺寸和形位公差。

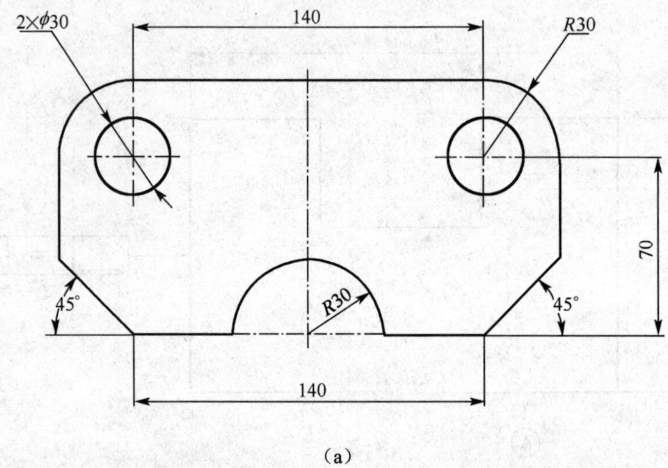

2×φ30
140
R30
70
45°
R30
45°
140

◎ φ0.015 A
◎ φ0.015 A
⊥ 0.015 A
◎ φ0.05 A
2×45°
1×45°
φ28 0 -0.013
M36×1.5
36 0 -0.013
φ20
φ34
2×45°
3×1
A
40
25
60
35
300

(a)

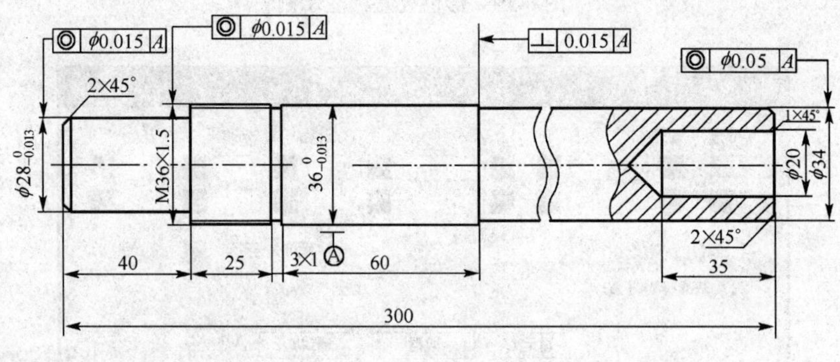

(b)

图 6-31　题图

第七章　图形块与外部参照

块是一个或多个对象形成的对象集合，这个对象集合可看成是单一的对象。在各种专业图形中，都会有大量专用图形符号，用以表示专业上的某种含义，如在机械设计过程中有大量反复使用的标准件（轴承、螺栓、螺钉等）。由于某种类型的标准件其结构形状是相同的，只是尺寸、规格有所不同。如果对这些相同的图形符号每次都逐个绘画，会耗费大量的绘图时间，增加图形所占的存储空间。因而用 AutoCAD 绘制机械图时常将它们生成图块，并对该块附加属性信息，然后插入到当前图形或者其他图形中，这样就大大提高了绘图的效率，节省大量存储空间，更有利于图形编辑。

外部参照是指一幅图形对另一幅图形的引用，此时主图中仅存储了到外部参照图形文件的路径。因此，作为外部参照的图形文件修改后，所有引用该图形文件的图形文件将被自动更新。

第一节　创　建　块

一、创建块

（1）命令名称：创建块（BLOCK）。

（2）功能：把当前图形中的一组图形要素或整幅图形定义成图形块，并赋予块名。

（3）启动方法：

- 单击“绘图”工具条 按钮；
- 下拉菜单：绘图→块→创建；
- 输入命令：BLOCK（或按快捷键 B）回车。

调用创建块命令，AutoCAD 弹出如图 7-1 所示的“块定义”对话框。

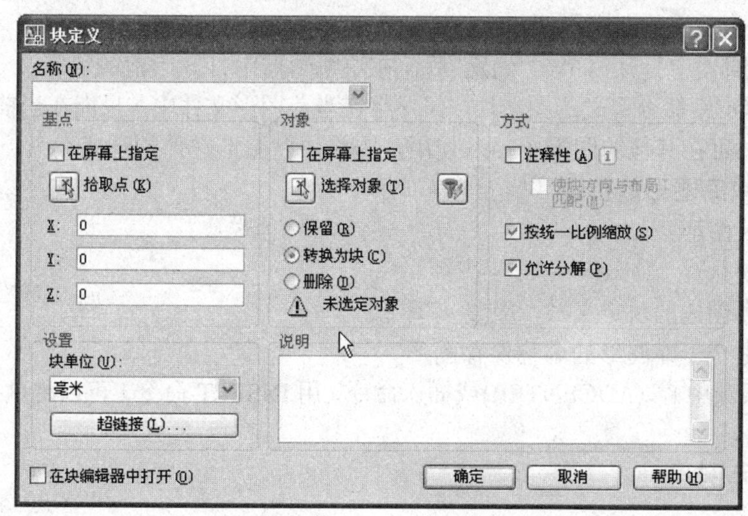

图 7-1 “块定义”的对话框

二、说明

（1）对话框中的各个选项含义。

① 名称：设置块的名字。单击右边的 ⌄ 按钮可以显示当前所有图形块的名称。

② 基点：该标签用于设置块的插入点。插入基点指该块插入时的定义点，与插入命令 INSERT 中的插入点重合，以确定块插入时的位置。从理论上讲，可以选择块中的任意点作为基点，但为了作图方便，插入基点一般选图形块的几何中心或边界端点等特征点。用户可以直接在 X、Y、Z 的 3 个文本框中输入基点坐标，也可以单击“拾取点”按钮，切换到绘图窗口，直接在绘图区拾取一个点作为基点。

③ 对象：该标签用于设置组成块的图形对象。

选择对象：单击“选择对象”按钮，AutoCAD 切换到绘图窗口并提示：选择对象：

在该提示下用户可以连续选择组成块的对象，直到按“ENTER”键，AutoCAD 又返回“块定义”对话框。

- 保留：该单选框将设置创建块后在绘图区上保留创建块的各个对象。
- 转换为块：该单选框设置将创建块的各个对象保留下来并将它们转换成为块。
- 删除：该单选框将设置创建块后删除创建块的各个对象。

④ 方式：设置块应用的具体方式。

- 注释性：通常用于对图形加以注释对象的特性。该特性使用户可以自动完成注释缩放过程。将注释性对象定义为图纸高度，并在布局视口和模型空间中，按照由这些空间的注释比例设置确定的尺寸显示。选中该样式为注释性样式。
- 使块方向与布局匹配：指定在图纸空间视口中的块参照的方向与布局的方向匹配。如果未选择“注释性”选项，则该选项不可用。
- 按统一比例缩放：以该方式插入的块是按统一比例进行缩放的。
- 允许分解：以该方式插入的块是可以分解的。

⑤ 设置：指定块的设置。

- 块单位：指定块参照插入单位。
- 超链接：打开“插入超链接”对话框，可以使用该对话框将某个超链接与块定义相关联。

⑥ 说明：指定块的文字说明。

⑦ 在块编辑器中打开：单击“确定”后，在块编辑器中打开当前的块定义。

（2）用 BLOCK 命令定义的图形块，仅保存在当前图形文件中，只能在当前图形中使用。为长期保存，并可在其他的图形中插入使用，需将块以图形文件的形式存盘。

三、创建块库图形的步骤

（1）绘制块图形。

（2）定义块。

（3）根据要创建的块定义数，重复步骤（2）。

（4）使用适合于库图形的名称保存图形。

（5）使用设计中心 (ADCENTER)或插入命令（用 INSERT 命令）可以将这些块插入到任何图形中。

四、操作示例

1．要求

将如图 7-2 所示的表面粗糙度符号定义成图形块。

2．操作步骤

（1）按图 7-2 画出粗糙度图。

（2）激活下拉菜单“绘图”→“块”→“创建”或激活图标工具“绘图”→“创建块”，屏幕弹出如图 7-1 所示的对话框，利用该对话框可将图形定义成图形块。

（3）输入块名。在“名称（A）”文本框中键入图形块的块名“粗糙度 a ”。

（4）输入插入基点。用鼠标单击对话框中“拾取点”按钮，AutoCAD 切换到绘图窗口，在图形中拾取图 7-2 的 A 点。

（5）选择图形要素。用鼠标单击对话框中的“选择对象”按钮，接着用窗口方式选择表面粗糙度符号的图形（如图 7-2 所示的 CD 窗口）。

（6）单击 确定 按钮。

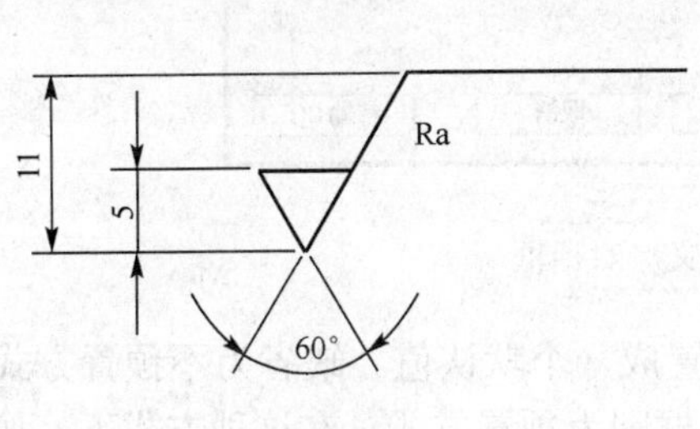

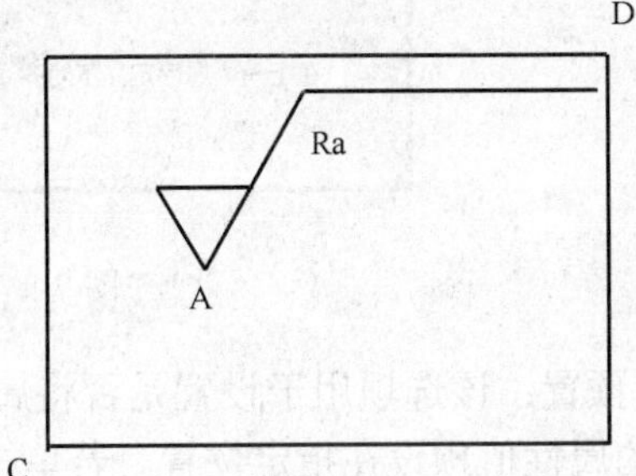

图 7-2　定义块

第二节　属性定义

一、属性定义。

（1）命令名称：属性定义（ATTDEF）。

（2）功能：定义块的属性，确定该块属性的显示模式、属性标志、属性提示和属性的缺省值，并确定该选项属性文本的位置、字型、高度和旋转角度等。

（3）启动方法：

- 下拉菜单：绘图→块→定义属性；
- 输入命令：ATTDEF（或快捷键 ATT）回车。

调用定义属性命令，AutoCAD 弹出如图 7-3 所示的“属性定义”对话框。

二、说明

该对话框中各选项的含义如下。

（1）模式：该标签用于设置属性的显示模式。

① 不可见：该选项用于设置块插入后其属性的值是否可见。缺省值是可见的。若要设置为不可见，则单击该复选框。

② 固定：该选项用于设置属性值是否为常数。缺省值是不固定的方式，在块插入时需使用者输入属性值。若每个块的属性值都固定不变（常量），则单击复选框。

③ 验证：该选项用于设置在插入块时，是否让 AutoCAD 提示用户验证输入的属性值是否正确。缺省值是不验证。若设为验证方式，则使用者对属性值要连续输入两次，以保证输入属性值的正确。

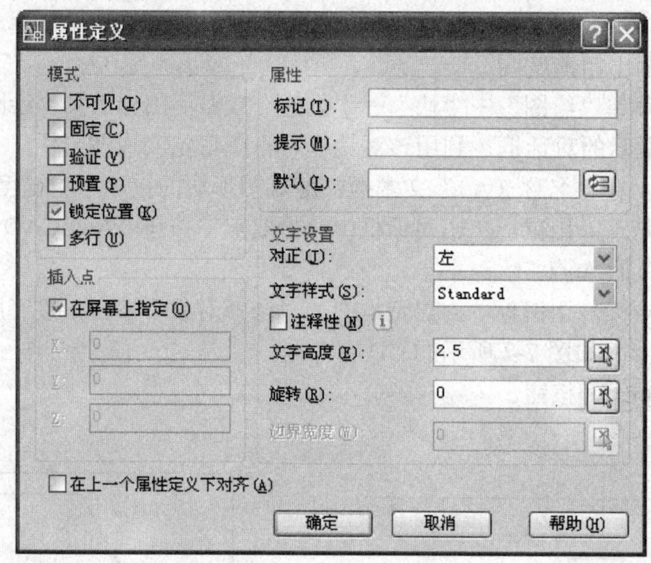

图 7-3 “属性定义”对话框

④ 预置：该选项用于设置是否将属性值设置成一个默认值。缺省为不预置方式，即不将缺省的属性值预设在指定位置。若单击该复选框则为预置方式，在这种方式下，块插入时不提示输入属性值，而自动将缺省的属性值填写在指定位置。

⑤ 锁定位置：该选项用于设置块插入后其属性值的位置固定。

一般绘图时该选项区不用设置，即按缺省方式进行。缺省方式为：可见、不固定、不验证、不预置。

（2）属性：该标签用于设置属性的标志（即属性的名称）、插入块时 AutoCAD 显示的提示以及属性的默认值，用户在相应的文本框中输入即可。

① 标记：即属性的名称，如材料、价格、轴号、高度、公差值、基准等。在属性定义中，属性标记不能为空，字符串中也不能带空格。

② 提示：插入块的时候，在命令区中显示属性提示，以提示操作者输入属性值。若属性提示与属性标记相同时，可以填写也可以不填写。例如：高度值的属性标记定义为“HV”（HEIGHT VALUE 的缩写），若使用者同意当块插入时用“HV”来提示输入具体属性值，则该处文本框可以填写“HV”。如希望能够有较详细提示时，可以在属性文本框中输入更详细的说明提示“HEIGHT VALUE”。

属性值是为固定方式和预置方式准备的，若采用不固定不预置方式，则不填写该文本框，表示不设缺省值。

（3）插入点：该标签用于设置属性的插入点，即属性文字排列的起点。用户可以直接在 X、Y、Z 文本框中输入点的坐标，但通常是单击“拾取点”按钮，切换到绘图窗口后直接拾取插入点。

（4）文字设置：该标签用于设置属性文字的格式。

① 对正：设置属性文字的排列形式。可通过右边的下拉选项选取文字的排列方式，与使用 TEXT 命令时的对应项相同。

② 文字样式：设置属性文字的样式，可以从右边的下拉选项中选取。

③ 文字高度：在文本框中输入属性文字的字高。

④ 旋转：在文本框中输入属性文字的旋转角度。

设置了“属性定义”对话框的各项内容后，单击对话框中的“确定”按钮，AutoCAD 完成了一个属性定义。若一个块带有多项属性，要重复使用 ATTDEF 命令来逐一定义。

三、属性块操作的一般步骤

（1）绘制图形块的图形；

（2）定义属性，输入有关参数（用 ATTDEF 命令）；

（3）定义并储存属性快（用 BLOCK、WBLOCK 命令）；

（4）插入属性块并输入属性数据（用 INSERT 命令）；

（5）修改属性（ATTEDIT 命令）。

四、操作示例

1．要求

把表面粗糙度符号（如图 7-4 所示）定义成带有 Ra 值的属性快，并插入到图 7-1 中。

2．操作步骤

（1）定义块的属性

① 激活下拉菜单“绘图”→“块”→“定义属性”，弹出如图 7-3 所示“属性定义”对话框。

② 在“标记”文本框输入“A”，在“提示”文本框输入“粗糙度”。

③ 单击“拾取点”按钮。切换到绘图屏幕，并在粗糙度符号处拾取 A 点作为书写 Ra 值的基点（如图 7-4 所示）。

④ 在“高度”文本框内输入字高“3.5”（若在文字样式中已设置了字高 3.5，这时就不用设置了）。

⑤ 单击“确定”按钮，完成粗糙度符号属性定义。图中粗糙度符号处出现属性标志 A。

（2）定义块

命令：BLOCK。弹出块定义对话框。

① 在“名称”文本框输入“粗糙度 a”。

② 单击“拾取点”按钮，切换到绘图屏幕，并拾取图 7-4 中的 B 点作插入基点。

③ 单击“选择对象”按钮，用 CD 窗口选择粗糙度符号。

④ 单击“确定”按钮，完成属性块的定义。

（3）插入块　将粗糙度属性块插入到当前编辑的图 7-5 中。操作过程如下：

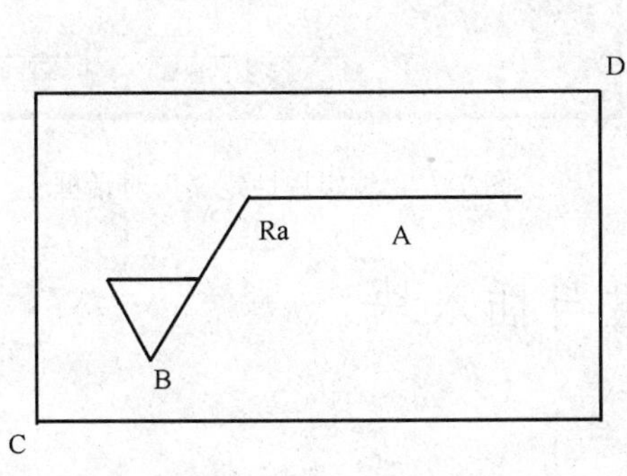

图 7-4　定义属性块

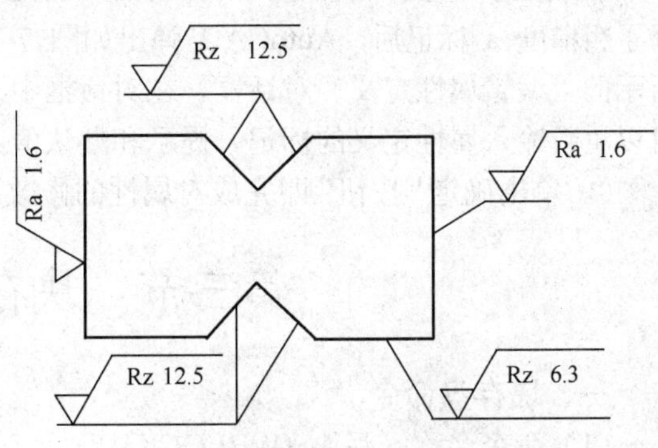

图 7-5　图形块的使用

① 点击图标 或输入命令：INSERT。弹出如图 7-6 所示的插入块对话框。

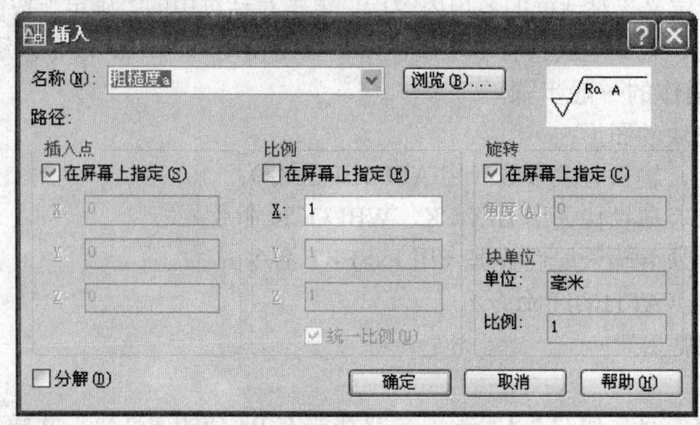

图 7-6 插入对话框

② 在“名称”文本框输入块名“粗糙度 a”；单击“确定”按钮，返回绘图屏幕，此时命令区出现输入插入点提示。

③ 指定插入点或[比例（S）/X/Y/Z/旋转（R）/预览比例（PS）/PX/PY/PZ/预览旋转（PR）]：拾取图 7-1 中的合适点；接着命令区出现输入属性值提示。

④ 输入属性值“a”，输入“1.6”

重复执行 INSERT 命令，在图中其余各处插入属性块，结果如图 7-5 所示。

说明：插入块时，要利用对象捕捉中的捕捉功能来保证插入点的准确。

五、修改属性定义

（1）命令名称：DDEDIT。

（2）功能：用来修改已经定义了的块属性，重新输入属性定义的标记、提示和默认值。

（3）启动方法：

- 下拉菜单：修改→对象→文字→编辑；
- 输入命令：DDEDIT（或快捷键 ED）回车。

（4）操作步骤：

① 在命令行输入命令：DDEDIT

② 选择对象或[放弃（U）]：

在该提示下选择属性定义的标记后，例如选择了粗糙度 a 标记后，AutoCAD 弹出如图 7-7 所示的“编辑属性定义”对话框。在对话框中，可以重新输入属性定义的标记、提示和默认值。

③ 单击确定“按钮”即完成对属性的修改。

图 7-7 “编辑属性定义”对话框

第三节 块存盘与插入块

一、块存盘命令

（1）命令名称：写块 (WBLOCK)。

（2）功能：将已定义的块以图形文件的形式（扩展名为“.DWG”）保存并实现与其他图

形共享。

（3）启动方法：

• 输入命令：WBLOCK（或 W）回车。

启动命令后，AutoCAD 弹出如图 7-8 所示“写块”对话框。

执行 WBLOCK 命令后，AutoCAD 弹出如图 7 -8 所示的“写块”对话框，选中要保存的块和基点，键入块存盘的文件名和路径，按“确定”按钮即完成对块的保存操作。指定块定义中的对象被另存为新图形文件中的对象。块定义的插入基点位于新图形的原点（0,0,0）处。

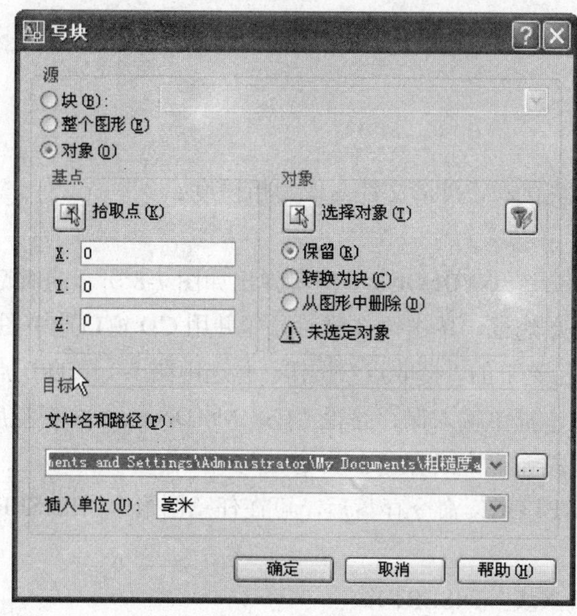

图 7-8 “写块”对话框

该对话框中各项的含义如下。

（1）源 该标签用语设置组成块的图形对象。

① 选中“块”单选框，则将 BLOCK 命令创建的块保存到文件，也可以从对应文本框的下拉列表中选择当前图形存到文件。

② 选中“整个图形”单选框，则将当前图形全部对象以块形式保存到文件。

③ 选中“对象”单选框，下方的“基点”标签项和“对象 ”标签项变为可用，用户可以单独选择对象来保存到文件。“源”标签项中的“基点”标签项和“对象 ”标签项的含义和使用方法与如图 7-1 所示的对话框相同。

（2）目标 标签项设置保存块的文件名称、路径和插入单位等。

① 块的文件名可以直接在“文件名（FILENAME）”文本框中输入。输入块存盘的文件名时不用带扩展名，系统自动将文件扩展名定义为“.DWG”。例如，输入文件名“Ra”，便会生成一个“Ra.DWG”的文件。为便于记忆，文件名最好与块名相同。

② 保存路径可以在“位置（LOCATION）”文本框中直接输入或从其下拉列表中选择，也可以单击其有右边的按钮，从弹出的 “浏览文件夹”对话框中指定保存位置。

二、将块定义另存为新图形文件的步骤

（1）在命令提示下，输入 WBLOCK。

（2）在“写块”对话框中的“源”下选择“块”。

（3）单击“块”旁边的框，选择要保存的块定义。

（4）在“文件名”框中，输入新图形文件的名称。

（5）在“位置”框中，指定保存新图形文件的文件夹。

（6）在“插入单位”框中，可以选择不同的基单位。此选项提供了在新图形文件中自动缩放对象的方法。

（7）单击“确定”。

三、操作示例

1．要求

将图 7-4 已定义的块存入磁盘，文件名取为粗糙度 a。

2．操作步骤

（1）在命令行输入命令：WBLOCK（屏幕弹出如图 7-8 所示的对话框）；

（2）选中“对象”单选框，单击“选择对象”并用 CD 窗口选中图 7-4 粗糙度符号；

（3）选中“基点”标签下的“拾取点”按钮，并选中图 7-4 中的 B 点作为输入块的基点；

（4）在“位置”文本框中输入保存路径“C：\My Documents\粗糙度 a”；

（5）单击“确定”按钮，完成存盘。

说明：图形块用 WBLOCK 命令存盘后，可在任意图形中用 INSERT 命令插入。

四、插入块命令

（1）命令名称：插入块（INSERT）。

（2）功能：将已定义的图形块或其他图形文件以“块”的形式插入到当前图形中。

（3）启动方法：

- 单击图标：；
- 下拉菜单：插入→块；
- 输入命令：INSERT（或快捷键 I）。

1．“插入”对话框

调用插入块命令，AutoCAD 弹出如图 7-6 所示的“插入”对话框。

该对话中各个选项的含义如下：

（1）名称：指定要插入的块或者图形的名称。单击文本框右边的小三角按钮，可以从下拉列表中选择当前已有的块插入；若要将未定义成块的图形文件以块的形式插入到当前图形，可单击“浏览”按钮，然后通过弹出的对话框按路径选择图形文件插入到当前图形。

（2）插入点：该标签项用来设置块的插入点。用户可直接在 X、Y、Z 文本框中输入插入点的坐标；也可以选中“在屏幕上指定”复选框，然后切换到屏幕，拾取图形上的点作为插入点。

（3）比例：该标签项用于设置块的插入比例。用户可直接在 X、Y、Z 文本框中输入块在 3 个方向的比例；也可以选中“在屏幕上指定”复选框后，插入块时在屏幕上指定比例。

如果选中“统一比例”复选框，则所插入的块在 X、Y、Z 的 3 个方向的插入比例相同。这时 Y、Z 文本框低亮度显示，只需在 X 文本框中输入比例即可。

（4）旋转：该标签项用于设置插入时的旋转角度。用户可直接在“角度”文本框中输入角度值；也可以选中在“屏幕上指定”复选框后在屏幕上指定旋转角度。

（5）分解：分解块并插入该块的各个部分。选定“分解”时，只可以指定统一比例因子。

（6）块单位：显示有关块单位的信息。

① 单位：指定插入或附着到图形中的块、图像或外部参照进行自动缩放所用的图形单位值。即指定插入块的 INSUNITS 值。

② 比例：显示单位比例因子，该比例因子是根据块的INSUNITS值和图形单位计算的。

2．说明

（1）插入点用以确定块插入的位置，它与块定义时的插入基点重合。输入插入点时，最好用直观的“拖动方式”。尤其是机械图样要插入表面粗糙度符号和建筑图样要插入标高符号、轴线编号等，往往要由使用者临时确定插入位置，使用“拖动”方式最为方便。

（2）当需要改变插入块的图形大小时，最简便的方法是选择合适的 X、Y 方向的比例因子。如果插入的块所使用的图形单位与为图形指定的单位不同，则块将自动按照两种单位相比的等价比例因子进行缩放。大于 1 的比例因子其结果图形放大，反之缩小。插入块时，比例因子可正可负。若为负值，其结果是插入块的镜像图。X 为负值时，则 X 方向镜像；Y 为负值时，则 Y 方向镜像；若 X、Y 比例因子均为负值时，则 X、Y 方向均镜像。

（3）在输入插入块的插入基点后，若该块不带属性，则块成功插入且命令结束；若该块带有属性，则系统会出现要求输入属性值的提示。如果插入的块参照包含可编辑的自定义特性或属性，则在插入块时可以在“特性”选项板中更改这些自定义特性和属性的值。

（4）在“0”图层上绘制的图形要素定义成块后，插入到其他图层时，图形块的线型、颜色等属性将随当前层的属性。所以建议在“0”层上定义块。

五、插入块的步骤

1．插入在当前图形中定义的块的步骤

（1）依次单击插入（I）菜单→块（B）...。在命令提示下，输入 insert。

（2）在“插入”对话框的“名称”框中，从块定义列表中选择名称。

（3）如果需要使用定点设备指定插入点、比例和旋转角度，选择“在屏幕上指定”。否则，在“插入点”、“缩放比例”和“旋转”框中分别输入值。

（4）如果要将块中的对象作为单独的对象而不是单个块插入，选择“分解”。

（5）单击“确定”。

2．使用设计中心插入块的步骤

（1）如果设计中心尚未打开，依次单击工具（T）菜单→选项板→设计中心（D），或在命令提示下输入 adcclose。

（2）执行以下操作之一，列出要插入的内容：

① 在设计中心工具栏上单击“树状图切换”，单击包含要插入图形的文件夹；

② 单击显示在树状图中的图形文件的图标。

（3）执行以下操作之一，插入内容：

① 将图形文件或块拖放到当前图形中，如果以后要快速插入块并将此块移动或旋转到精确的位置，使用此选项；

② 双击要插入到当前图形中的图形文件或块，如果在插入块时要指定其确切的位置、旋转角度和比例，使用此选项；如果要从原来的源图形文件中更新图形中的块参照，也使用此选项。

3．操作示例

（1）要求：将如图 7-4 所示的 Ra（表面粗糙度符号）插入到如图 7-9 所示的当前图形中。

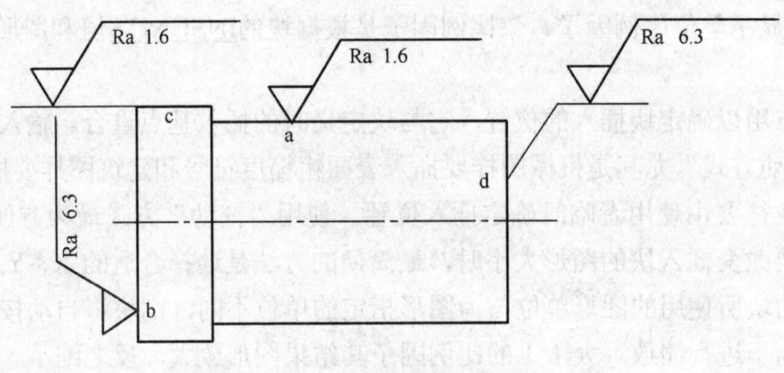

图 7-9　块的插入

（2）操作步骤：

① 调用插入块命令，弹出如图 7-6 所示的对话框。

② 单击“浏览”按钮，按路径选取已存盘的块文件“粗糙度 a”。

③ 在“插入点”区域中选中“在屏幕上指定”复选框（由于插入块按 1∶1 比例，且不旋转，所以“缩放比例”及“旋转”区域均不用改动）。

④ 单击“确定”按钮，返回绘图窗口，然后在图 7-9 中拾取“a”点，按命令栏提示输入相应的属性值，块插入成功。

⑤ 类似地操作，可在 b、c、d 点处插入该图形块，结果如图 7-9 所示。

第四节　属性编辑与块删除

一、属性编辑

（1）命令名称：属性编辑（EATTEDIT）。

（2）功能：对属性快的各项属性内容进行编辑修改，如修改属性值、文本位置、图层、字高等。

（3）启动方法：

• 单击图标：；
• 下拉菜单：修改→对象→属性→单个；
• 输入命令：EATTEDIT。

（4）操作步骤：

启动命令后，命令行提示：“选择块”：

① 需要用户选择要编辑的块，如选择块“粗糙度 a”，AutoCAD 弹出如图 7-10 所示的“增

强属性编辑器”对话框。对话框的左上角列出了当前选中块的名称和属性标记名。

② 修改相应项的内容及参数，按“确定”按钮即可完成对块属性的修改。

选择块对话框右上角的“选择块”按钮用于选择其他的块来编辑属性。单击该按钮，可以重新选择块，选中后，对话框显示的是该块的属性。

其他各项的含义如下。

① 属性：“属性”选项卡列出当前块的各个属性的标记、提示和属性值。

② 值：在属性按钮“值”的文本框，用户可以输入新的属性值来代替旧的属性值。

③ 文字选项：单击“文字选项”选项卡，显示块属性文字的样式、排列方式、高度、选择角度等要素，用户可以直接在文本框修改。

④ 特性：单击“特性”选项卡，显示块属性的图层、线型、颜色、线宽等要素，用户可以直接在文本框修改。

二、操作示例

(1) 要求：在图 7-10 所示中，要将粗糙度“1.6”改为“3.2”，并将字高由“3”改为“3.5”。

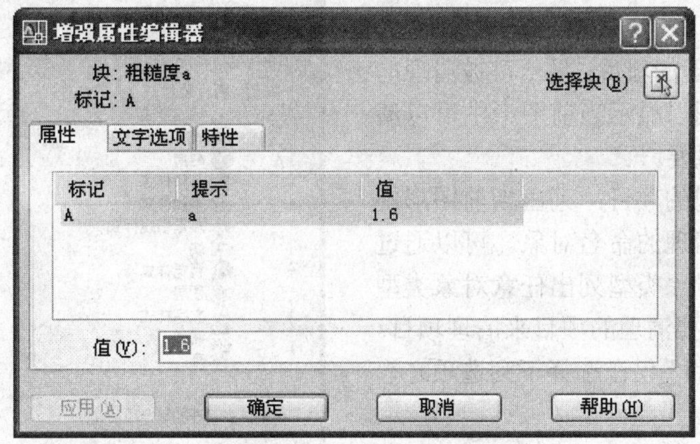

图 7-10　增强属性编辑器

(2) 操作过程如下：

① 输入属性编辑命令：Eattedit;

② 选择块（在提示下拾取要编辑的块“粗糙度 a”）；

③ 单击“属性”按扭，在“值”的文本框内输入“3.2”；

④ 单击“文字选项”按扭，在高度文本框内输入“3.5”；

⑤ 单击“确定”按扭，完成属性修改。

三、块删除

(1) 命令名称：PURGE。

(2) 功能：删除未使用的块定义并减小图形尺寸。

(3) 启动方法：

- 下拉菜单：文件（F）→绘图实用程序（U）→清理（P）；
- 输入命令：PURGE。

(4) 操作步骤：

① 依次单击文件（F）菜单→绘图实用程序（U）→清理（P）...。

② 要清理块，使用以下方法之一：

- 要清理所有未参照的块，选择“块”。要包含嵌套块，选择“清理嵌套项目”。
- 要清理特定块，双击“块”展开“块”树状图。选择要清理的块。

如果要清理的项目没有列出，选择“查看不能清理的项目”。

③ 系统将提示用户确认列表中的每个项目。如果不想确认每个清理项目，清除“确认要清理的每个项目”选项。

④ 单击“清理”。

要确认是否清理每个项目，选择“是”、“否”或“全部是”（如果选定了多个项目）响应计算机的提示。

⑤ 选择要清理的其他项目，或者单击“关闭”。

（5）“清理”对话框显示可以清理的命名对象的树状图和显示可以取消或确认要清理的项目（见图 7-11）。该对话中各个选项的含义如下。

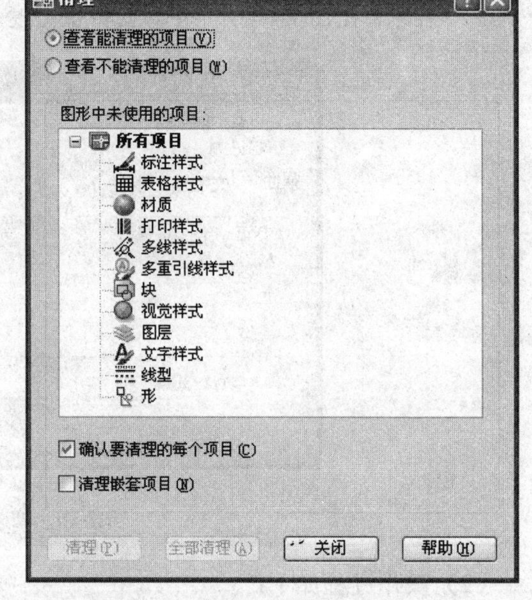

图 7-11 “清理”对话框

① 查看能清理的项目：显示可被清理的项目，切换树状图以显示当前图形中可以清理的命名对象的概要。

图形中未使用的项目：列出当前图形中未使用的、可被清理的命名对象。可以通过单击加号或双击对象类型列出任意对象类型的项目，通过选择要清理的项目来清理项目。

“清理嵌套项目”仅在选择下列选项之一时删除项目：

- 树状图中的“所有项目”或“块”；
- “全部清理”按钮。

确认要清理的每个项目：清理项目时显示“确认清理”对话框。

清理嵌套项目：从图形中删除所有未使用的命名对象，即使这些对象包含在其他未使用的命名对象中或被这些对象所参照。

② 查看不能清理的项目：切换树状图以显示当前图形中不能清理的命名对象的概要。

图形中当前使用的项目：列出不能从图形中删除的命名对象。这些对象的大部分在图形中当前使用，或为不能删除的默认项目。当选择单个命名对象时，树状图下方将显示不能清理该项目的原因。

清理：清理所选项目。

全部清理：清理所有未使用项目。

说明：在清理块定义之前必须先删除块的全部参照，通过“清除”命令从图形中删除的块，块定义不再保留在图形的块定义表中。

四、块擦除

1．方法

- 使用ERASE命令删除对象。
- 选择对象，然后使用 CTRL+X 组合键将它们剪切到剪贴板。
- 选择对象，然后按 DELETE 键。

2．说明

通过“擦除”命令从图形中删除的块，块定义仍保留在图形的块定义表中。

第五节　外部参照

所谓外部参照是指一幅图形对另一幅外部图形的引用。可以将整个图形作为参照图形（外部参照）附着到当前图形中。通过外部参照，参照图形中的修改将反映在当前图形中。附着的外部参照链接至另一图形，并不真正插入。因此，使用外部参照可以生成图形而不会显著增加图形文件的大小。通过使用参照图形，用户可以通过在图形中参照其他用户的图形协调用户之间的工作，从而与其他人员所做的修改保持同步。用户也可以使用组成图形装配一个主图形，主图形将随工程的开发而被修改，确保显示参照图形的最新版本。打开图形时，将自动重载每个参照图形，从而反映参照图形文件的最新状态。不要在图形中使用参照图形中已存在的图层名、标注样式、文字样式和其他命名元素。当工程完成并准备归档时，将附着的参照图形和当前图形永久合并（绑定）到一起。

注意：与块参照相同，外部参照在当前图形中以单个对象的形式存在。但是，必须首先绑定外部参照才能将其分解。将图形作为外部参照附着时，会将该参照图形链接到当前图形；打开或重载外部参照时，对参照图形所做的任何修改都会显示在当前图形中。一个图形可以作为外部参照同时附着到多个图形中。反之，也可以将多个图形作为参照图形附着到单个图形。

一、插入外部参照

（1）命令名称：XREF。

（2）功能：组织、显示并管理参照文件，例如参照图形（外部参照）、附着的 DWF 或 DGN 参考底图以及输入的光栅图像。

（3）启动方法：

- 单击参照工具栏：参照按钮；
- 下拉菜单：插入（I）→外部参照（N）；
- 输入命令：XREF。

（4）操作步骤：

① 调用参照命令，AutoCAD 弹出如图 7-12 所示的“外部参照”选项板。

“外部参照”选项板包含一组工具按钮、两个双模式数据窗格和一个信息框。上方的数据窗格称为“文件参照”窗格，可将其设置为以列表模式或树状模式显示文件参照。快捷菜单和功能键提供了使用文件的选项。下方的数据窗格为“详细信息/预览”窗格，可以显示选定文件参照的特性，或选定文件参照的略图预览。底部的信息框显示符合特定条件的、有关选定文件参照的信息。

注意：使用“外部参照”选项板时，建议打开自动隐藏功能或锚定选项板。随后在指定外部参照的插入点时，此选项板将自动隐藏。

② 单击附着按钮或单击参照工具栏上的按钮或在命令行输入“xattach”，打开图7-13 所示的“选择参照文件”对话框，选中要参照的图形文件。

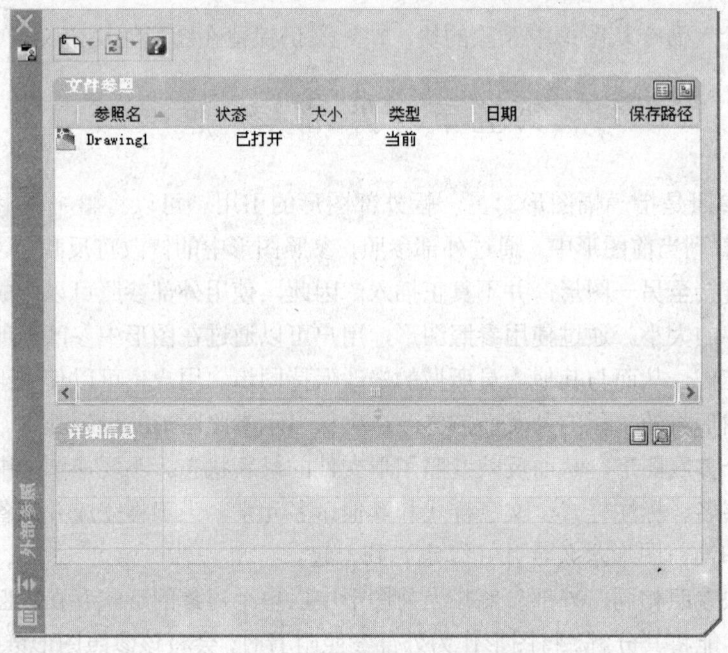

图 7-12　外部参照选项板

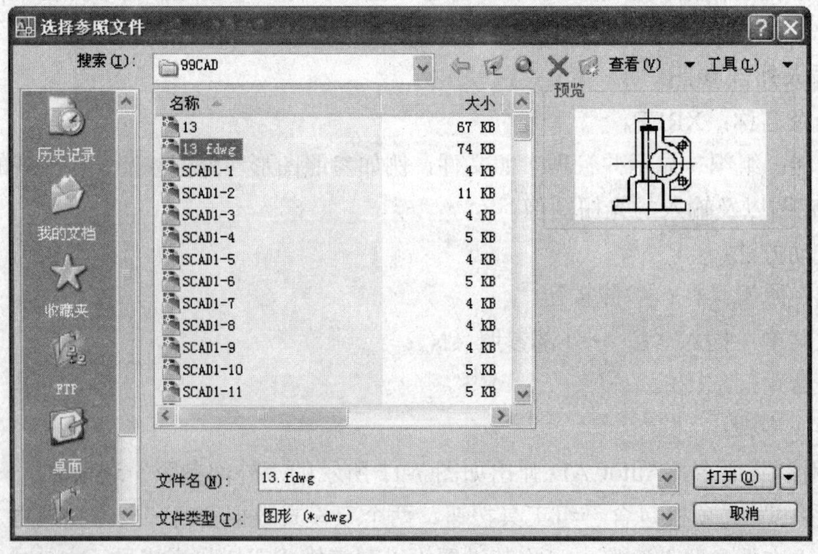

图 7-13　选择参照文件

③ 单击“打开”按钮，又弹出图 7-14“外部参照”对话框。

④ 选中相应的参照类型等，单击“确定”按钮，即完成外部参照图形的选定。外部参照选项板相应变化到如图 7-15 所示。

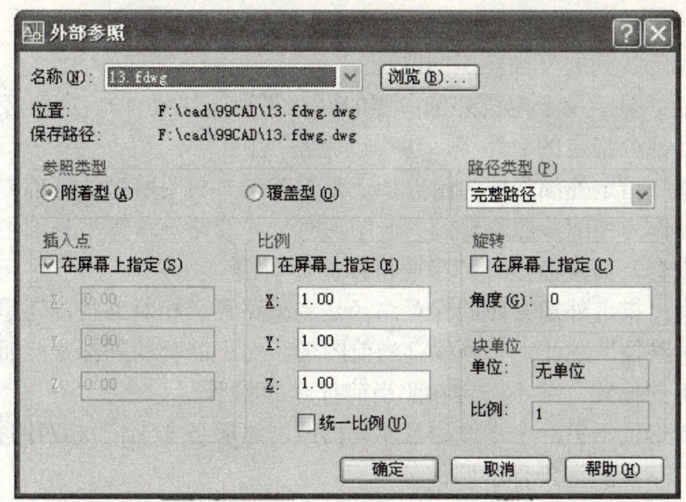

图 7-14　外部参照对话框

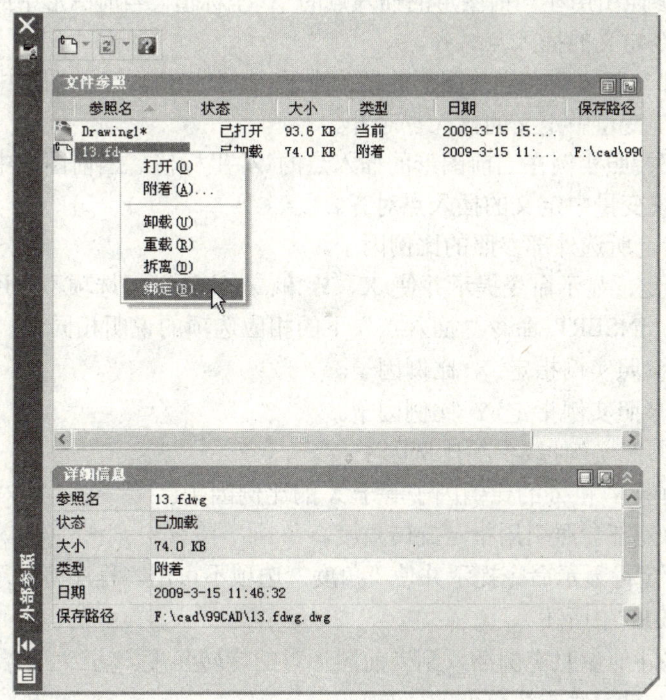

图 7-15　外部参照选项板

说明：将图形作为一个外部参照附着。如果附着一个图形，而此图形中包含附着的外部参照，则附着的外部参照将出现在当前图形中。附着的外部参照与块一样是可以嵌套的。如果当前另一个人正在编辑此外部参照，则附着的图形将由最新保存的图形决定。

二、外部参照对话框说明

（1）名称：附着了一个外部参照之后，该外部参照的名称将出现在列表里。当在列表中选择了一个附着的外部参照时，它的路径将显示在“路径”中。

（2）浏览：选择“浏览”以显示“选择参照文件”对话框，可以从中为当前图形选择新的外部参照。

（3）位置：显示找到的外部参照的路径。

（4）保存路径：显示用于定位外部参照的保存路径（如果有）。此路径可以是完全（绝对）路径、相对（部分指定的）路径，也可以无路径。

（5）参照类型：指定外部参照为附着型还是覆盖型。与附着型的外部参照不同，当覆盖型外部参照的图形作为外部参照附着到另一图形时，将忽略该覆盖型外部参照。附着型的外部参照不能循环嵌套，而覆盖型外部参照可以循环引用。

（6）路径类型：指定外部参照的保存路径是完整路径、相对路径，还是无路径。将路径类型设置为“相对路径”之前，必须保存当前图形。对于嵌套的外部参照而言，相对路径始终参照其直接主机的位置，并不一定参照当前打开的图形。

如果参照的图形位于另一个本地磁盘驱动器或网络服务器上，“相对路径”选项不可用。

（7）插入点：指定所选外部参照的插入点。

在屏幕上指定：显示命令提示并使 X、Y 和 Z 选项不可用。命令提示下显示的选项的说明与INSERT命令“插入点”下的相应选项的说明相同。

X：指定外部参照引用在当前图形的插入点的 X 坐标值。当前图形中的插入点与被参照文件中 BASE 命令定义的插入点对齐。

Y ：指定外部参照实例在当前图形的插入点的 Y 坐标值。当前图形中的插入点与参照文件的 BASE 系统变量中定义的插入点对齐。

Z ：指定外部参照实例在当前图形的插入点的 Z 坐标值。当前图形中的插入点与参照文件的 BASE 系统变量中定义的插入点对齐。

（8）比例：指定所选外部参照的比例因子。

- 在屏幕上指定：显示命令提示并使 X、Y 和 Z 比例因子选项不可用。命令提示下显示的选项的说明与 INSERT 命令“插入点”下的相应选项的说明相同。
- X：为外部参照实例指定 X 比例因子。
- Y：为外部参照实例指定 Y 比例因子。
- Z：为外部参照实例指定 Z 比例因子。

统一比例：确保 Y 和 Z 的比例因子等于 X 的比例因子。

（9）旋转：为外部参照引用指定旋转角度。

- 在屏幕上指定：显示命令提示并使“角度”选项不可用。程序将提示用户输入旋转角度（如INSERT中所述）。
- 角度：指定外部参照实例插入到当前图形时的旋转角度。

（10）块单位：显示有关块单位的信息。

- 单位：显示为插入块指定的 INSUNITS 值。
- 比例：显示单位比例因子，它是根据块和图形单位的 INSUNITS 值计算出来的。

三、外部参照选项板说明

上方的“文件参照”窗格可以设置为显示已附着到图形的所有外部参照列表，可以将显示设置为以列表图或树状图结构显示附着。“文件参照”窗格的默认显示模式为列表图。

“文件参照”窗格设置为列表图时，将显示与图形关联的所有外部参照列表。在列表图中，可以选择多个文件参照，列出的信息包括参照名、状态、文件大小、文件类型、创建日期和保存路径。

参照图标：每个文件参照前都带有该参照类型特有的图标。

参照名："参照名"列始终将当前图形显示为第一个条目，然后依次列出其他附着文件（按照其附着次序）。

状态：参照文件的状态包括：

- 已加载——参照文件当前已附着到图形中；
- 已卸载——参照文件标记为已从图形中卸载；
- 未找到——参照文件不再存在于有效搜索路径中；
- 未融入——无法读取参照文件；
- 已孤立——参照文件被附着到其他处于未融入状态的文件。

大小：附着的文件参照的大小。

类型：参照文件的文件类型。图形（外部参照）文件显示为附着或覆盖，光栅图像显示其自身的文件格式，DWF 参考底图按照其各自的文件类型列出。

日期：参照文件的创建日期或上次保存的日期。

保存路径：显示附着参照文件时与图形一起保存的路径。

树状图："文件参照"窗格的树状图模式显示所有参照文件定义以及外部参照中的文件参照嵌套层级。

使用"文件参照"窗格时，在文件参照上或窗格的空白区域单击鼠标右键可以显示多个快捷菜单。下表显示了在特定情况下显示的快捷菜单项。

未选择文件参照时，单击鼠标右键打开快捷菜单可显示以下功能：

菜 单 项	说 明
重载所有参照	重载所有参照文件（如果未附着文件参照，将不可用）
全部选择	选择除当前图形之外的所有文件参照。该项目不显示在树状图中
附着 DWG	启动 XATTACH 命令
附着图像	启动 IMAGEATTACH 命令
附着 DWF	启动 DWFATTACH 命令
附着 DGN	启动 DGNATTACH 命令
从 Vault 附着	启动"Vault 附着文件"对话框（仅在安装了 Vault 客户端之后显示）
登录	使用户可以登录到 Vault 服务器。如果已经登录，此项目将不可用（仅在安装了 Vault 客户端之后显示）
注销	使用户可以从 Vault 服务器注销。如果已经注销，此项目将不可用（仅在安装了 Vault 客户端之后显示）
关闭	关闭"外部参照"选项板

选择文件参照时，单击鼠标右键打开快捷菜单可显示以下功能：

菜 单 项	说 明	参 照 状 态
打开	在操作系统指定的应用程序中打开选定的文件参照。 打开与选定的参照类型相对应的对话框	该选项仅对于处于已加载状态的文件参照可用（处于已卸载、未找到或未融入状态时不可用）
附着	选择 DWG 参照将打开"外部参照"对话框 选择光栅图像参照将打开"图像"对话框 选择 DWF 参照将打开"附着 DWF 参考底图"对话框	始终可用—状态不会影响此功能
卸载	卸载选定的文件参照	始终可用—状态不会影响此功能
重载	重载选定的文件参照	始终可用—状态不会影响此功能
拆离	拆离选定的文件参照	始终可用—状态不会影响此功能
绑定	显示"绑定外部参照"对话框。选定的 DWG 参照将绑定到当前图形　（仅适用于参照 DWG 文件）	该选项仅对于处于已加载状态的文件参照可用（处于已卸载、未找到或未融入状态时不可用）

续表

菜单项	说　明	参照状态
检入	返回从 Vault 检出的修改文件。早期版本保留在文件历史记录中（仅在安装了 Vault 客户端之后显示）	由 Vault 功能确定
检出	检索存储在 Vault 中的文件的读/写副本（仅在安装了 Vault 客户端之后显示）	由 Vault 功能确定
放弃检出	释放已从 Vault 检出的文件（仅在安装了 Vault 客户端之后显示）	由 Vault 功能确定

四、附着外部参照的步骤

（1）依次单击插入（I）菜单→DWG 参照（R）...。

（2）在“选择参照文件”对话框中，选择要附着的文件，然后单击“打开”。

（3）在“外部参照”对话框中的“参照类型”下，选择“附加型”。

（4）指定插入点、缩放比例和旋转角度。选择“在屏幕上指定”以使用定点设备。“附加型”包含所有嵌套的外部参照。

（5）单击“确定”。

五、使用设计中心附着或覆盖外部参照的步骤

（1）依次单击工具(T)菜单 → 选项板 → 设计中心(D)。

（2）在内容区域或“搜索”对话框中，定位要附着或覆盖的 DWG 参照。

（3）单击鼠标右键。将 DWG 参照拖动到打开的图形中。

（4）释放定点设备右键。单击“附着为外部参照”。

（5）在“外部参照”对话框的“参照类型”下，选择“附加型”或“覆盖型”。

（6）输入插入点、缩放比例和旋转角度的值，或选择“在屏幕上指定”以使用定点设备。

（7）单击“确定”。

还可以通过拖放或在快捷菜单中单击“附着为外部参照”来附着外部参照。

（8）单击“确定”。

按工具栏上设计中心按钮，AutoCAD 弹出如图 7-16 所示的“设计中心”对话框。

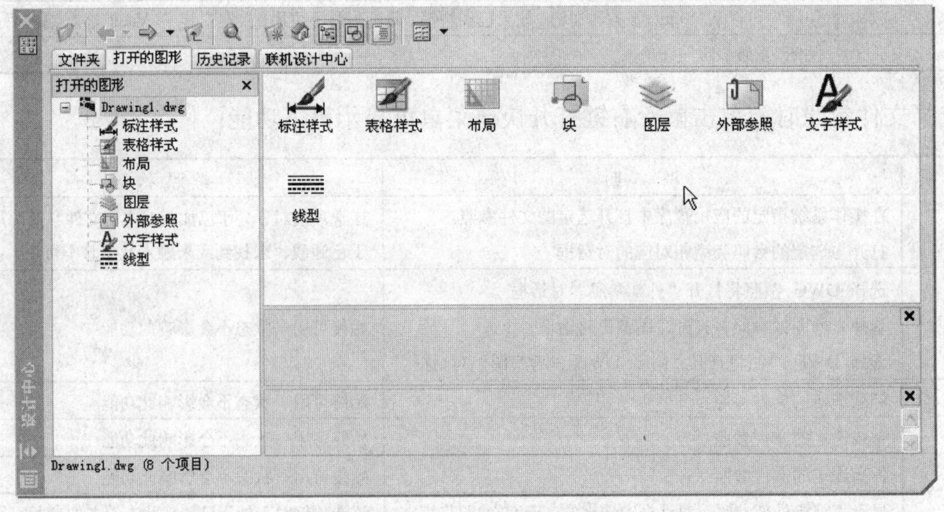

图 7-16　设计中心窗口

“设计中心”窗口的结构：“设计中心”窗口分为两部分，左边为树状图，右边为内容区。可以在树状图中浏览内容的源，而在内容区显示内容。可以在内容区中将项目添加到图形或工具选项板中。

浮动状态下的“设计中心”窗口显示如下：在内容区的下面，也可以显示选定图形、块、填充图案或外部参照的预览或说明，窗口顶部的工具栏提供若干选项和操作，工具栏控制树状图和内容区中信息的浏览和显示。

六、管理外部参照

在图形中加入外部参照后，用户可根据需要对其进行删除、更新或卸载等操作。

1．卸载外部参照

要从图形中卸载某个外部参照，可以在图 7-15 外部参照选项板的外部参照列表中选定该需要卸载的外部参照后，按鼠标右键弹出快捷组，选择 “卸载”按钮，就可以从当前的图形文件中将其卸载。外部参照定义将从图形文件中卸载，但指向参照文件的指针仍然保留。这时，不显示外部参照，非图形对象信息也不显示在图形中。从当前图形中卸载外部参照后，图形的打开速度将大大加快，内存占用量也会减少。但当重载该外部参照时，所有信息都可以恢复。

2．删除外部参照

要从图形中完全删除某个外部参照，可以在图 7-15 外部参照选项板的外部参照列表中选定该需要删除的外部参照后，按鼠标右键弹出快捷组，选择 “拆离”按钮，就可以从当前的图形文件中将其删除。删除外部参照不会删除与其关联的图层定义，但会删除外部参照所有关联信息。

3．重新加载外部参照

如果更新了当前图形的一个引用图形，可以在图 7-15 外部参照选项板的外部参照列表中选定该需要更新的外部参照后，按鼠标右键弹出快捷组，选择 “重载”按钮，就可以从当前的图形文件中重新加载。

4．归档外部参照

将某个外部参照归档可以使外部参照转化为一个块，从而使它成为当前图形的一部分，而不再是一个外部参照文件。将外部参照绑定到当前图形有两种方法：绑定和插入。在插入外部参照时，绑定方式改变外部参照的定义表名称，而插入方式则不改变定义表名称。要绑定一个嵌套的外部参照，必须选择上一级外部参照。

要将图形中的某个外部参照归档到当前图形中，可以在图 7-15 外部参照选项板的外部参照列表中选定该需要绑定的外部参照后，按鼠标右键弹出快捷组，选择 “绑定”按钮，弹出图 7-17 所示“绑定外部参照”对话框。选择绑定类型，单击 “确定”按钮，即可完成外部参照的绑定。绑定后的参照文件目录从外部参照选项板列表中消失。

绑定：将选定的 DWG 参照绑定到当前图形中。依赖外部参照的命名对象的命名语法从“块名|定义名”变为“块名n定义名”。在这种情况下，将为绑定到当前图形中的所有依赖外部参照的定义表创建唯一的命名对象。

图 7-17　绑定外部参照对话框

例如，如果命名为 FLOOR1 的外部参照包含命名为 WALL 的图层，则绑定外部参照之后，依赖外部参照的图层 FLOOR1|WALL 将成

为命名为 FLOOR1$0$WALL 的内部定义图层。如果已存在同名的内部命名对象，n中的数字将自动增加。在本例中，如果图形中已存在 FLOOR1$0$WALL，依赖外部参照的图层 FLOOR1|WALL 将被重命名为 FLOOR1$1$WALL。

插入：用与拆离和插入参照图形相似的方法，可将 DWG 参照绑定到当前图形中。依赖外部参照的命名对象的命名不是使用“块名n符号名”语法，而是从名称中消除外部参照名称。对于插入的图形，如果内部命名对象与绑定的依赖外部参照的命名对象具有相同的名称，符号表中不会增加新的名称，依赖外部参照的绑定命名对象采用本地定义的命名对象的特性。

例如，如果命名为 FLOOR1 的外部参照包含命名为 WALL 的图层，则在使用“插入”选项绑定外部参照之后，依赖外部参照的图层 FLOOR1|WALL 将成为内部定义图层 WALL。

5. 剪辑外部参照

XCLIP 命令可用于剪辑当前的外部参照。用户可通过使用 XCLIP 定义剪裁边界，系统只显示剪裁边界内的外部参照部分。剪裁中对外部参照的引用起作用，而不对外部参照定义本身起作用。剪裁边界后的外部参照几何图形本身并没有改变，只是限制了它的显示范围。

用户还可以使用 XCLIP 创建新的剪裁边界、删除现有的边界，或生成与剪裁边界顶点重合的多段线对象。可以根据情况打开或关闭外部参照剪裁功能。当剪裁边界关闭时，只要几何图形所在图层处于打开和解冻状态，就不会显示边界，此时整个外部参照是可视的。关闭剪裁边界后，边界依然存在并且可以随时打开。

经过剪裁的外部参照可以像未剪裁过的参照一样进行编辑。在编辑时，边界与参照一起移动。如果外部参照包含嵌套的剪裁外部参照，它们将在图形中显示剪裁效果。如果上级外部参照是经过剪裁的，嵌套外部参照同样被剪裁。

XCLIP 命令可在命令行输入，或单击参照工具栏的按钮，或在绘图选定外部参照后，单击右键并选择“外部参照剪裁”来执行。

第八章　综 合 练 习

此前本书已较详细地介绍了 AutoCAD 2008 的主要内容，如绘图命令的使用、图形的编辑、图层设置、尺寸标注、块定义等操作技巧。本章将针对计算机辅助设计绘图员中级（机械类）的考试需要，精讲解题步骤及技巧，以满足应考需要。

第一节　基 本 设 置

本节的内容是基本设置，主要考核图层设置、文字样式设置、标题栏设置及文字书写等内容。

一、考试要求

建立图形文件 A1.dwg，完成下列设置。

（1）按以下规定设置图层及线型，并设定线型比例，绘图时不考虑图线宽度。

图层名称	颜色（颜色号）		线型
01	绿	（3）	实线 Continuous (粗实线用)
02	白	（7）	实线 Continuous（细实线、尺寸标注及文字用）
04	黄	（2）	虚线 ACAD_ISO02W100
05	红	（1）	点画线 ACAD_ISO04W100
07	粉红	（6）	双点画线 ACAD_ISO05W100

（2）按 1:1 比例设置 A3 图幅（横装）一张，留装订边，画出图框线（纸边界线已画出）。

（3）按国家标准的有关规定设置文字样式（样式名为“机械样式”，包含“gbetitc.shx”和“gbcbig.shx”字体），然后画出并填写下面的标题栏，不标注尺寸。

30	55	25	30
考生姓名		题号	A1
性别		比例	1:1
身份证号码			
准考证号码			

4×8=32

（4）完成以上各项后，仍然以原文件名保存。

二、操作说明

（一）图层及线型的设置

下面以 04 层为例，说明图层的设置。

操作步骤：

（1）在“图层”工具栏中单击“图层特性管理器” 按钮，打开【图层特性管理器】对话框；

（2）单击“新建图层” 按钮，增加一个新图层，并显示这个图层的信息，将“图层 1”

改名为“04”；

（3）单击颜色方框选择黄色，按“确定”按钮后原对话框的颜色栏出现黄色，如图 8-1 所示；

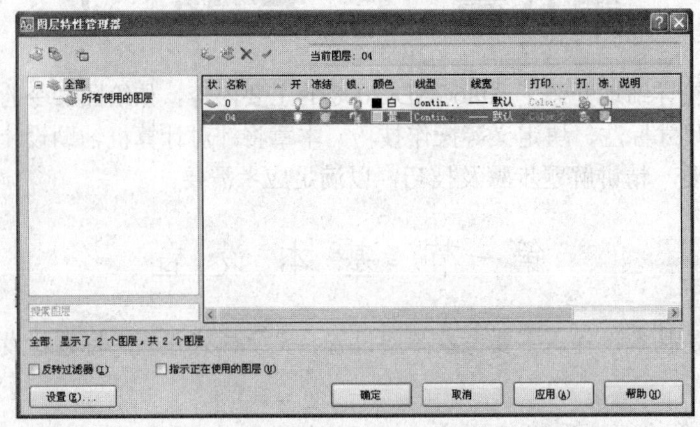

图 8-1 【图层特性管理器】对话框

（4）单击线型一栏，打开【选择线型】对话框；

（5）单击“加载” 按钮，打开【加载或重载线型】对话框，在可用线型列表区中选择“ACAD_ISO02W100”线型，如图 8-2 所示；

（6）按“确定”按钮，返回【选择线型】对话框，在已加载的线型列表中选择“ACAD_ISO02W100”线型，按“确定”后返回【图层特性管理器】对话框，完成 04 层的设置；

（7）按以上步骤设置其余图层，结果如图 8-3 所示。

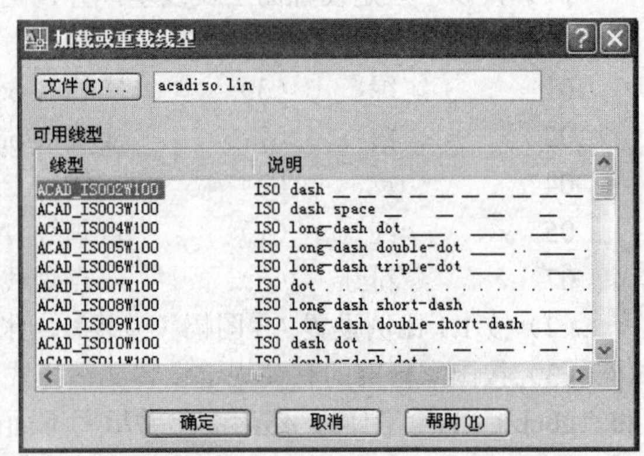

图 8-2 【加载或重载线型】对话框

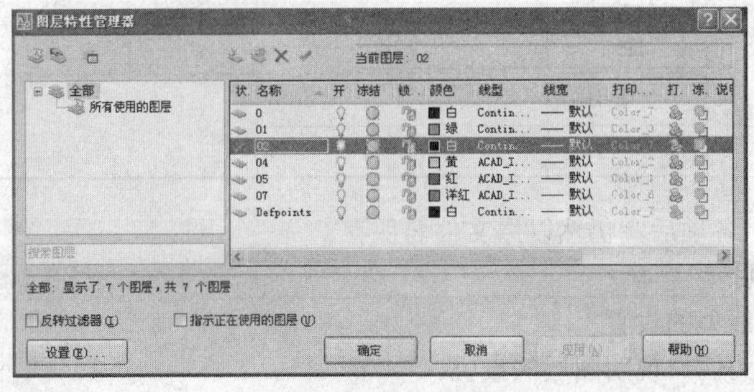

图 8-3 完成图层设置

（二）绘制图框线

操作步骤：

（1）选择“01”图层，图框线应在粗实线层上绘制；

（2）启动“矩形”命令，第一个角点用“捕捉自”选取纸边界左下角点 *A* 作为基点，以@25，5 作为两点的相对距离，确定图框左下角点 *C*；

（3）矩形第二个角点用“捕捉自”选取纸边界右上角点 *B* 作为基点，以@–5，–5 作为两点的相对距离，确定图框右上角点 *D*；

结果如图 8-4 所示。

（三）设置文字样式

操作步骤：

（1）单击“格式→文字样式”，打开【文字样式】对话框（见图 8-5）；

（2）单击“新建”新建(N)...按钮，在【新建文字样式】对话框中的“样式名”输入框中输入“机械样式”，按“确定”；

（3）在“字体”选项中勾选“使用大字体”项，在“字体名”下拉列表中选择“gbetitc.shx”字体，在“大字体” 下拉列表中选择“gbcbig.shx”字体，设置高度值为 3.5mm；

（4）单击“置为当前”、“应用”、“关闭”按钮，完成设置。

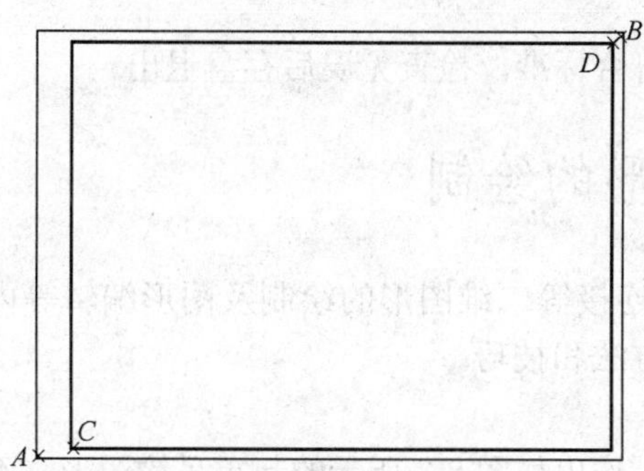

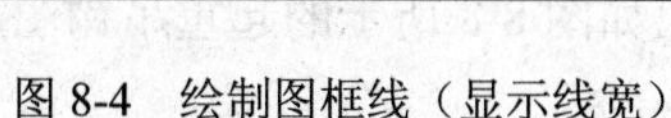
图 8-4　绘制图框线（显示线宽）

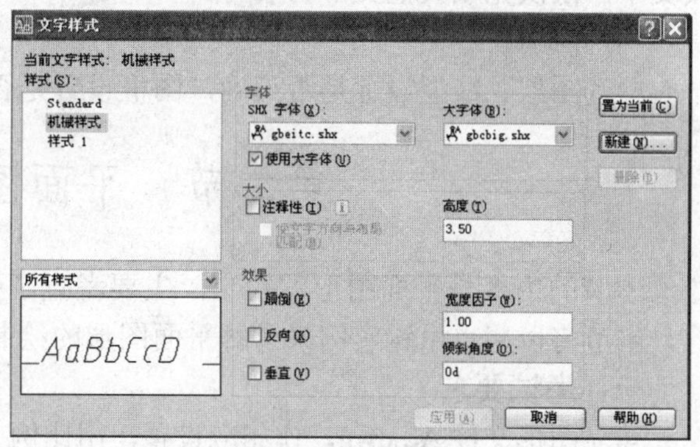

图 8-5 【文字样式】对话框

（四）标题栏设置

操作步骤：

1．绘制标题栏

（1）选择“01”图层，启动“矩形”命令，绘制标题栏的外框线；

（2）选择“02”图层，启动“直线”、“偏移”等命令，绘制标题栏的内框线；

（3）启动“剪切”命令，将多余线条剪切掉。

结果如图 8-6 所示。

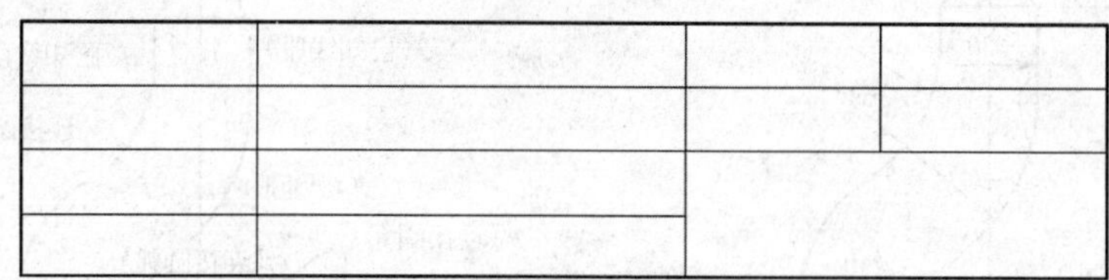

图 8-6　标题栏框线

2．填写标题栏

（1）选择“02”图层，启动“多行文字”命令；

（2）_mtext 当前文字样式:“机械样式” 当前文字高度:3.5（说明当前模式，此样式在

之前已设置）

（3）指定第一角点：（捕捉“考生姓名”文字所在书写框的左上角点）

（4）指定对角点或 [高度(H)/对正(J)/行距(L)/旋转(R)/样式(S)/宽度(W)]：（捕捉“考生姓名”文字所在书写框的右下角点）

（5）打开【文字格式】对话框，在“样式”下拉列表中选“机械样式”，在“多行文字对正”下拉列表中选“正中”，如图 8-7 所示；

文字格式
机械样式
gbeitc, gbcbig
3.5
确定
0.00
1.00
1.00

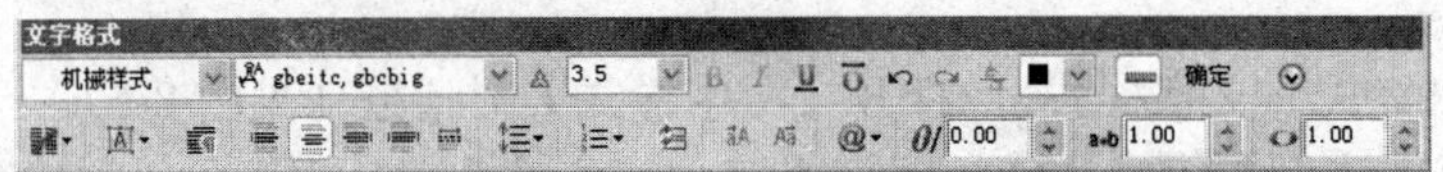

图 8-7 【文字格式】对话框

（6）在编辑栏中输入“考生姓名”，按“确定”按钮；

（7）按以上步骤方法重复操作，或将已书写好的文字复制到相应的书写框中，双击并修改文字，依次完成其他文字的书写。

（五）检查

检查图层、线型设置是否正确，图框设置是否符合标准，检查无误后存盘退出。

第二节　平面图形的绘制

本节的内容是平面图形的绘制，主要考查圆弧连接等二维图形的绘制及图形编辑等内容，本节将以起重吊钩实例来讲解平面图形的绘制方法和技巧。

一、考试要求

建立图形文件 A2.dwg，作相应设置，用比例 1:1 作出如图 8-8 所示的起重吊钩图形，不标注尺寸，作图结果以原文件名保存。

二、分析图形

绘图前应先分析图形的各元素之间的关系，确定绘图思路，正确应用作图方法，采取合理的绘制顺序，准确、快速地完成图形的绘制。现对起重吊钩图形作出如下分析，如图 8-9 所示。

φ23
C2
38
R2
φ30
R40
R60
90
R4
R23
φ40
15
R40
9
R48

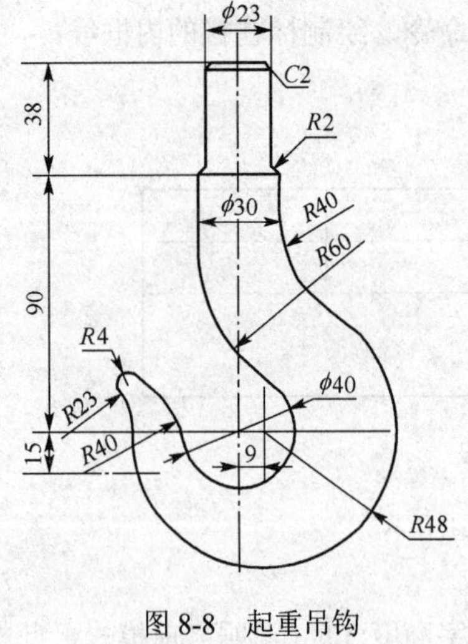

图 8-8　起重吊钩

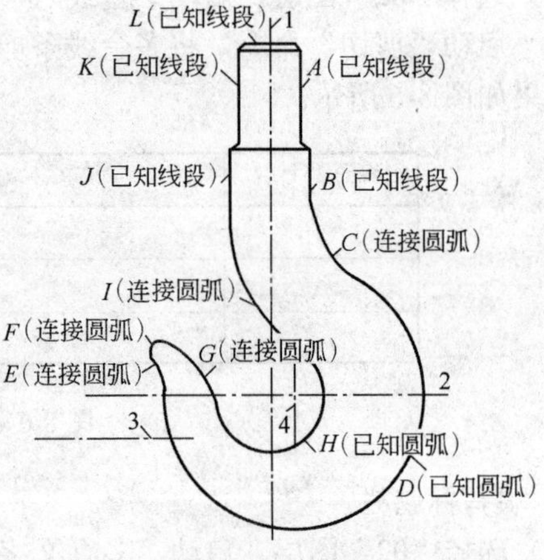

L(已知线段)
1
K(已知线段)
A(已知线段)
J(已知线段)
B(已知线段)
C(连接圆弧)
I(连接圆弧)
F(连接圆弧)
G(连接圆弧)
E(连接圆弧)
2
3
4
H(已知圆弧)
D(已知圆弧)

图 8-9　分析图形

1．找图形定位线

图中的中心线 1、2、3、4 为定位线。

2．确定已知线段

由图形中的尺寸能直接绘制的线段就是已知线段。图中直线 *A*、*B*、*J*、*K*、*L* 及圆弧 *D*、*H* 即为已知线段。

3．确定连接线段

作图时用与已知线段的连接关系绘制出的线段图形即为连接线段。图中圆弧 *C*、*E*、*F*、*G*、*I* 即为连接线段。

三、操作指导

（一）绘制定位线

操作步骤：

（1）选择“05”图层，绘制中心线 1、2；

（2）启动“偏移”命令，分别绘制中心线 3、4。

（二）绘制已知线段

操作步骤：

（1）选择“01”图层，启动“直线”命令，绘制已知线段 *A*、*B*、*J*、*K*、*L*；

（2）启动“圆”命令，绘制已知圆 *D*、*H*。

（三）绘制连接线段

操作步骤：

1．画圆弧 *C*、*I*

（1）启动“圆角”命令，设置半径为 40，分别选取已知线段 *B* 和已知圆 *D* 作为圆角的第一、二个对象，得到圆弧 *C*；

（2）同理绘制圆弧 *I*。

2．画圆弧 *E*、*F*、*G*（如图 8-10 所示）

（1）启动“圆”命令，以点 O_1 为圆心，60 为半径绘制辅助圆，辅助圆交中心线 3 于点 O_3，点 O_3 即为连接圆弧 *G* 的圆心，从而画出圆 *G*；

（2）以点 O_2 为圆心，71 为半径绘制辅助圆，辅助圆交中心线 2 于点 O_4，点 O_4 即为连接圆弧 *E* 的圆心，从而画出圆 *E*；

（3）用“圆”命令的“相切、相切、半径(T)”选项或“圆角”命令作出圆 *F*。

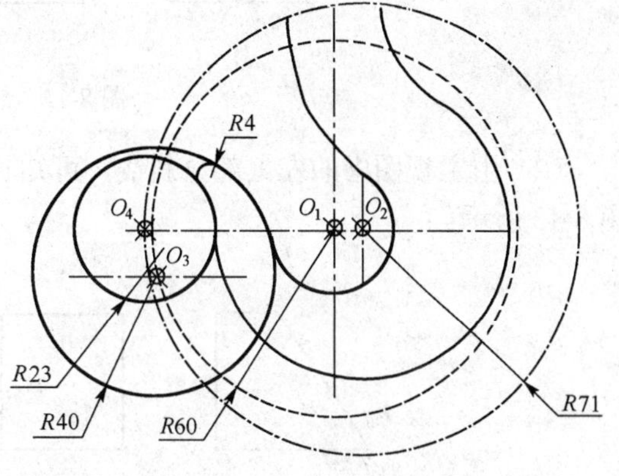

图 8-10 绘制连接圆弧

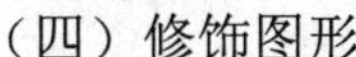

（四）修饰图形

对已绘出的线段作一些修饰，如剪切、删除多余线段。

四、说明

（1）圆 *G* 的画法分析：

① 圆 *G* 的圆心由已知条件不能直接确定，因此要绘辅助圆方求出圆心；

② 已知圆 *G* 与圆 *H* 相外切，因此以圆 *H* 的圆心 O_1 为圆心，以圆 *G* 与圆 *H* 的半径值相加为半径（即为 40+20）绘出辅助圆，又知圆 *G* 的圆心在中心线 3 上，因此辅助圆与中心线 3 的交点即为所求。

（2）若两圆为内切关系，已知一圆的圆心、半径和另一圆的半径，则以已知圆的圆心为圆心，以两圆的半径值相减为半径绘出辅助圆，未知圆的圆心必在辅助圆上，再由其他条件求出圆心。

第三节　补画组合体第三视图

本节主要考查考生的读图能力，根据已给出的组合体的两个视图，求出其第三个视图。本节将以几个实例来讲解组合体读图及其第三视图的求解方法和技巧。

一、例一

（一）要求

根据组合体的两个视图，求作第三视图，如图 8-11 所示。

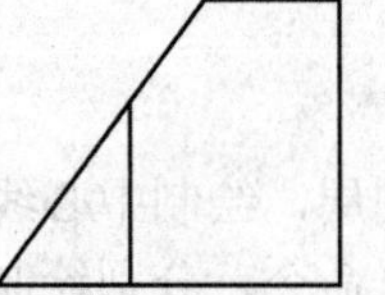
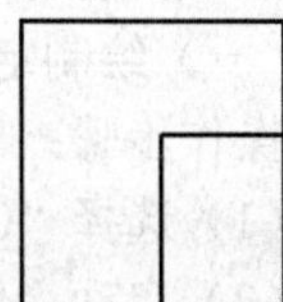

图 8-11　主视图及左视图

（二）读图分析

绘图前应先分析图形的各元素之间的关系，确定绘图思路，正确应用作图方法和技巧，采取合理的绘制顺序，才能准确、快速地完成图形的绘制。现在对图形分析如下。

（1）对已给的主视图及左视图进行观察，初步分析出该组合体是由一个长方体被切割掉若干部分形成的，如图 8-12 所示。

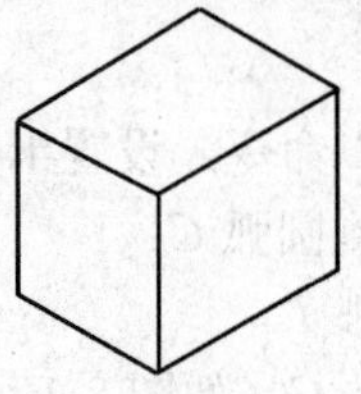

图 8-12　想象成长方体

（2）由主视图中的左上部分斜线，可知长方体被一个正垂面切割，切去一个三棱柱，如图 8-13 所示。

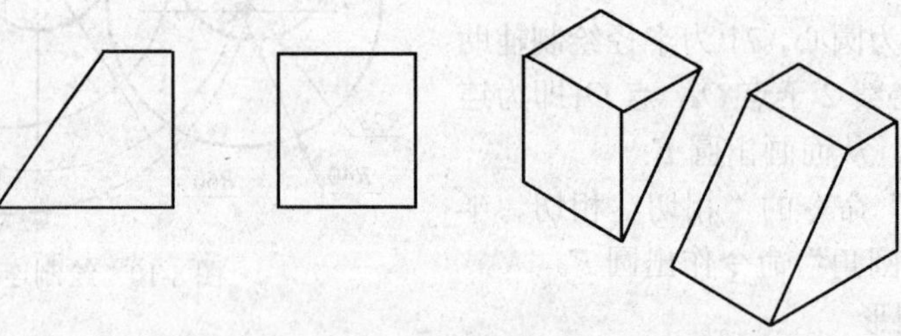

图 8-13　长方体中切割了一个三棱柱

（3）再由主视图中左部分的直线和左视图右下部分的四边形，可知上步形体的右侧又被一个正平面和一个侧平面切割了一个三棱柱，得到最后的组合体，如图 8-14 所示。

（三）操作指导

1．作辅助图

求作第三视图时，根据读图分析的构思边想象切割边画线，逐步画出第三视图，求解过程要依照“长对正、高平齐、宽相等”的三视图投影关系，先将左视图复制、旋转并移动到相应位置。

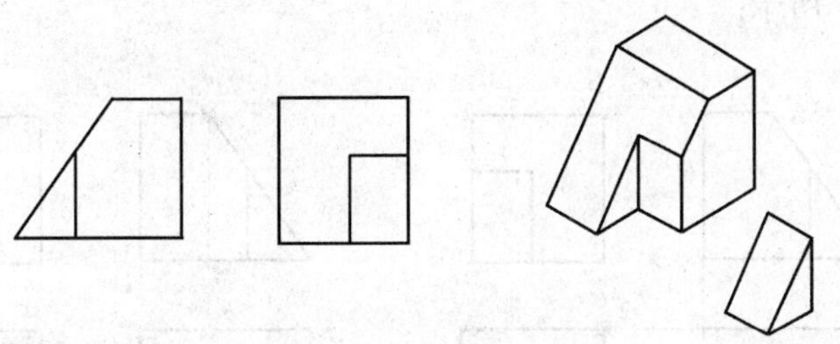

图 8-14 继续从形体中切割一个三棱柱

操作步骤：

（1）启动“复制”命令，将左视图复制到下方，使点 B 和点 A 对齐，如图 8-15（a）所示；

（2）启动“旋转”命令，以点 B 为基点，将复制后的左视图旋转–90°，旋转后的图形位置不理想，启动“移动”命令将其移到合适位置，结果如图 8-15（b）所示。

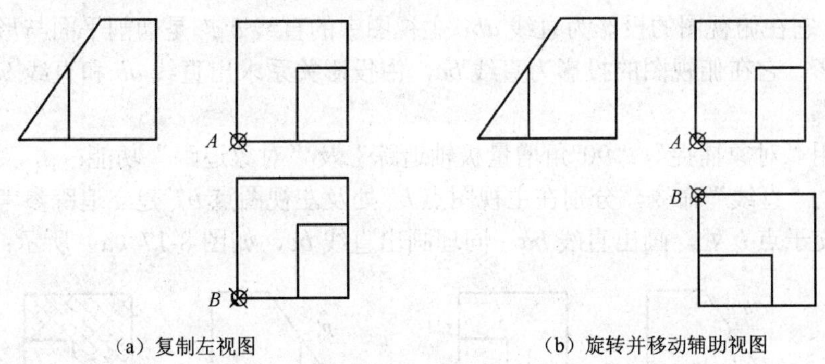

（a）复制左视图　　（b）旋转并移动辅助视图

图 8-15 作辅助视图

2．画外框线

根据“长对正、高平齐、宽相等”的三视图投影关系，由主视图、辅助视图求出俯视图的外框线。

操作步骤：

（1）启用“对象捕捉”、“90°角增量极轴追踪”及“对象追踪”功能；

（2）启动“直线”命令，将光标置于主视图点 1 附近，建立追踪参考点，鼠标向下移动，显示竖直追踪辅助线，再将光标移置辅助视图点 2 附近，建立追踪参考点，鼠标向左移动，显示水平追踪辅助线，两条追踪辅助线相交于点 A 处，单击点 A，同理找到俯视图的外框线的其他角点，从而画出外框线，如图 8-16（a）所示。

说明：图中虚线为追踪线，以下相同。

3．画长方体中切割掉一个三棱柱后的投影线

长方体中切割掉一个三棱柱后，主视图中的点 a'（b'）是切割平面与长方体的交线即正垂线的投影，它在俯视图的投影为直线 ab，由投影关系求出直线 ab。

操作步骤：

（1）启用“对象捕捉”、“90°角增量极轴追踪”及“对象追踪”功能；

（2）启动“直线”命令，在点主视图 a'（b'）处建立追踪参考点，在俯视图中作出直线 ab，如图 8-16（b）所示；

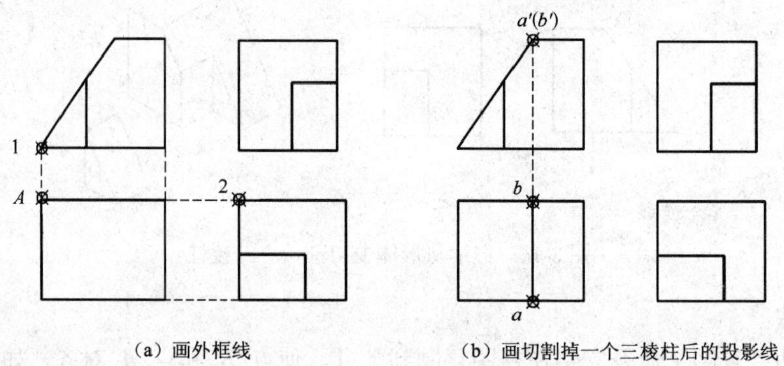

（a）画外框线　　（b）画切割掉一个三棱柱后的投影线

图 8-16　画外框线和投影线

4．画从形体左下角切割一个三棱柱后的投影线

形体左下角切割掉一个三棱柱后，主视图中的点 a'（b'）是切割平面与形体的交线即正垂线的投影，它在俯视图的投影为直线 ab；主视图中的直线 $b'c'$ 是切割平面与形体的交线即正平线的投影，它在俯视图的投影为直线 bc，由投影关系求出直线 ab 和直线 bc。

操作步骤：

（1）启用“对象捕捉”、“90°角增量极轴追踪”及“对象追踪”功能；

（2）启动“直线”命令，分别在主视图点 b' 处及左视图点 b'' 建立追踪参考点，两条追踪辅助线相交于点 b 处，画出直线 ba，同理画出直线 bc，如图 8-17（a）所示；

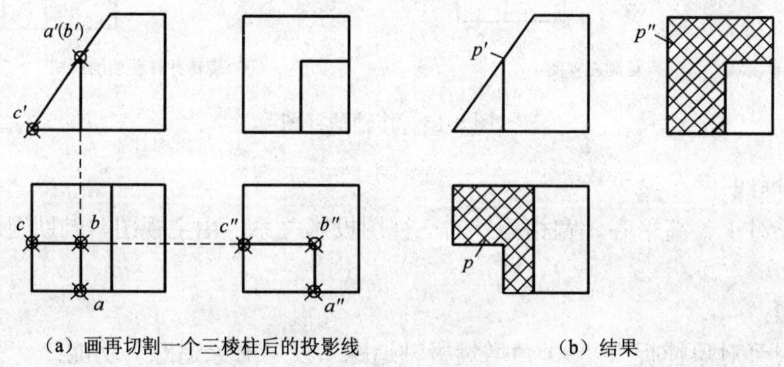

（a）画再切割一个三棱柱后的投影线　　（b）结果

图 8-17　完成视图

（3）形体左下角切割一个三棱柱，将俯视图中多余线条修剪，并将辅助视图删除，结果如图 8-17（b）所示，其中正垂面 P 在主视图中的投影为斜线 p'，在俯视图中的投影 p 和左视图中的投影 p'' 为类似形。

5．修改图形

以上步骤完成后，检查三个视图之间的投影关系，无误后存盘退出。

二、例二

（一）要求

根据组合体的主视图和俯视图，求作其左视图，如图 8-18 所示。

（二）读图分析

本例学习的是圆柱被切割，其截交线投影的求法。现在对图形分析如下。

（1）对已给的主视图及俯视图进行观察，初步分析出该组合体是由一个圆柱体被切割掉一个小圆柱体的圆柱体，如图 8-19 所示。

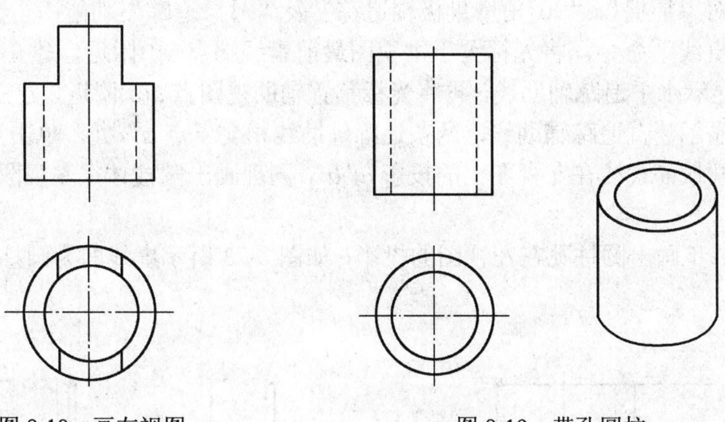

图 8-18　画左视图　　　　图 8-19　带孔圆柱

（2）再由主视图及俯视图的交线，分析出带孔圆柱左右两侧都分别被一个水平面和一个侧平面切割而形成的形体，如图 8-20 所示。

（三）操作指导

1．作辅助图

求作第三视图时，根据读图分析的构思边想象切割边画线，逐步画出第三视图，求解过程要依照“长对正、高平齐、宽相等”的三视图投影关系，先将俯视图复制、旋转并移动到相应位置。

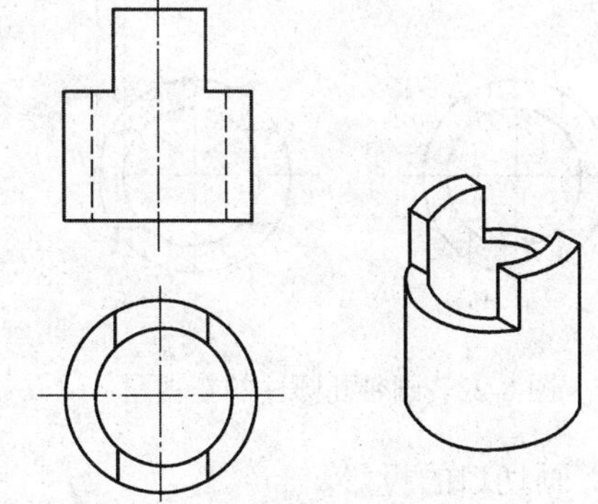

图 8-20　两侧分别被一个水平面和一个侧平面切割

操作步骤：

（1）启动“复制”命令，将俯视图复制到其右方合适位置作为辅助图，如图 8-21（a）所示；

（2）启动“旋转”命令，以点圆心 O 为基点，将复制后的俯视图旋转 90°，结果如图 8-21（b）所示。

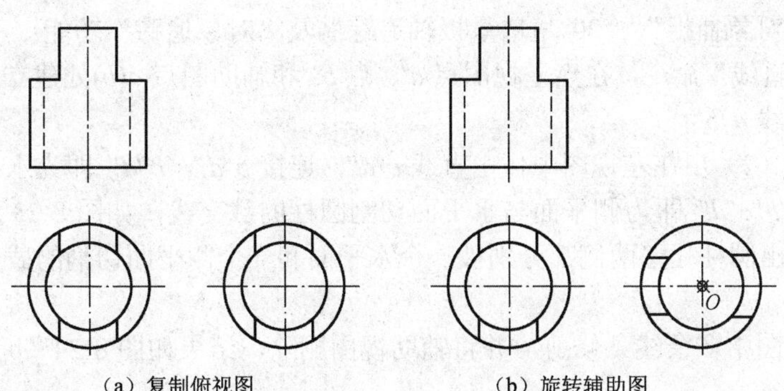

（a）复制俯视图　　　　（b）旋转辅助图

图 8-21　作辅助图

2．画带孔圆柱的左视图

根据“长对正、高平齐、宽相等”的三视图投影关系，由主视图、辅助视图求出圆柱筒的左视图。

操作步骤：

（1）启用“对象捕捉”、“90°角增量极轴追踪”及“对象追踪”功能；

（2）启动“直线”命令，将光标置于主视图最前素线端点 a' 附近，建立追踪参考点，鼠标向右移动，显示水平追踪辅助线，再将光标移置辅助视图点 $a(b)$附近，建立追踪参考点，鼠标向上移动，显示竖直追踪辅助线，两条追踪辅助线相交于点 a'' 处，单击点 a''，同理找到点 b''，画出圆柱最前素线在左视图上的投影 $a''b''$，同理画出圆柱体在左视图的投影，如图 8-22 所示；

（3）依照第二步画出圆柱孔在左视图的投影，如图 8-23 所示虚线即为圆柱孔最前、最后素线的投影。

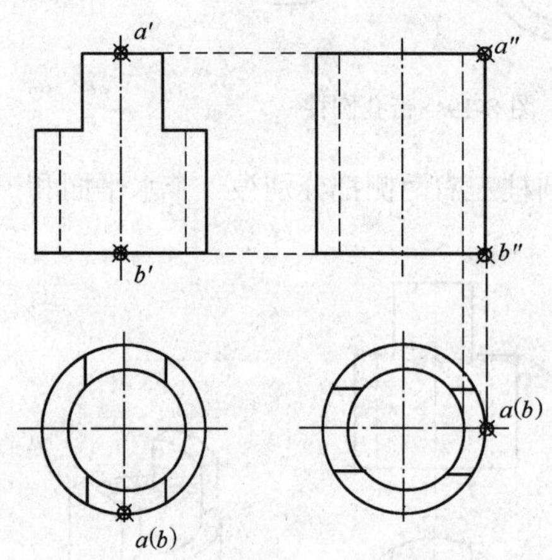

图 8-22　画带孔圆柱的左视图

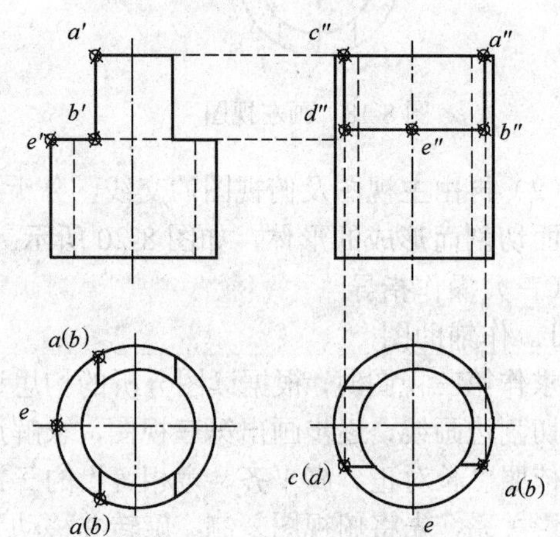

图 8-23　画切口的投影

3．画切口的投影

带孔圆柱左右两侧都分别被一个水平面和一个侧平面切割，侧平面与圆柱轴线平行，截交线为矩形，由主视图观察侧平面未过轴线，因此左视图中的最前、最后素线未被切割，水平面在左视图中投影为一直线。

操作步骤：

（1）启用“对象捕捉”、“90°角增量极轴追踪”及“对象追踪”功能；

（2）启动“直线”命令，在点主视图点 a'、点 b' 和辅助图点 $a(b)$处建立追踪参考点，在左视图中作出直线 $a''b''$；

（3）依照第（2）步在左视图中作出直线 $c''d''$，连接 $b''d''$，$b''d''$ 即为水平面在左视图中的投影，矩形 $a''b''c''d''$ 即为侧平面与水平面切割圆柱的截交线，如图 8-23 所示；

（4）同理作出圆柱孔壁两侧都分别被一个水平面和一个侧平面切割的截交线，如图 8-24（a）所示；

（5）将左视图中多余线条修剪，并将辅助视图删除，结果如图 8-24（b）所示。

4．修改图形

以上步骤完成后，检查三个视图之间的投影关系，无误后存盘退出。

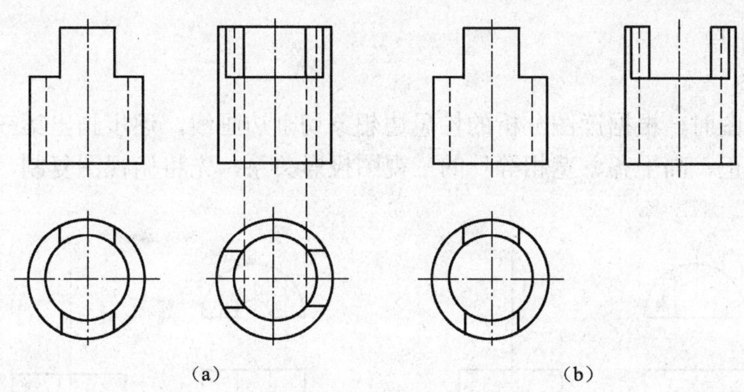

图 8-24　完成视图

三、例三

（一）要求

根据组合体的主视图和俯视图，求作其左视图，如图 8-25 所示。

（二）读图分析

本例学习的是圆柱与圆柱相交，其相贯线的求法。现在对图形分析如下：

（1）对已给的主视图及俯视图进行观察，初步分析出该组合体是在一个水平半圆柱上穿孔，出现圆柱表面与圆柱孔内表面的相贯线，如图 8-26 所示；

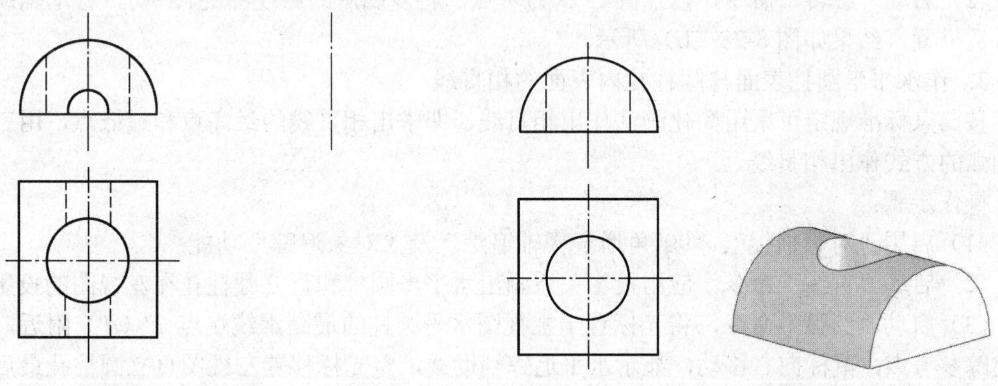

图 8-25　画左视图　　　　图 8-26　圆柱表面与圆柱孔内表面的相贯线

（2）再由主视图的小圆及俯视图的虚线，分析出该组合体又在水平半圆柱上穿半圆柱孔，出现两圆柱孔内表面的相贯线，如图 8-27 所示。

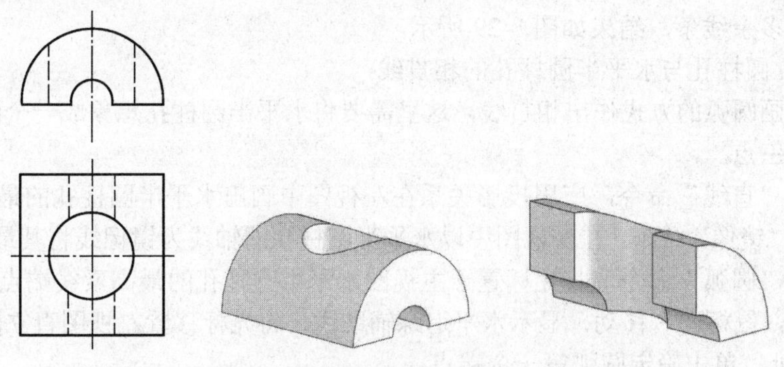

图 8-27　两圆柱孔内表面的相贯线

（三）操作指导

1．作辅助图

求作第三视图时，根据读图分析的构思边想象切割边画线，逐步画出第三视图，求解过程要依照“长对正、高平齐、宽相等”的三视图投影关系，先将俯视图复制、旋转并移动到相应位置。

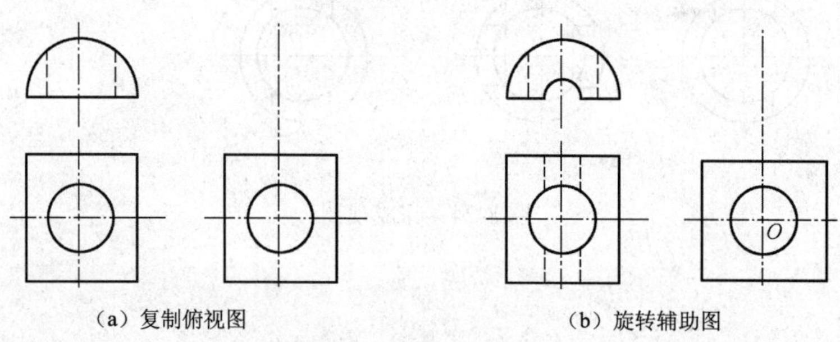

（a）复制俯视图　　（b）旋转辅助图

图 8-28　作辅助图

操作步骤：

（1）启动“复制”命令，将俯视图复制到其右方合适位置作为辅助图，使其中心线与左视图中心线对齐，如图 8-28（a）所示；

（2）启动“旋转”命令，以点圆心 O 为基点，将复制后的俯视图旋转 90°，移动辅助图到合适位置，结果如图 8-28（b）所示。

2．作水平半圆柱表面与圆柱孔内表面的相贯线

按国家标准规定可采用简化画法作出相贯线，即求出相贯线的最高点和最低点，用三点画圆弧的方式作出相贯线。

操作步骤：

（1）启用“对象捕捉”、“90°角增量极轴追踪”及“对象追踪”功能；

（2）启动“直线”命令，应用投影关系画出水平半圆柱和直立圆柱孔在左视图的投影；

（3）启动“圆弧”命令，将光标置于主视图水平圆柱的最高素线端点 c'（d'）附近，建立追踪参考点，鼠标向右移动，显示水平追踪辅助线，将光标移置左视图直立圆柱孔最后素线的端点 d'' 处单击，确定圆弧第一个端点；

（4）将光标置于主视图直立圆柱的最左素线端点 a' 附近，建立追踪参考点，显示水平追踪辅助线，将光标移置左视图直立圆柱孔中心线交于点 a''（b''）处，确定圆弧第二个端点；

（5）同理确定圆弧第三个端点 c''，画出水平半圆柱表面与圆柱孔内表面的相贯线；

（6）修剪多余线条，结果如图 8-29 所示。

3．作直立圆柱孔与水平半圆柱孔的相贯线

利用三点画圆弧的方式作出相贯线，这里需要将水平半圆柱孔想象成一个圆柱孔，便于确定圆弧上的三点。

（1）启动“直线”命令，应用投影关系在左视图中画出水平半圆柱孔的最高素线；

（2）启动“镜像”命令，在左视图中以水平半圆柱孔的轴线为镜像线将其最高素线镜像；

（3）启动“圆弧”命令，将光标置于主视图水平半圆柱孔的最高素线端点 a' 附近，建立追踪参考点，鼠标向右移动，显示水平追踪辅助线，将光标移置左视图直立圆柱孔最前素线交于点 a'' 处，单击确定圆弧第一个端点；

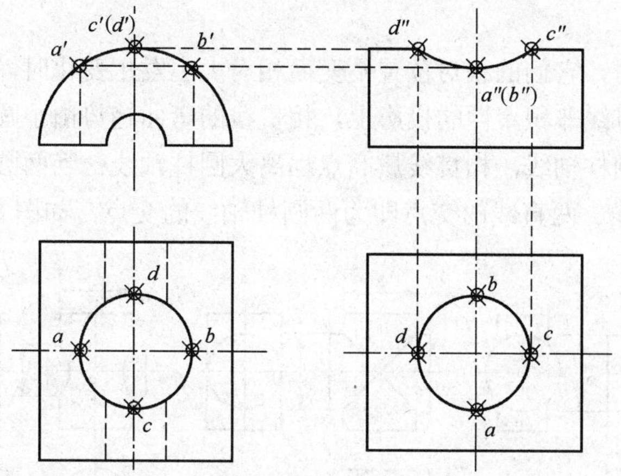

图 8-29　作水平半圆柱表面与圆柱孔内表面的相贯线

（4）同理确定圆弧第二个端点 $b''(c'')$；

（5）同理确定圆弧第三个端点 d''，画出直立圆柱孔与水平半圆柱孔的相贯线，结果如图 8-30 所示。

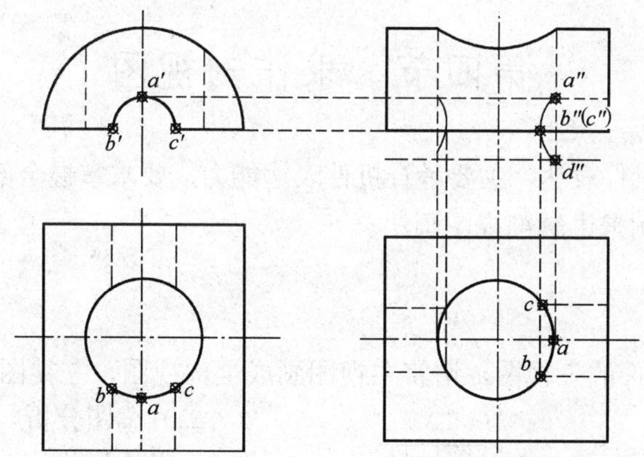

图 8-30　作直立圆柱孔与水平半圆柱孔的相贯线

（6）用镜像命令作出直立圆柱孔与水平半圆柱孔的另一侧相贯线；

（7）修剪多余线条，删除辅助视图，结果如图 8-31 所示。

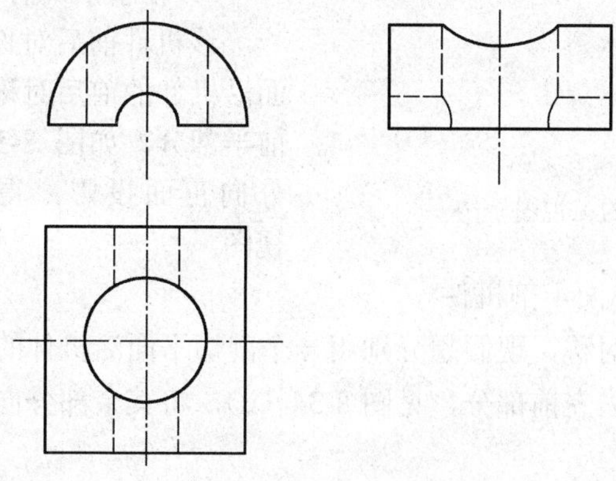

图 8-31　完成视图

（四）说明

当两个圆柱正交时，它们的相对位置不变而相对大小发生变化时，相贯线的形状和位置也会随之变化。在相贯线非积聚性的投影上，相贯线的弯曲趋势由小圆柱向大圆柱内弯曲，相贯线最低点靠近大圆柱轴线，相贯线最高点远离大圆柱轴线；当两圆柱的半径相等时，相贯线为相交的两条直线，两直线的交点即为两圆柱轴线的交点，如图 8-32 所示。

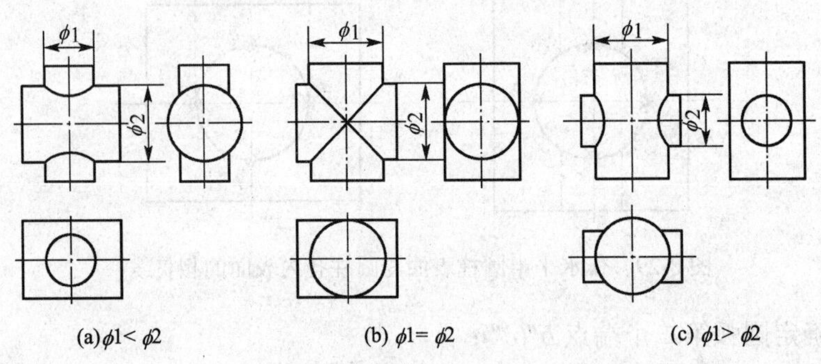

图 8-32　两圆柱正交时相贯线的变化

第四节　求作剖视图

本节的内容关于机件表达，主要考查机件表达能力，要求掌握全剖视图、半剖视图的画法。本节将以四个实例来讲解剖视图画法。

一、例一

（一）要求

如图 8-33 所示机件的三视图，请将主视图画成全剖视图，左视图画成半剖视图。

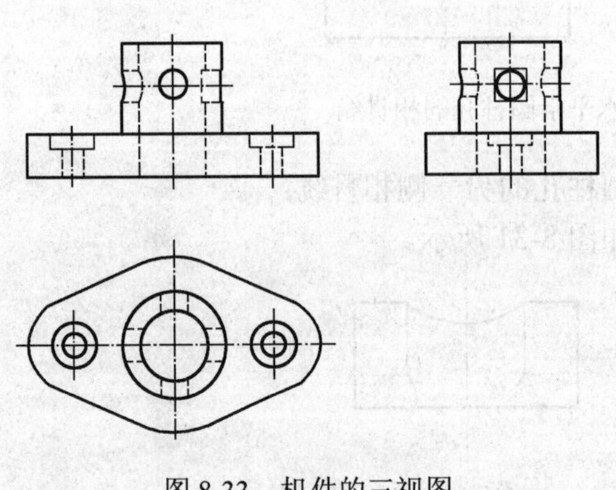

图 8-33　机件的三视图

（二）读图分析

1．机件形状

绘图前先分析立体的形状，由图 8-33 给出的三个视图可想象出机件的形状，立体图如图 8-34（a）所示。

2．沿前后对称面全剖机件

该机件前后对称，现假想用一个剖切平面沿机件的前后对称面将它完全剖开，移去前半部分，如图 8-34（b）所示，将后半部分向正面投影，得到机件的主视图全剖视图。

3．沿前后、左右对称面半剖机件

该机件前后、左右都对称，现假想分别用一个剖切平面沿机件的前后对称面及沿机件的左右对称面将它剖开，移去左前部分，见图 8-34（c），将其余部分向侧面投影，得到机件的半剖视图。

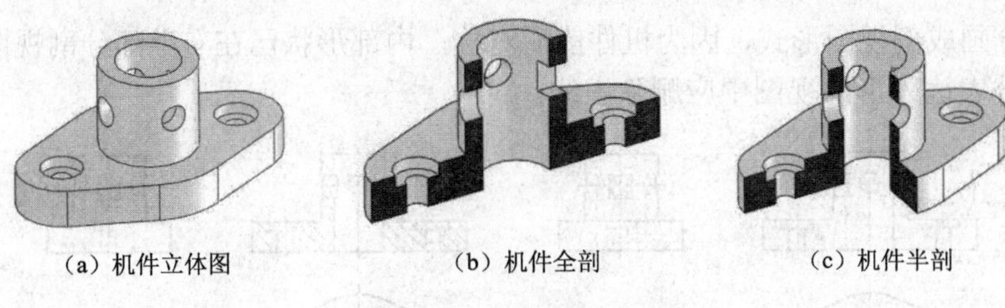

（a）机件立体图　　（b）机件全剖　　（c）机件半剖

图 8-34　机件剖切立体图

（三）操作指导

1．将主视图作成全剖视图

主视图作成全剖视图，只需画出剖切断面及机件可见部分的投影，不需画出机件不可见部分。

操作步骤：

（1）先将主视图中所有虚线改为实线，即是将虚线转换到粗实线层，结果如图 8-35（a）所示。

（2）将机件不可见投影修剪或删除，如图 8-35（a）线段 1 为多余线段，应修剪，结果如图 8-35（b）所示。

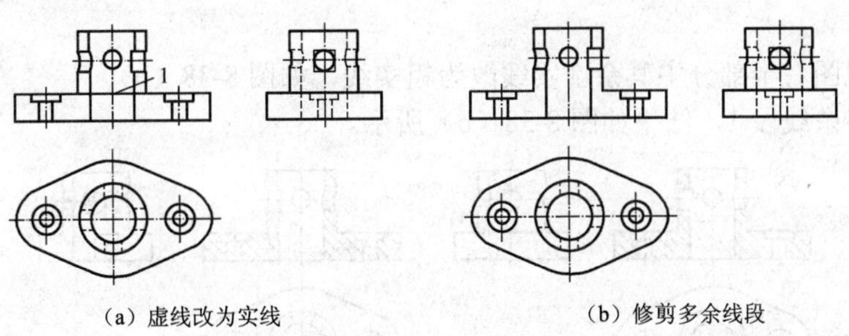

（a）虚线改为实线　　（b）修剪多余线段

图 8-35　虚线改为实线与修剪多条线段

（3）绘制剖面线。将剖切面与机件的接触部分用剖面线表示，金属材料的剖面线用与水平方向成 45°、间隔均匀的细实线画出。

① 启动“图案填充”命令，打开【边界图案填充和渐变色】对话框，选择“图案填充”选项，如图 8-36 所示；

② 在“图案”下拉列表中选择“ANSI31”图案样式，在“比例”选项中输入“1.2~1.25”；

③ 单击“添加：拾取点”按钮，分别在图 8-37（a）所示的区域 1、2、3、4、5、6 区域内单击，按回车返回【边界图案填充和渐变色】对话框，按“确定”按钮，完成图案填充，结果如图 8-37（b）所示。

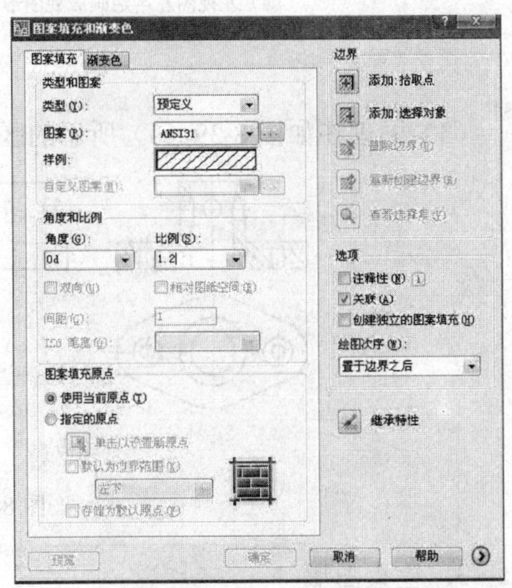

图 8-36　【边界图案填充和渐变色】对话框

2．将左视图作成半剖视图

左视图作成半剖视图，左半部分画成视图形

式，右半部分画成剖视图形式，因为机件前后对称，内部形状已在右半部分剖视图中表示清楚，左半部分表达外形的视图中应删除虚线。

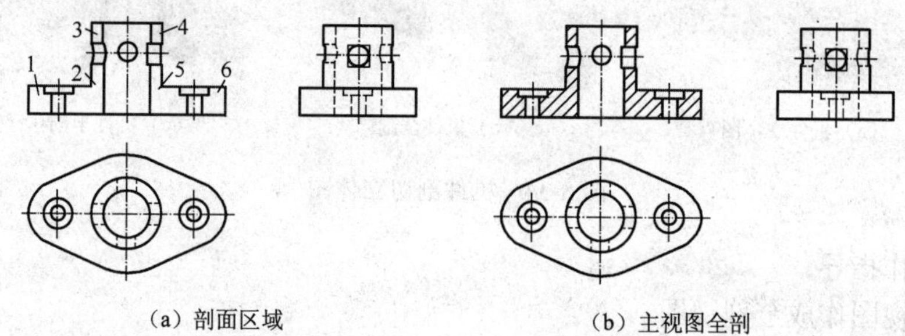

（a）剖面区域　　　　（b）主视图全剖

图 8-37　绘制剖面线

操作步骤：

（1）将左视图左半部分画成视图形式。将左视图左半部分的所有虚线删除或修剪，结果如图 8-38（a）所示。

（2）将左视图右半部分画成剖视图形式。

① 因机件左前部分被切除，删除如图 8-38（a）所示的底板沉孔的投影虚线段组 1，修剪圆孔 2；

② 将左视图右半部分中其余虚实线改为粗实线，如图 8-38（b）

③ 删除多余线段 1，结果如图 8-38（b）所示。

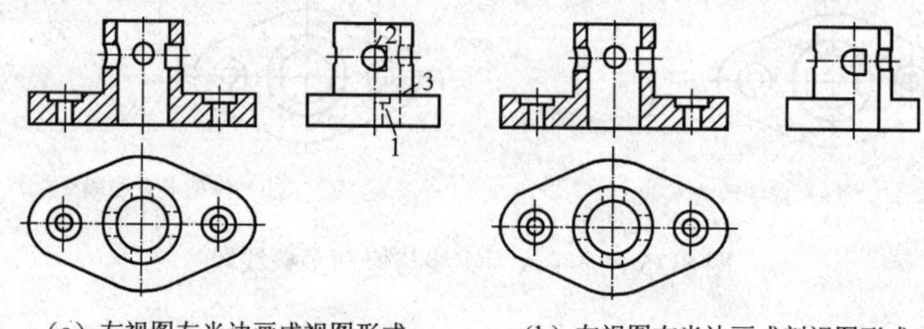

（a）左视图左半边画成视图形式　　　　（b）左视图右半边画成剖视图形式

图 8-38　将左视图作为半剖视图

（3）同理在如图 8-39（a）所示的区域内绘制剖面线，结果如图 8-39（b）所示。

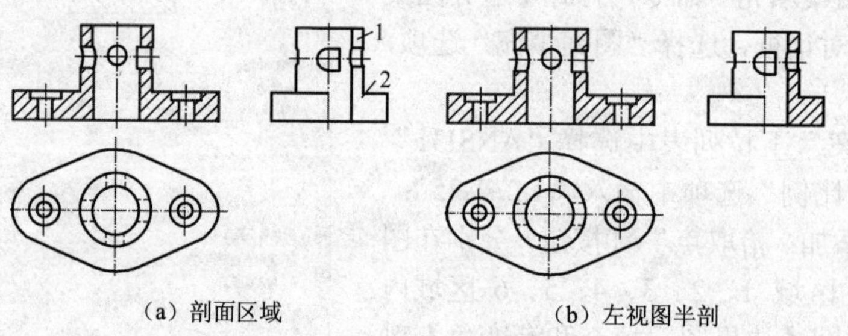

（a）剖面区域　　　　（b）左视图半剖

图 8-39　绘制剖面线

3．检查图形

检查图形是否多线或漏线，剖面线填充是否正确。

二、例二

（一）要求

如图 8-40 所示机件的主视图和俯视图，先求作左视图，并将主视图画成半剖视图，左视图画成全剖视图。

（二）读图分析

1．机件形状

绘图前先分析立体的形状，由图 8-40 给出的两个视图可想象出机件的形状，立体图如图 8-41（a）所示。

2．沿前后、左右对称面全剖机件

该机件前后、左右对称，现假想分别用一个剖切平面沿机件的前后对称面及沿机件的左右对称面将它剖开，移去右前部分，见图 8-41（b），将其余部分向正面投影，得到机件的主视图半剖视图。

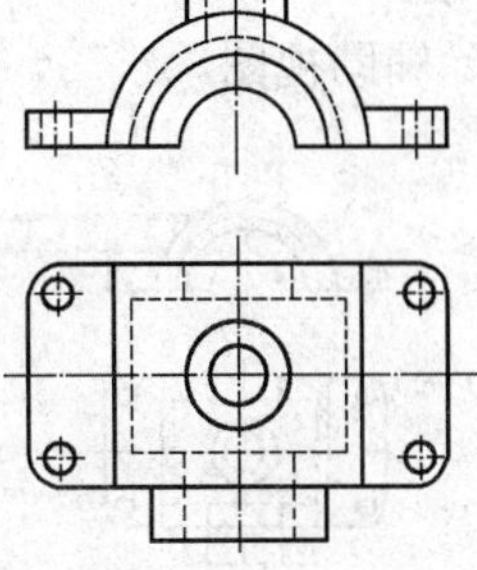

图 8-40　机件的主视图和俯视图

3．沿前后、左右对称面剖机件

该机件左右对称，现假想用一个剖切平面沿机件的左右对称面将它完全剖开，移去左半部分，如图 8-41（c）所示，将其余部分向侧面投影得到机件的左视图全剖视图。

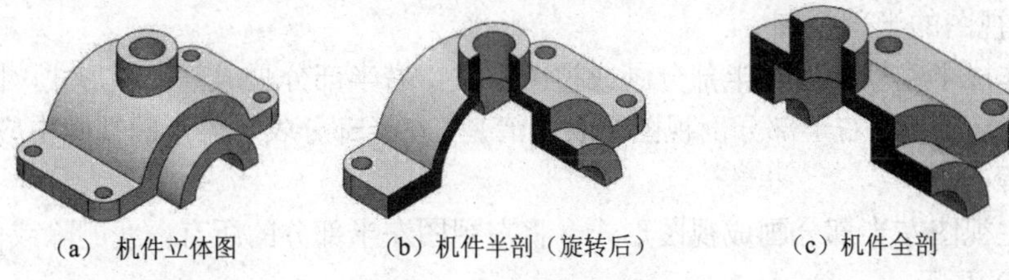

（a） 机件立体图　（b）机件半剖（旋转后）　（c）机件全剖

图 8-41　机件剖切立体图

（三）操作指导

1．作左视图的全剖视图

由给出的主视图及俯视图想象出机件的形状，先作出左视图，题目要求左视图全剖，因此不需先求左视图再画成全剖视图而是直接将左视图画成全剖视图。

操作步骤：

（1）启动“复制”、“旋转”等命令将俯视图复制到如图 8-42（a）所示位置，作为辅助视图。

（2）根据“长对正、高平齐、宽相等”的三视图投影关系，启用“对象捕捉”、“90°角增量极轴追踪”及“对象追踪”功能，启动“直线”命令求出左视图全剖视图的外轮廓线，结果如图 8-42（b）所示。

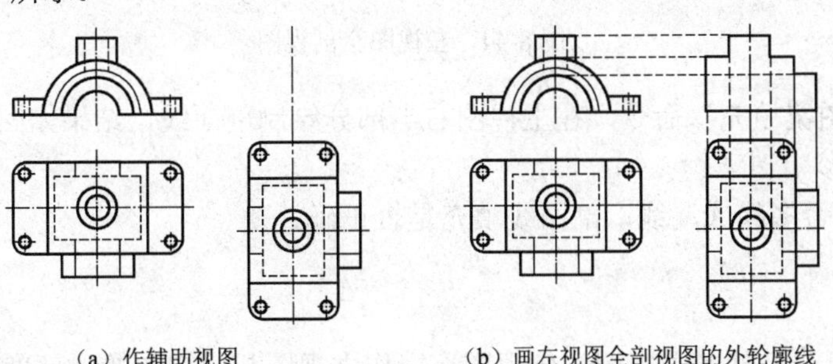

（a）作辅助视图　（b）画左视图全剖视图的外轮廓线

图 8-42　作辅助视图和左视图全剖视图的外轮廓线

（3）画左视图全剖视图剖切断面投影。根据三视图投影关系，作出左视图全剖视图剖切断面的投影，图中 1 为主视图中水平半圆柱孔与竖直小圆柱孔相交的相贯线，用“圆弧”命令求出，结果如图 8-43（a）所示。

（4）绘制剖面线。启动“图案填充”命令，在左视图全剖视图上绘制剖面线，结果如图 8-43（b）所示。

（5）删除辅助视图。

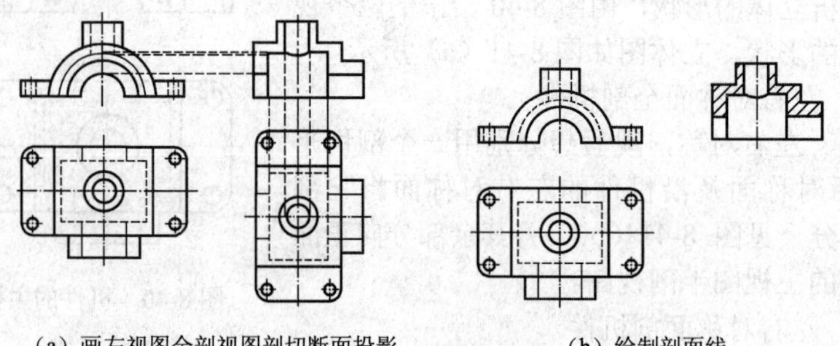

（a）画左视图全剖视图剖切断面投影　　（b）绘制剖面线

图 8-43　左视图全剖视图

2．作主视图的半剖视图

主视图作成半剖视图，左半部分画成视图形式，右半部分画成剖视图形式，因为机件左右对称，内部形状已在右半部分剖视图中表示清楚，左半部分表达外形的视图中应删除虚线。

操作步骤：

（1）将主视图左半部分画成视图形式。将左视图左半部分的所有虚线删除或修剪，结果如图 8-44（a）所示。

（2）将主视图右半部分画成剖视图形式。

① 因机件左前部分被切除，删除或修剪多余线段，结果如图 8-44（b）所示；

② 将主视图右半部分中的虚实改为粗实线，结果如图 8-44（b）所示；

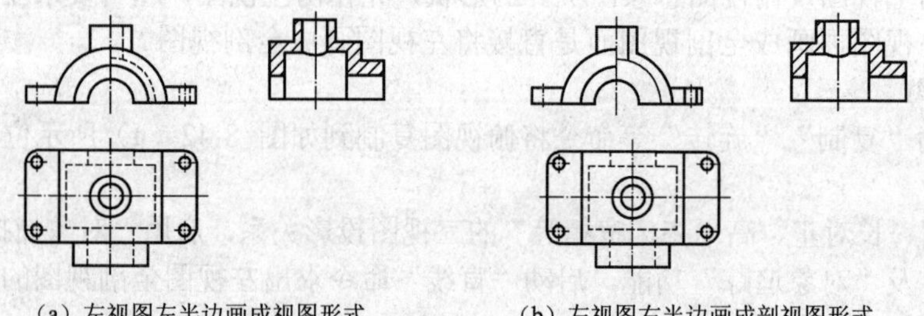

（a）左视图左半边画成视图形式　　（b）左视图右半边画成剖视图形式

图 8-44　左视图全剖视图

③ 启动“图案填充”命令，在主视图右半部分绘制剖面线，结果如图 8-45 所示。

3．检查图形

检查图形是否多线或漏线，剖面线填充是否正确。

三、例三

（一）要求

如图 8-46 所示机件的主视图和俯视图，求作主视图和俯视图的局部剖视图。

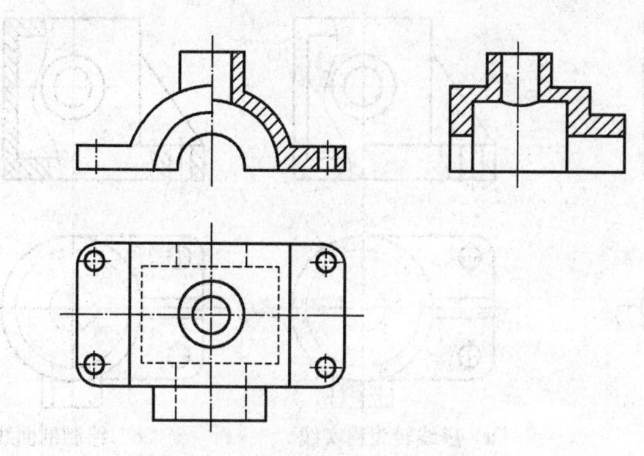
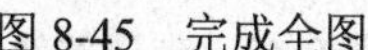

图 8-45　完成全图

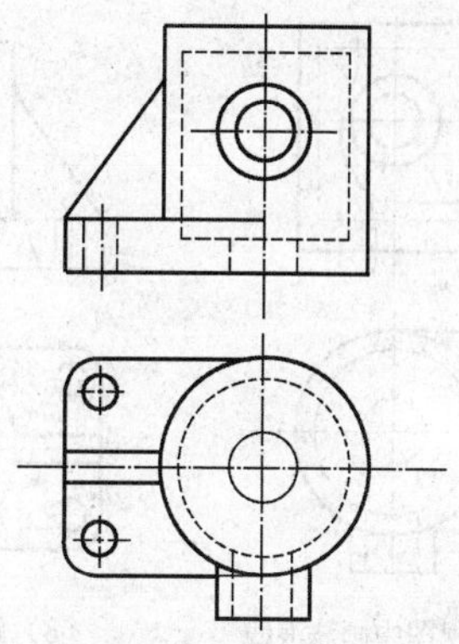

图 8-46　机件的主视图和俯视图

（二）读图分析

1．机件形状

绘图前先分析立体的形状，由给出的两个视图可想象出机件的形状，立体图如图 8-47（a）所示。

2．局部剖开机件

该机件的底板上的孔、前部分的凸台以及圆柱筒内部结构可以局部剖切进行观察，这样既可表达机件部分内部结构，又保留了机件的部分外形，如图 8-47（b）和图 8-47（c）所示。

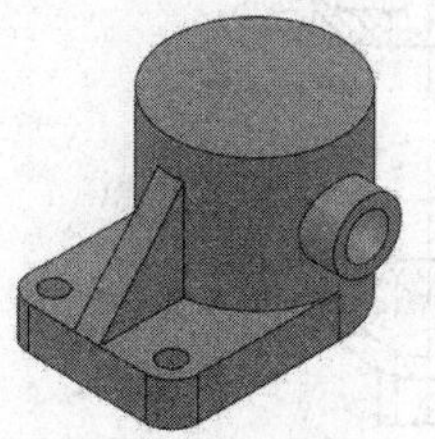

（a）机件立体图

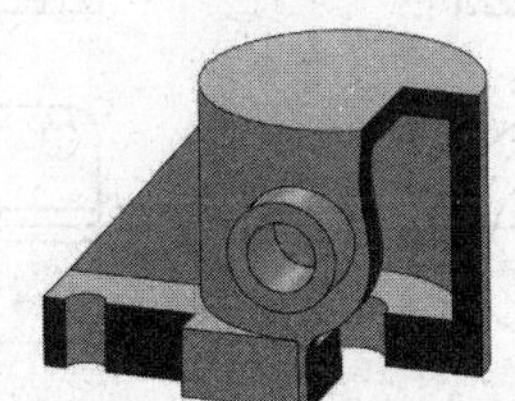

（b）局部剖切底板上的孔和及圆柱筒

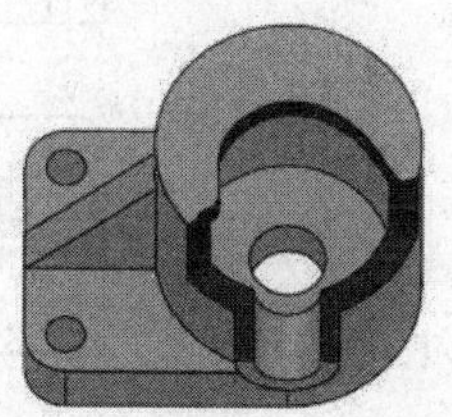

（c）局部剖切凸台

图 8-47　机件剖切立体图

（三）操作指导

1．作主视图的局部剖视图

局部剖切机件的底板孔和圆柱筒，向正面投影得到主视图的局部剖视图，这样既表达了机件底板孔和圆柱筒内部结构，又保留了凸台和肋板的外形。

操作步骤：

（1）选择细实线层，启动“样条曲线”命令，分别在主视图底板和圆柱筒合适位置绘制波浪线，如图 8-48（a）所示；

（2）修剪波浪线及不可见或未剖切部分的虚线，结果如图 8-48（b）所示；

（3）将主视图中虚线转为粗实线，结果如图 8-49（a）所示；

（4）启动“图案填充”命令，在主视图剖切断面处绘制剖面线，结果如图 8-49（b）所示。

2．作俯视图的局部剖视图

局部剖切机件前部分的凸台，向水平面投影得到俯视图的局部剖视图，这样既表达了机件凸台和圆柱筒底部的内部结构，又保留了底板、肋板和圆柱筒的部分外形。

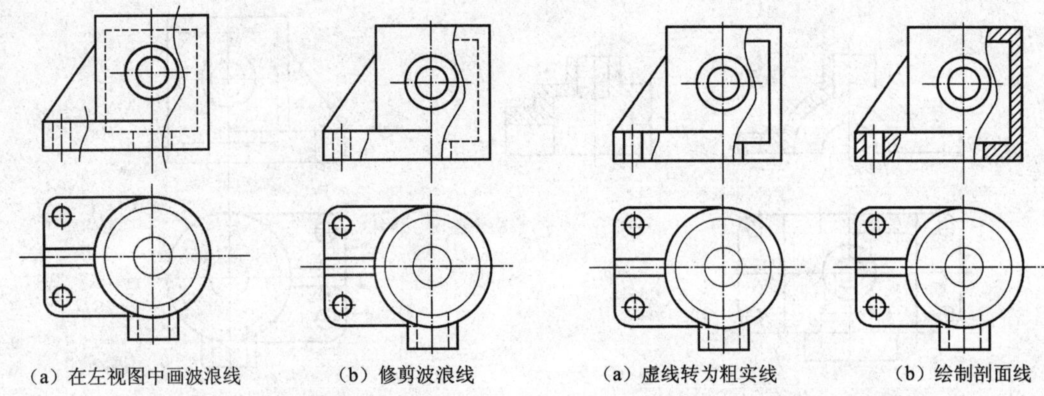

（a）在左视图中画波浪线　（b）修剪波浪线

图 8-48　画波浪线

（a）虚线转为粗实线　（b）绘制剖面线

图 8-49　带局部剖视的主视图

操作步骤：

（1）选择细实线层，启动“样条曲线”命令，在俯视图合适位置绘制波浪线，这里剖切位置的选择应将底板圆孔完整地显示出来，如图 8-50（a）所示；

（2）修剪波浪线及不可见或未剖切部分的虚线，结果如图 8-50（b）所示；

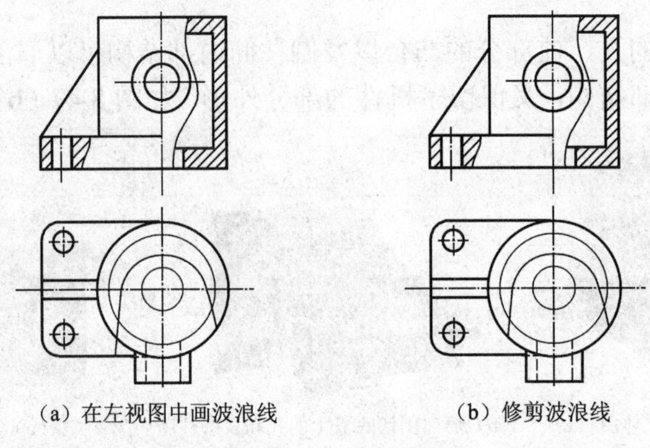

（a）在左视图中画波浪线　（b）修剪波浪线

图 8-50　画波浪线

（3）将俯视图中虚线转为粗实线，结果如图 8-51（a）所示；

（4）启动“图案填充”命令，在俯视图剖切断面处绘制剖面线，结果如图 8-51（b）所示。

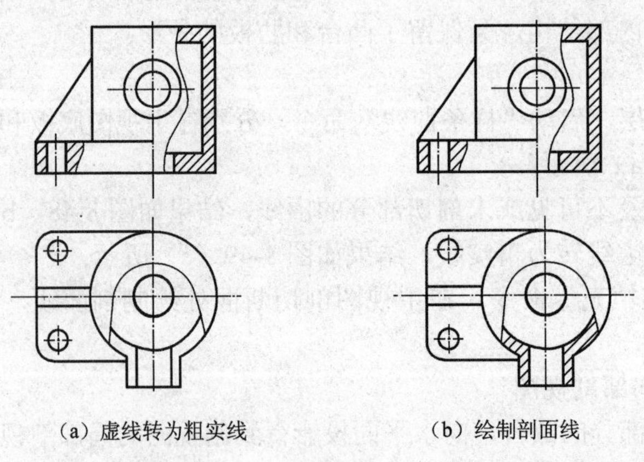

（a）虚线转为粗实线　（b）绘制剖面线

图 8-51　带局部剖视的俯视图

（四）说明

（1）波浪线应画在机件的实体上，不能超出实体轮廓线，孔不能画在机件的中空处；

（2）在一个视图中，局部剖视的数量不宜过多。

四、例四

（一）要求

如图 8-52 所示机件的主视图和俯视图，按俯视图中的剖切位置剖开机件，将主视图改画成全剖视图。

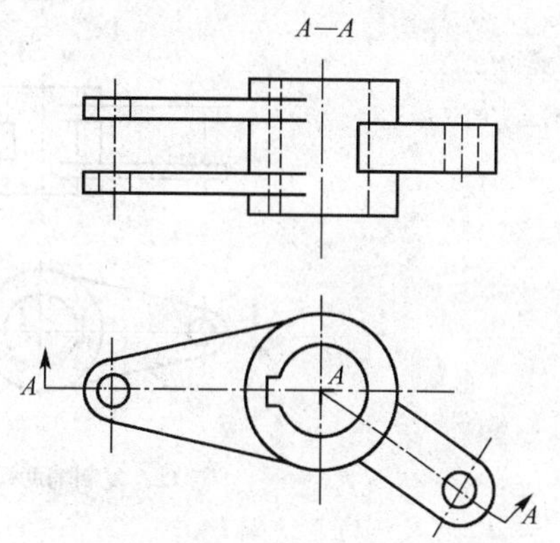

图 8-52　机件的主视图和俯视图

（二）读图分析

1．机件形状

绘图前先分析立体的形状，由给出的两个视图可想象出机件的形状，立体图如图 8-53（a）所示。

2．用两个相交的剖切平面剖切机件

该机件若采用单一的剖切面只能表达部分内部结构，为完整地表达左、右两部分的内部结构，现用两个相交的剖切平面剖切机件，如图 8-53（b）所示。

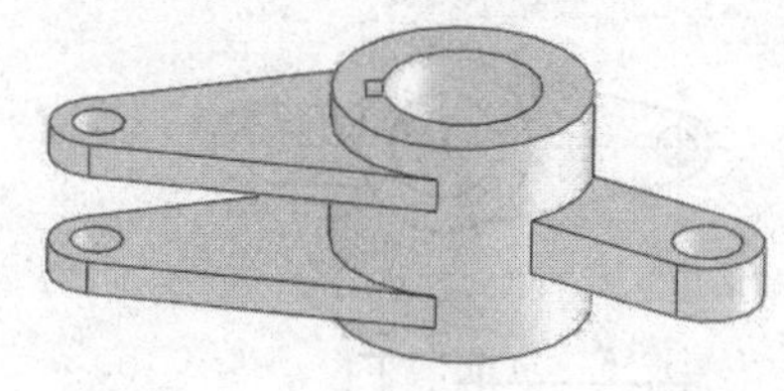

（a）机件立体图

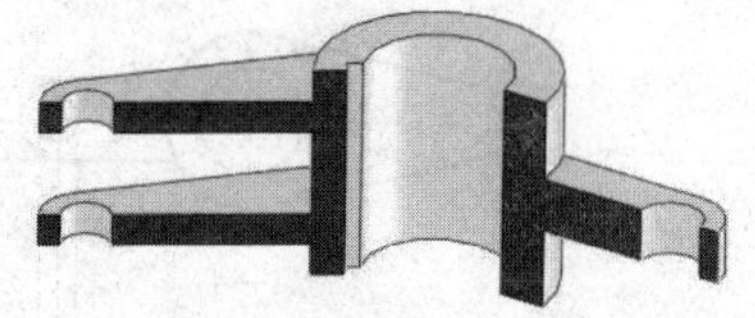

（b）用两个相交的剖切平面剖切机件

图 8-53　机件剖切立体图

（三）操作指导

1．作辅助视图，修改主视图

用两个相交的剖切平面剖切机件，先旋转右部分，使剖开的结构及其有关部分旋转到与正面平行再投射，将得到主视图的全剖视图。

操作步骤：

（1）复制俯视图到主视图上方作为辅助视图，如图 8-54（a）所示。

（2）旋转图 8-54（a）矩形区域内图形到新位置，结果如图 8-54（b）所示。

启动“旋转”命令

UCS 当前的正角方向：　ANGDIR=逆时针　ANGBASE=0d

选择对象:　　　　　　　（用矩形窗口选取图形）

选择对象:　　　　　　　（按回车结束选取）

指定基点:　　　　　　　（捕捉点 *O*）

指定旋转角度，或 [复制(C)/参照(R)] <90d>:　r　（用参照选项）

指定参照角 <0d>:　　　　（捕捉点 *O* 作为参照角第一点）

指定第二点:　　　　　　（捕捉点 *M* 作为参照角第二点）

指定新角度或 [点(P)] <0d>:（捕捉点 *N* 作为新角度）

（3）按辅助视图投影关系修改主视图。

启用“对象捕捉”、“90°角增量极轴追踪”及“对象追踪”功能，启动“直线”、“剪切”等命令将旋转部分重新投影，结果如图 8-55（a）所示。

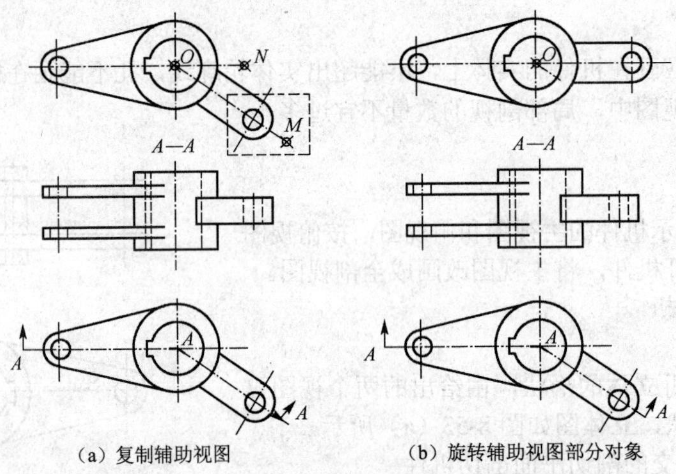

（a）复制辅助视图　　（b）旋转辅助视图部分对象

图 8-54　作辅助视图

2．作主视图的全部视图

（1）将主视图中虚线转为粗实线，结果如图 8-55（b）所示；

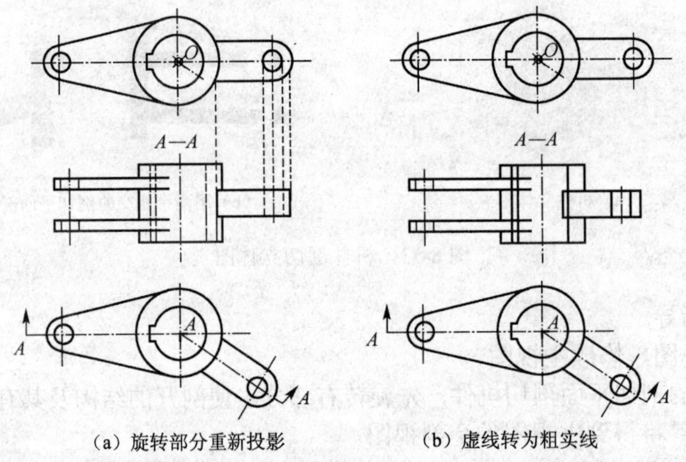

（a）旋转部分重新投影　　（b）虚线转为粗实线

图 8-55　作主视图的全部视图（一）

（2）修剪多余线条，删除辅助视图，结果如图 8-56（a）所示；

（3）启动"图案填充"命令，在主视图剖切断面处绘制剖面线，结果如图 8-56（b）所示。

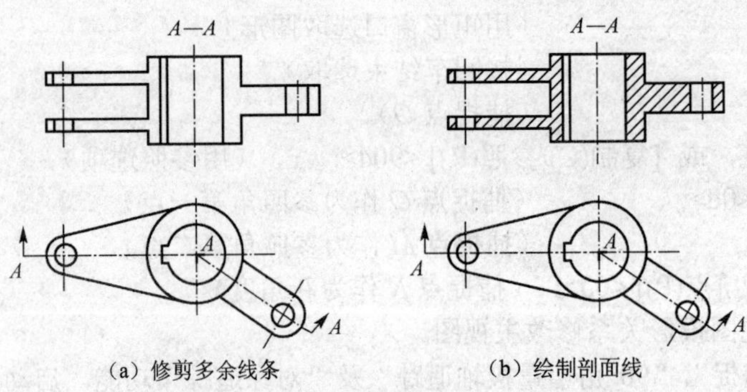

（a）修剪多余线条　　（b）绘制剖面线

图 8-56　作主视图的全部视图（二）

第五节　抄画零件图

本节的学习内容是零件图的绘制方法，包括对零件图的认识、零件图的视图表达、尺寸标注、技术要求等内容。

一、例一　抄画轴类零件图

（一）要求

（1）抄画如图8-57所示的丝杆零件图，绘图前先建立图形文件“8-5-1.dwg”，按本章第一节基本设置的要求设置相应图层；

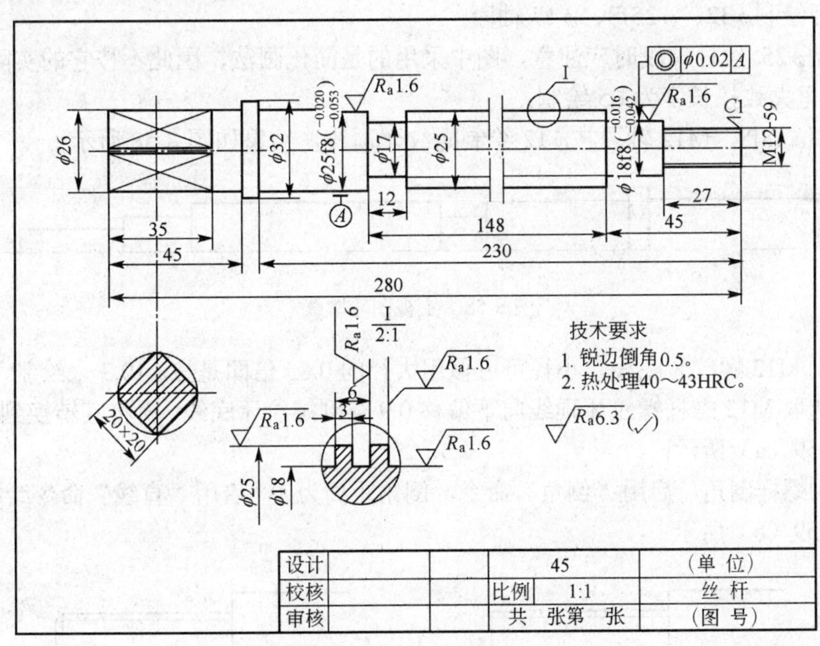

设计			45		（单 位）
校核			比例	1:1	丝 杆
审核			共　张第　张		（图 号）

图8-57　丝杆零件图

（2）按国家标准的有关规定，设置机械图尺寸标注样式，样式名为“机械”；

（3）标注各视图的尺寸与表面粗糙度代号，表面粗糙度代号要使用带属性的块的方法标注，块名为“RA”， 属性标签为“RA”，提示为 “RA”；

（4）不画图框及标题栏；

（5）完成以上各项后，以原文件名保存。

（二）绘图前分析

1．轴类零件说明

轴类零件是机械中常见的零件，它的主要作用是支撑传动件，并通过传动件来实现旋转运动及传递转矩，轴类零件大多是同轴旋转体，具有对称结构，可利用直线、圆等绘图命令及镜像、剪切等编辑命令来绘制。

2．视图表达和结构结构形状分析

丝杆零件图用一个基本视图和两个辅助视图表达，主视图按加工位置原则将丝杆水平放置。左端的四棱柱体采用移出断面表达，矩形螺纹部分采用了局部放大图表达。矩形螺纹轴段部分为较长机件且沿长度方向的形状一致，这里采用断开后缩短绘制的简化画法。

（三）操作指导

操作步骤：

（1）在“图层特性管理器”中设置相应图层，具体操作见本章第一节基本设置。

（2）绘制主视图中心线。将当前层设置为“05”即中心线层，利用直线命令绘制主视图中心线。

（3）绘制主视图。

① 将当前层设置为“01”即粗实线层；

② 启用“对象捕捉”、“90°角增量极轴追踪”及“对象追踪”功能；

③ 启用“直线”命令，从中心线任意点开始按给定尺寸绘制ϕ26 轴段；

④ 同理绘制ϕ32、ϕ25f8、ϕ17 轴段；

⑤ 绘制ϕ25 丝杆轴段时应注意，图中采用的是简化画法，因此不按它的实际长度 136 来绘制，这里大致按长度为 65 绘制；

⑥ 绘制ϕ18f8，M12 轴段按ϕ12 绘制螺纹牙顶线，结果如图 8-58 所示；

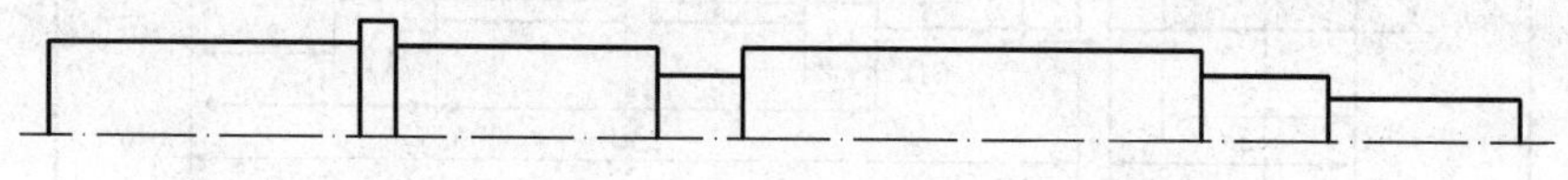

图 8-58　主视图轮廓线

⑦ 绘制 M12 螺纹牙底线，小径可近似用大径的 0.85 倍即是按ϕ10.2 来绘制，启用“偏移”命令，选取 M12 螺杆螺纹牙顶线向下偏移 0.9 得到螺纹牙底线，再将其转换到细实线层，结果如图 8-59（a）所示；

⑧ 绘制螺杆倒角，启用“倒角”命令，倒角距离为 1，启用“直线”命令绘制倒角线，结果如图 8-59（b）所示；

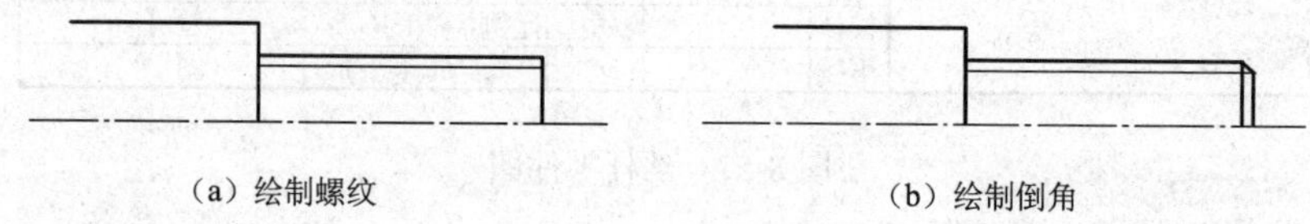

（a）绘制螺纹　　（b）绘制倒角

图 8-59　绘制螺杆

⑨ 启用“直线”命令绘制左端四棱柱体投影，这里可用平面符号来表达，其中两条相交的线为细实线，结果如图 8-60（a）所示；

⑩ 绘制矩形螺纹牙底线，启用“偏移”命令，选取螺纹牙顶线向下偏移 3.5 得到螺纹牙底线，再将其转换到细实线层，结果如图 8-60（b）所示；

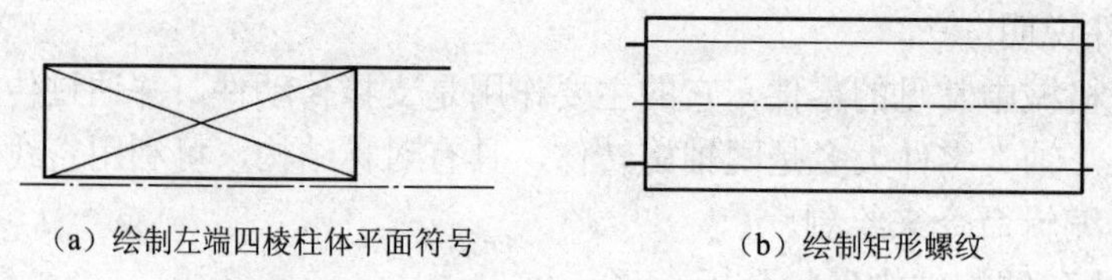

（a）绘制左端四棱柱体平面符号　　（b）绘制矩形螺纹

图 8-60　绘制左端四棱柱体平面符号和矩形螺纹

⑪ 镜像处理，启用“镜像”命令，以中心线为镜像线镜像图形，结果如图 8-61 所示；

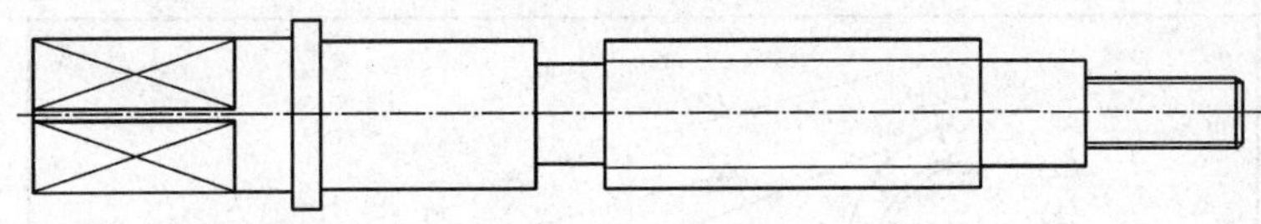

图 8-61　镜像结果

⑫ 绘制矩形螺纹轴段的断开处即简化画法，启用“直线”命令在“07”即双点画线图层中绘制两条线，并用“剪切”命令修剪图形，结果如图 8-62 所示；

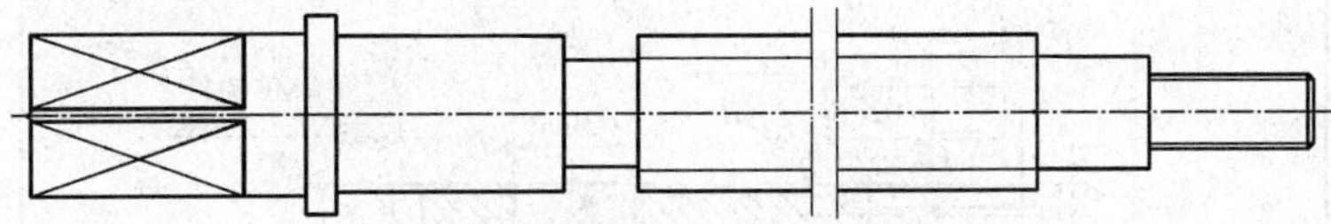

图 8-62　绘制矩形螺纹轴段的断开处

（4）画左端的四棱柱体移出断面图：

① 将当前层设置为“05”即细点画线层，在主视图合适位置绘制剖切线，启用“多边形”命令绘制四棱柱体移出断面轮廓线，倒角距离为 3；

② 启用“图案填充”命令绘制剖面线，结果如图 8-63（a）所示；

（5）画矩形螺纹局部放大图：

① 同理绘制矩形螺纹局部放大图轮廓线，这里要注意绘制尺寸应为标注尺寸的两倍；

② 启用“图案填充”命令绘制剖面线，结果如图 8-63（b）所示；

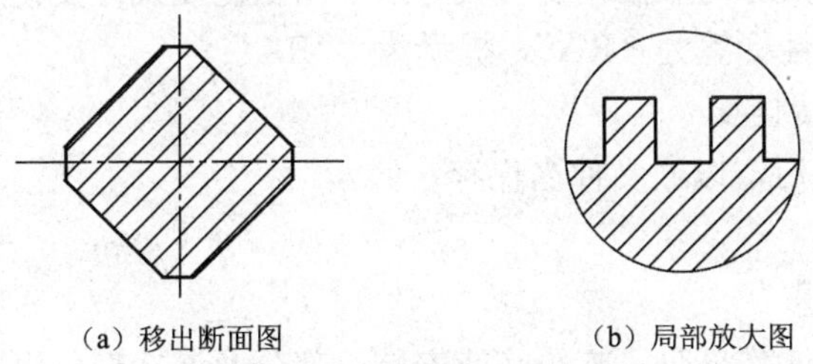

（a）移出断面图　　（b）局部放大图

图 8-63　画矩形螺纹局部放大图

（6）启用“剪切”、“拉长”命令将中心线设置为超出轮廓线 4mm。

（7）尺寸标注：

① 按国家标准的有关规定，设置机械图尺寸标注样式，样式名为“机械”；

② 按标注要求标注尺寸，具体操作见第六章尺寸标注的内容，要注意的是局部放大图的尺寸按机件实际尺寸标注，矩形螺纹轴段采用断开后缩短绘制的简化画法，尺寸仍按机件实际尺寸标注；

③ 标注各视图的尺寸与表面粗糙度代号，表面粗糙度代号要使用带属性的块的方法进行标注。

（8）检查图形有无漏线、多线，确认无误后存盘退出。

二、例二　抄画叉架类零件图

（一）要求

（1）抄画如图 8-64 所示的拔叉零件图，绘图前先建立图形文件“8-5-2.dwg”，按第一节基本设置的要求设置相应图层；

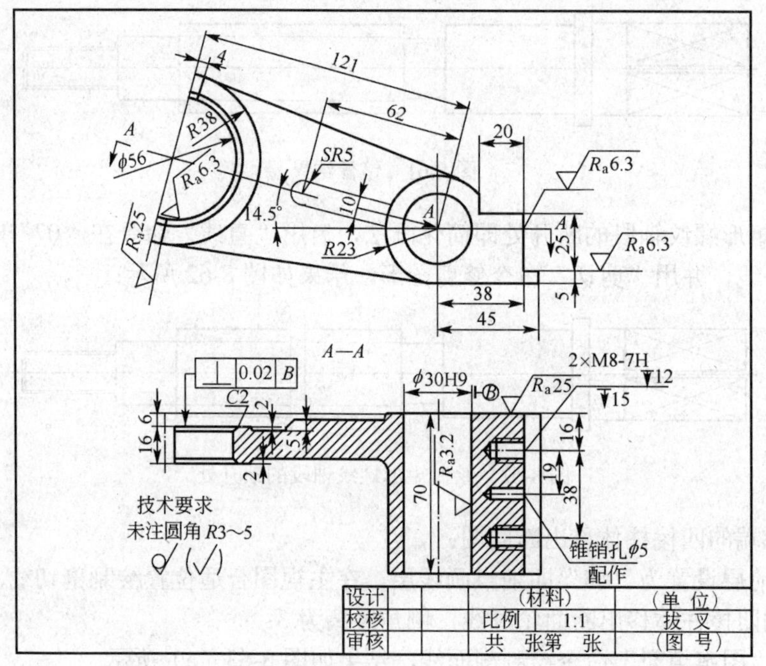

图 8-64 拔叉零件图

（2）按国家标准的有关规定，设置机械图尺寸标注样式，样式名为“机械”；

（3）标注各视图的尺寸与表面粗糙度代号，表面粗糙度代号要使用带属性的块的方法标注，块名为“RA”，属性标签为“RA”，提示为 “RA”；

（4）不画图框及标题栏；

（5）完成以上各项后，以原文件名保存。

（二）绘图前分析

1．叉架类零件说明

叉架类零件通常由工作部分、支承（或安装）部分及连接部分组成，形状比较复杂且不规则，零件上常有叉形结构、肋板和孔、槽等。拔叉主要用于机床或内燃机等各种机器的操纵机构上，操纵机器或调节速度等。这类零件结构复杂，要充分利用平面绘图中的各种绘图、编辑方法和技巧来绘制。

2．视图表达和结构结构形状分析

该拔叉零件图由两个基本视图组成，*A—A* 剖视图为俯视图，主视图主要表达拔叉的外形。由主、俯两个视图可以看出拔叉的主要结构形状：右部是圆台，圆台中有ϕ30 的通孔，左部圆弧叉口是比半圆柱略小的圆柱体，其上开ϕ56 的圆柱形槽；圆弧形叉口与圆台之间有连接板，连接板上有半圆柱肋，由 *A—A* 剖视图知圆台右侧有螺孔和销孔。

（三）操作指导

操作步骤：

（1）在“图层特性管理器”中设置相应图层，具体操作见第一节基本设置的内容。

（2）绘制主视图中心线。

① 将当前层设置为“05”即中心线层，启用“90°角增量极轴追踪”及“对象追踪”功能。

② 启用“直线”、“偏移”绘制如图 8-65（a）所示中心线；

③ 启用“旋转”等命令将中心线旋转至图 8-65（b）所示位置。

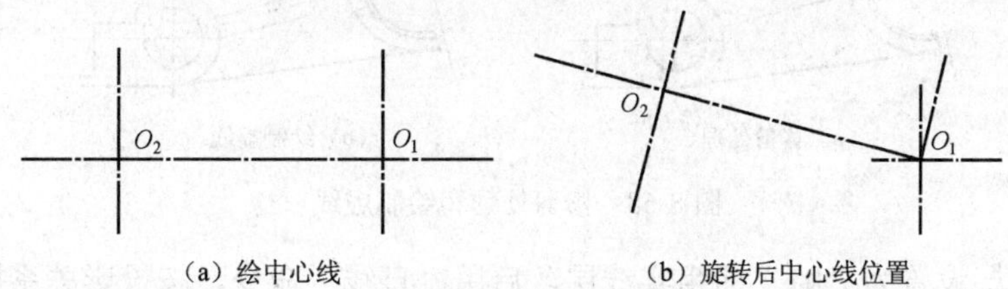

（a）绘中心线　　（b）旋转后中心线位置

图 8-65　绘制主视图中心线

（3）绘制主视图。

① 将当前层设置为“01”即粗实线层；

② 启用“圆”命令，分别以点 O_1、O_2 为圆心绘制 ϕ56、R38、R23、ϕ30 的圆，结果如图 8-66（a）所示；

③ 启用“直线”命令，绘制如图 8-66（b）所示的轮廓线；

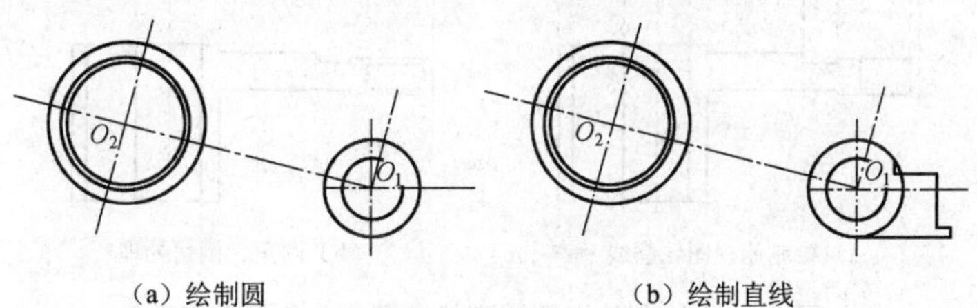

（a）绘制圆　　（b）绘制直线

图 8-66　绘制圆和直线

④ 启用“直线”命令，设置“对象捕捉模式”为“切点”捕捉，并将其他模式清除，分别在 R38 和 R23 圆上捕捉切点，绘出如图 8-67（a）所示的连接板轮廓线；

⑤ 将中心线 1 偏移 4，得到中心线 2，将中心线 2 转换到粗实线层，结果如图 8-67（b）所示；

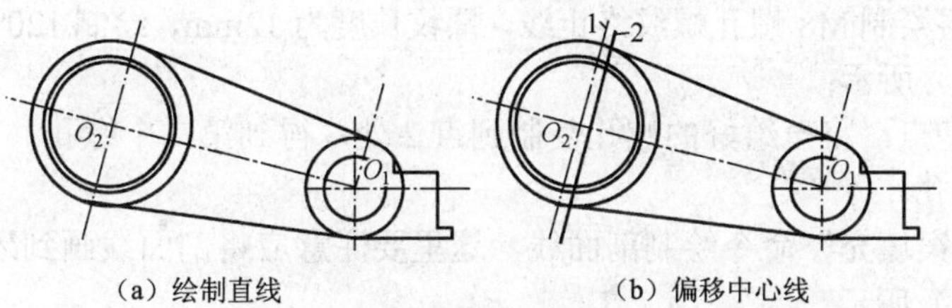

（a）绘制直线　　（b）偏移中心线

图 8-67　绘制直线和偏移中心线

⑥ 启用“剪切”、“删除”命令，去掉多余线，结果如图 8-68（a）所示；

⑦ 将当前层设置为“04”即虚线层，启用“直线”命令，绘制连接板上有个半圆柱肋在主视图上的投影，结果如图 8-68（b）所示。

（4）绘制俯视图。

① 启用“90°角增量极轴追踪”及“对象追踪”功能。

② 复制主视图至合适位置，作为辅助视图，并旋转其左部圆弧叉口部分至水平位置。

③ 将当前层设置为“05”即中心线层，按投影关系捕捉辅助视图相关点，绘制俯视图右部的圆台和左部圆弧叉口的中心线，绘制螺孔及销孔的中心线。

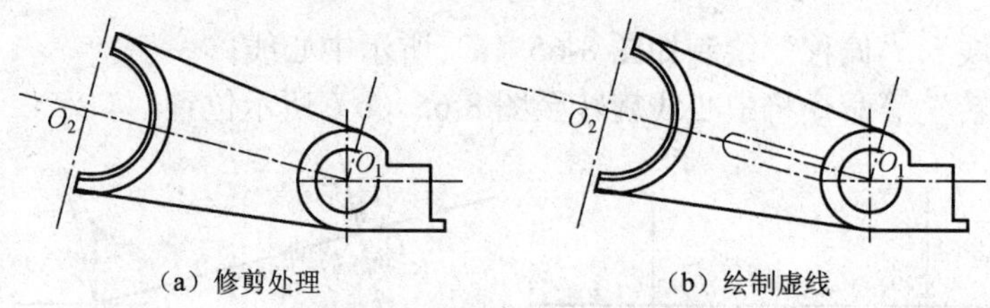

（a）修剪处理　　（b）绘制虚线

图 8-68　修剪处理和绘制虚线

④ 将当前层设置为“01”即粗实线层，启用“直线”命令，按投影关系捕捉辅助视图相关点，绘制俯视图轮廓线，结果如图 8-69（a）所示。

⑤ 启用“圆角”、“倒角”命令，按要求绘制圆角和倒角，并绘制倒角线，结果如图 8-69（b）所示。

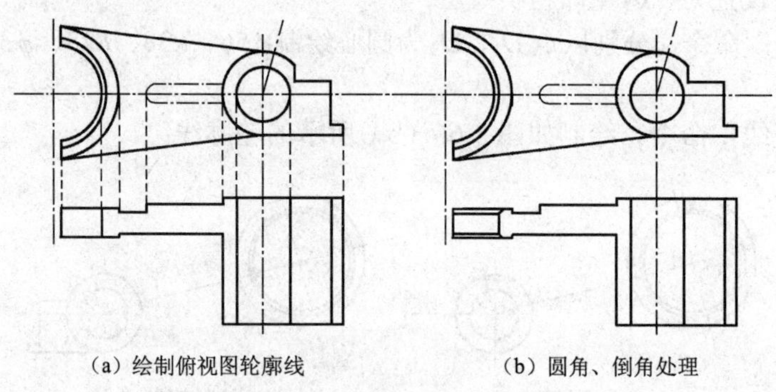

（a）绘制俯视图轮廓线　　（b）圆角、倒角处理

图 8-69　绘制俯视图轮廓线和圆角、倒角处理

⑥ 绘制 M8 螺孔和销孔：

- 绘制两个 M8 螺孔和销孔的中心线；
- 绘制 M8 螺孔，螺孔大径为ϕ 8，按ϕ 8 来绘制螺纹牙底线，小径可近似按大径的 0.85 倍即按ϕ6.8 来绘制，钻孔深度为 15 mm，启用“偏移”命令，选取 M8 螺纹牙顶线向下偏移 0.6 得到螺纹牙顶线，再将其转换到细实线层；
- 在粗实线层绘制 M8 螺孔螺纹终止线，螺纹长度为 12mm，绘制 120º顶角，修剪图形，结果如图 8-70（a）所示；
- 以点 1 为基点，将已绘好的螺孔复制到点 2 处，得到第二个螺孔；
- 绘制ϕ5 销孔。

⑦ 启用“图案填充”命令绘制剖面线，这里要注意应将剖面线画到牙顶线粗实线处，结果如图 8-70（b）所示。

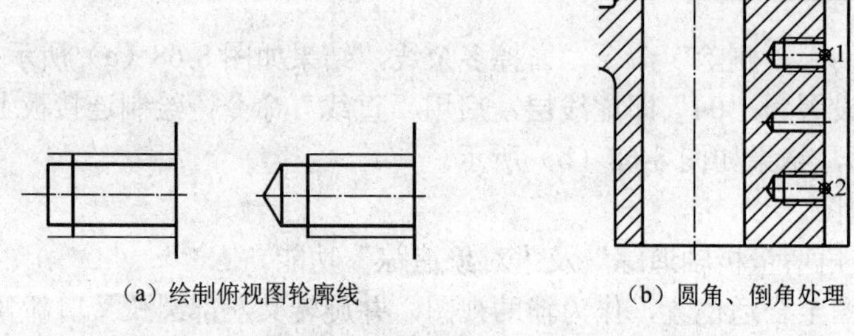

（a）绘制俯视图轮廓线　　（b）圆角、倒角处理

图 8-70　绘制俯视图轮廓线和圆角、倒角处理

（5）启用“剪切”、“拉长”命令将中心线设置为超出轮廓线 4mm。

（6）尺寸标注。

① 按国家标准的有关规定，设置机械图尺寸标注样式，样式名为“机械”。

② 按标注要求标注尺寸，具体操作见第六章尺寸标注的内容。

③ 标注各视图的尺寸与表面粗糙度代号，表面粗糙度代号要使用带属性的块的方法进行标注。

（7）检查图形有无漏线、多线，确认无误后存盘退出。

第六节　由装配图拆画零件图

本节的学习内容是由装配图拆画零件图的绘制方法。包括读懂装配图、了解部件的装配关系和工作原理、分析零件、拆画零件图等内容。

【例】 由给出的截止阀装配图（见图 8-71）拆画零件 1 即阀体的零件图。

一、题目要求

（1）绘图前打开图形文件“8-6 装配图”，图上已作了必要设置，可直接在该装配图上进行编辑形成零件图，也可以全部删除重新作图。

（2）选取合适的视图。

（3）按国家标准的有关规定，标注尺寸与表面粗糙度代号，表面粗糙度代号要使用带属性的块的方法标注，填写技术要求。

（4）画图框及标题栏，完成以上各项后，以原文件名保存。

二、概括了解

截止阀是用来控制管道中液体流量大小的开关，由阀体、填料、压盖、螺栓、阀杆五种零件装配而成。

截止阀装配图用两个视图表达。全剖的主视图表达了截止阀的工作原理和零件间的装配关系，俯视图反映了阀体的结构形状。

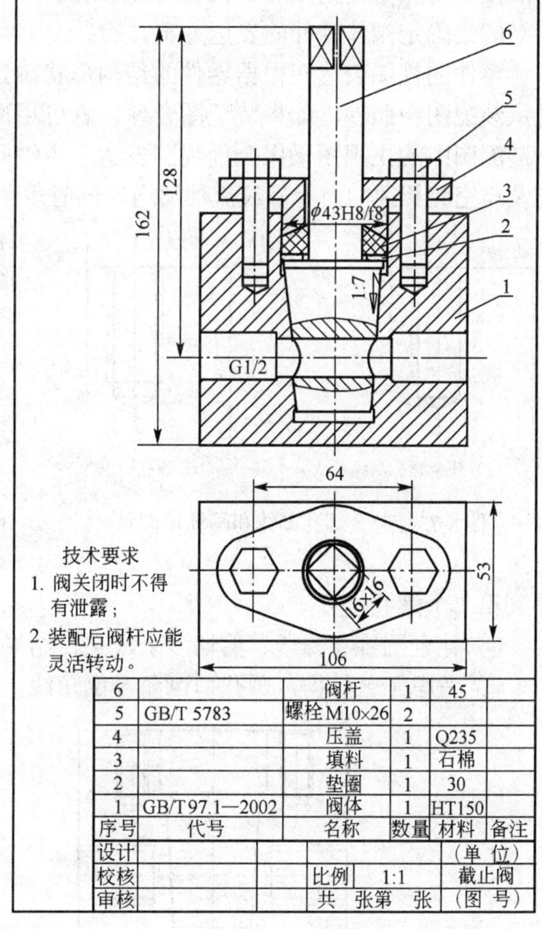

图 8-71　截止阀装配图

三、了解部件的装配关系和工作原理

阀杆包容在阀体内，阀杆和阀体之间放入垫圈、填料，用压盖压紧，压盖通过两个螺栓与阀体连接。

主视图全剖表达了截止阀的工作原理，阀杆控制截止阀的启闭，当阀杆旋转 90º后为关闭位置，截止流体流通。

四、分析零件、拆画零件图

对部件中主要零件的结构形状进一步分析，加深对零件在装配体中的功能以及零件间装配关系的理解，也为拆画零件图打下基础。

根据明细栏与零件序号，在装配图中逐一对照各零件的投影轮廓进行分析，其中分析零件的关键是将零件从装配图中分离出来，再通过投影想象形体，弄清该零件的结构形状。下面具体说明阀体零件的拆画步骤。

（1）分离零件。

① 先将截止阀装配图复制到左边，作为备用图，作图完毕后删除。

② 根据方向、间隙不同的剖面线判断出各零件的位置。

③ 在原截止阀装配图主视图上直接将阀体之外的零件删除，将剖面线删除；俯视图上将压盖、螺栓、阀杆的投影删除，得到如图 8-72 所示的图形。

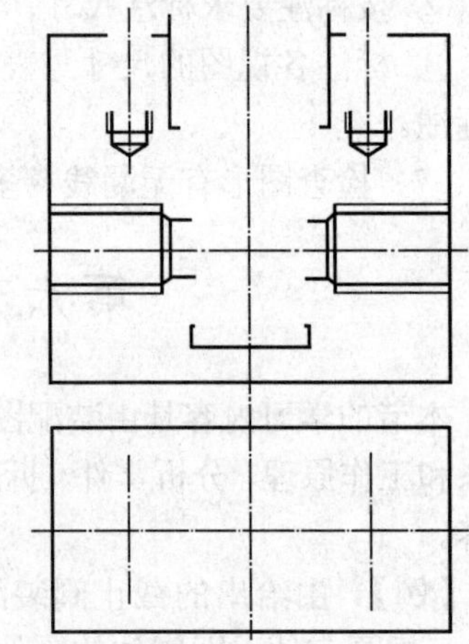

图 8-72　分离阀体零件

（2）确定阀体零件的表达方案。

零件的视图表达应根据零件的结构形状确定，而不是从装配图中照抄，如果装配图合理，就可用原方案。在装配图中的主视图采用全剖视图表达了容纳阀杆的空腔及与空腔相通的内管螺纹流体通道，同时表达了螺孔的分布，因此画零件图时将它作为阀体主视图是较合理的，阀体俯视图表达了它的形状，阀体的主视图全剖和俯视图已能较好地表达该零件，因此不需再画左视图。

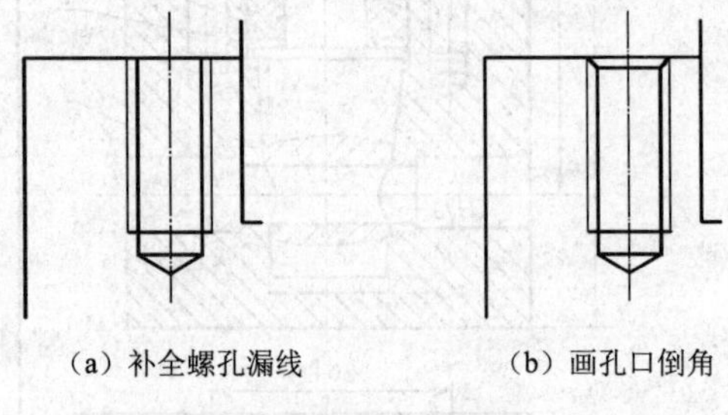

（a）补全螺孔漏线　　（b）画孔口倒角

图 8-73　补全螺孔漏线和画孔口倒角

（3）补全主视图。

① 补全螺孔漏线，结果如图 8-73（a）所示；

② 考虑工艺结构，补画螺孔口倒角及倒角线，如图 8-73（b）所示；

③ 同理补全另一个螺孔漏线，也可镜像得到第二个螺孔；

④ 补全圆锥孔漏线、剪切多余线条，结果如图 8-74（a）所示；

⑤ 考虑工艺结构，画孔口倒角及倒角线，结果如图 8-74（b）所示。

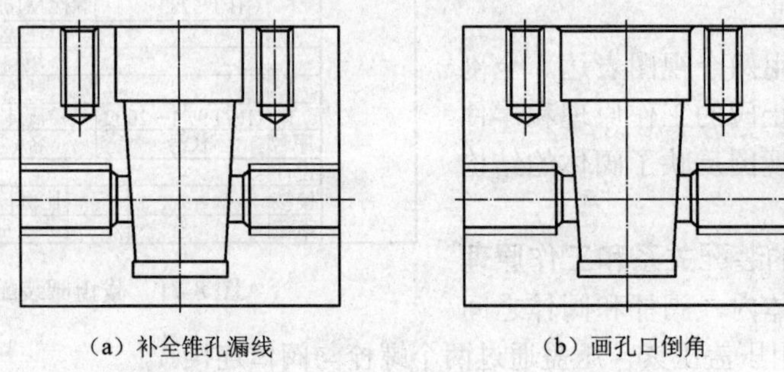

（a）补全锥孔漏线　　（b）画孔口倒角

图 8-74　补全锥孔漏线，画孔口倒角

（4）补全俯视图图形。

① 按投影关系作两个螺孔在俯视图的投影，牙顶线用粗实线表示，牙底线用细实线表

示且只画 3/4 圆，螺孔口倒角省略不画；

② 作锥孔及其倒角的投影，结果如图 8-75 所示。

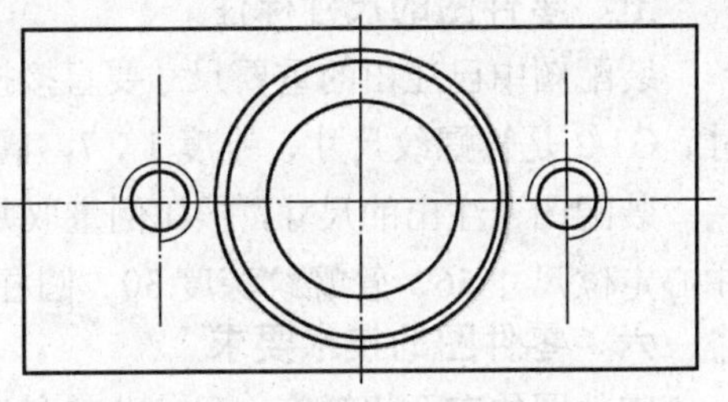

图 8-75 螺孔和锥孔的俯视图投影

（5）作圆锥孔和ϕ15 圆柱孔的相贯线的投影。

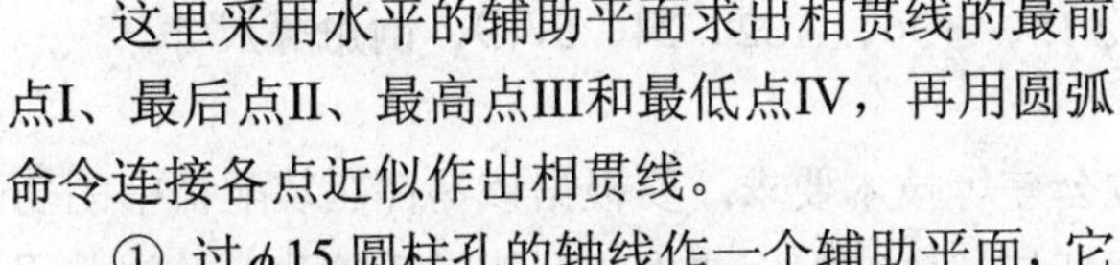

这里采用水平的辅助平面求出相贯线的最前点I、最后点II、最高点III和最低点IV，再用圆弧命令连接各点近似作出相贯线。

① 过ϕ15 圆柱孔的轴线作一个辅助平面，它与圆锥的交线是圆，其水平投影为圆，在水平面中画出该圆与ϕ15 圆柱孔的投影，它们相交于两个点，这两个点即为相贯线的最前点I、最后点II的水平投影，从而作出最前点I、最后点II的正面投影 1′、2′，如图 8-76（a）所示；

② 用辅助线作出相贯线最高点III和最低点IV水平投影的 3′、4′，如图 8-76（b）所示；

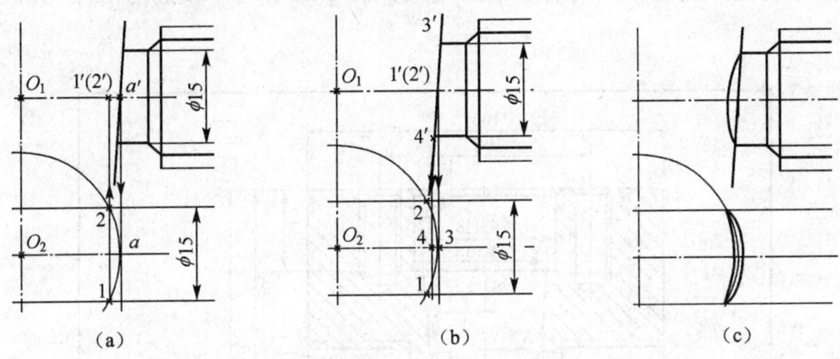

图 8-76 圆锥孔和ϕ15 圆柱孔的相贯线投影

③ 用圆弧命令在主视图中连接各点 3′、1′（2′）、4′，近似作出相贯线的正面投影；

④ 用圆弧命令在俯视图中连接各点 1、3、2 和点 1、4、2，近似作出相贯线的水平投影。

（6）修剪图形，删除多余线条，分别在主、俯视图中将相贯线进行对称复制，画出它们的左半边投影，结果如图 8-77 所示。

（7）在细实线层绘制剖面线，要注意剖面线应画到牙顶线粗实线处，结果如图 8-78 所示。

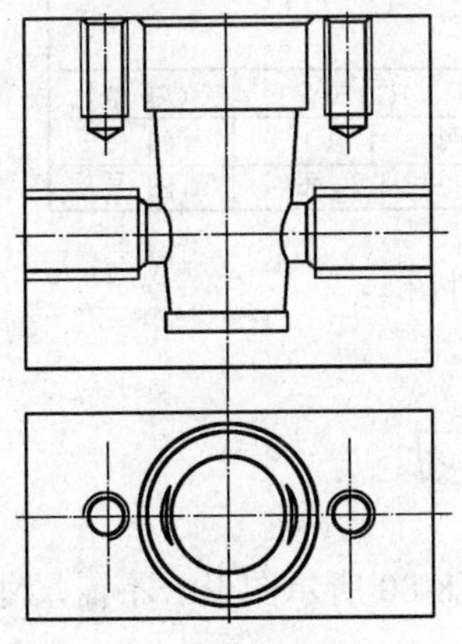

图 8-77 修剪并完成投影

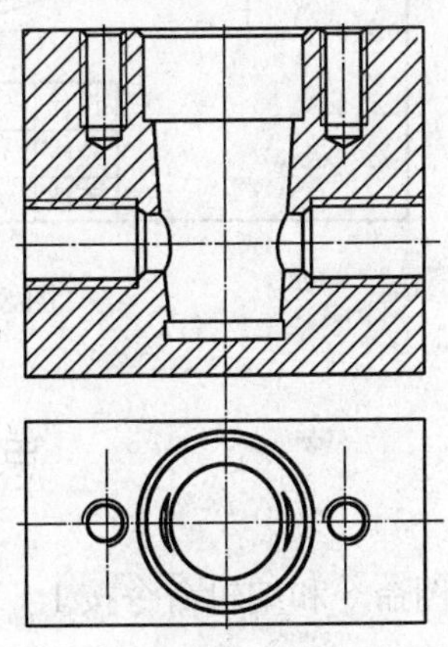

图 8-78 在细实线层绘制剖面线

五、零件图的尺寸标注

装配图中已注出的重要尺寸要直接抄画在零件图上，如ϕ43H8/f8 是压盖与阀体的配合尺寸、G1/2 是管螺纹尺寸、锥度 1∶7、阀体总长 106、总宽 53、螺孔中心定位尺寸 64。

装配图未注出的尺寸，按比例量取并取整标注。如螺孔 M10 的尺寸、阀体总高、管螺纹中心定位尺寸 56、管螺纹深度 30、圆柱孔ϕ15、ϕ36、ϕ32、24、5、9、倒角等尺寸。

六、零件图的技术要求

零件图的表面粗糙度、尺寸公差和形位公差等技术要求，要根据该零件在装配体中的功能以及该零件与其他零件的关系来确定。阀杆与阀体装配后要求阀杆能灵活转动，且阀关闭时不得有泄漏，阀体锥孔内表面要有较高的粗糙度要求，R_a 值为 0.8μm。压盖与阀体配合也要有较高的粗糙度要求，R_a 值为 3.2μm。

七、画图框及标题栏

画图框及标题栏，填写相关内容，最后结果如图 8-79 所示，完成以上各项后，以原文件名保存退出。

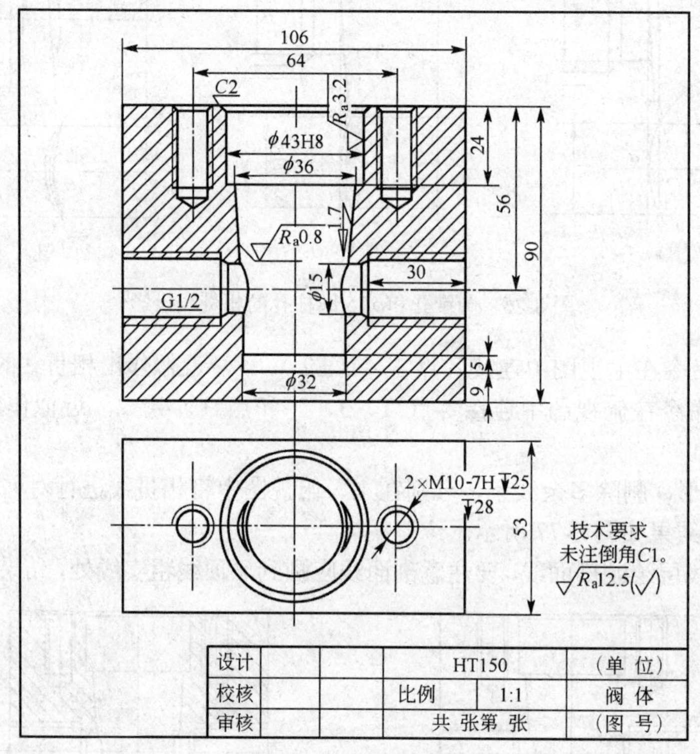

图 8-79　阀体零件图

思考与练习

1．运用绘图命令和编辑命令按 1:1 比例绘制图 8-80 所示图形，不需尺寸标注。

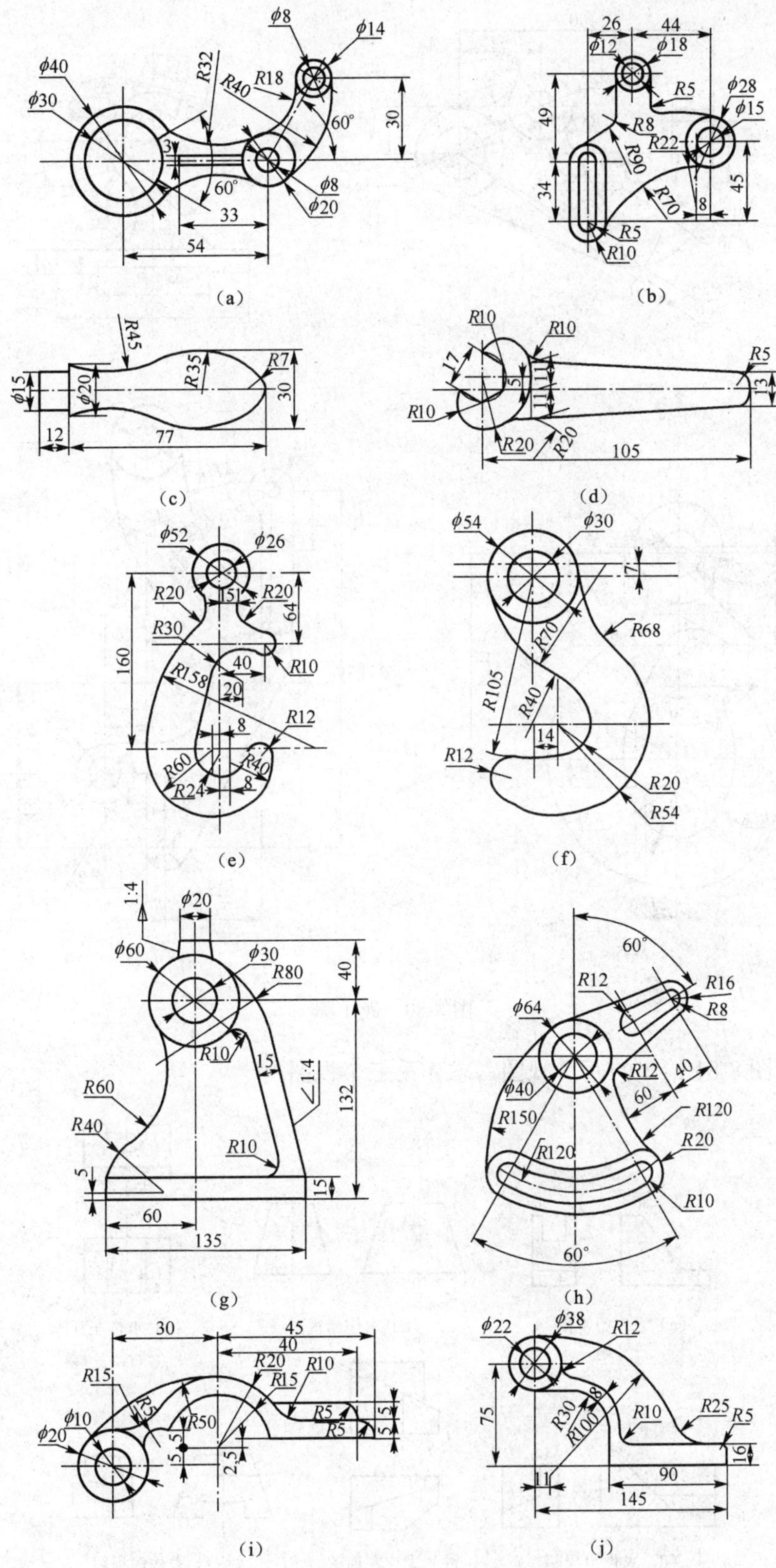

图 8-80

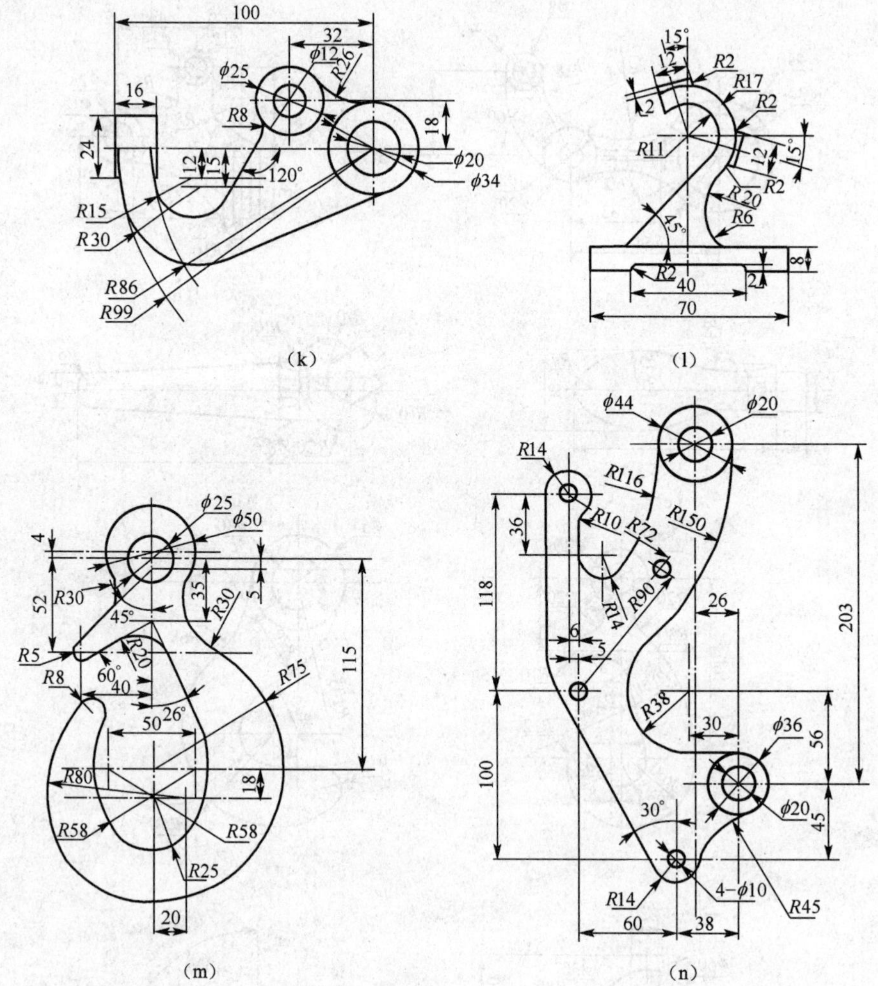

图 8-80 题 1 图

2．根据图 8-81 给出的两个视图，求作第三个视图。

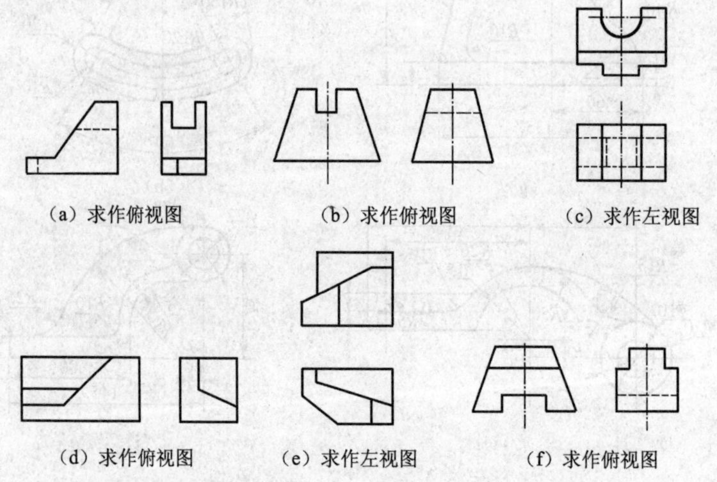

(a) 求作俯视图　(b) 求作俯视图　(c) 求作左视图

(d) 求作俯视图　(e) 求作左视图　(f) 求作俯视图

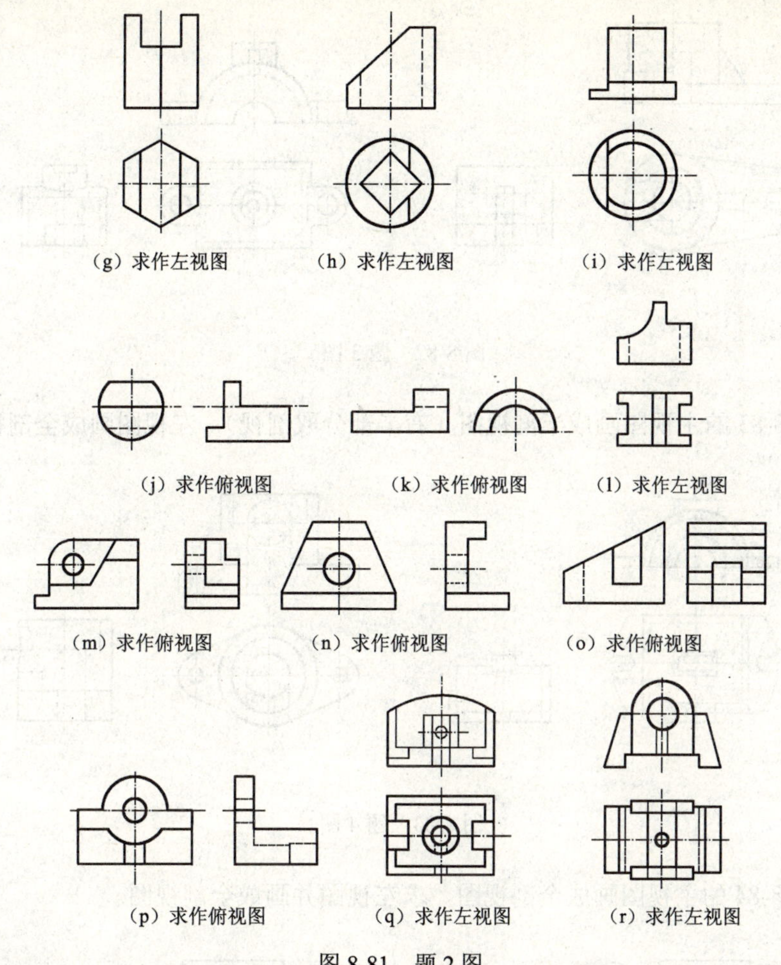

图 8-81　题 2 图

3．将图 8-82 的主视图画成全剖视图，左视图画成半剖视图（右半部分取剖视）。

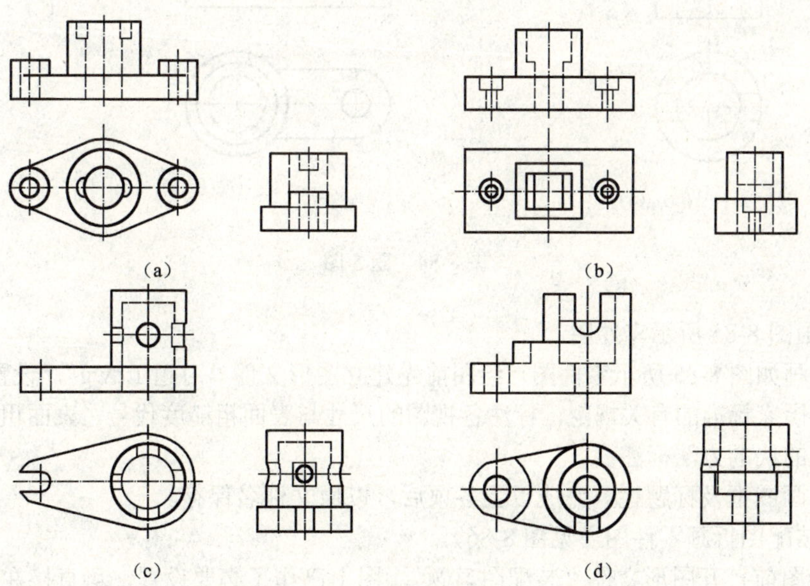

图 8-82

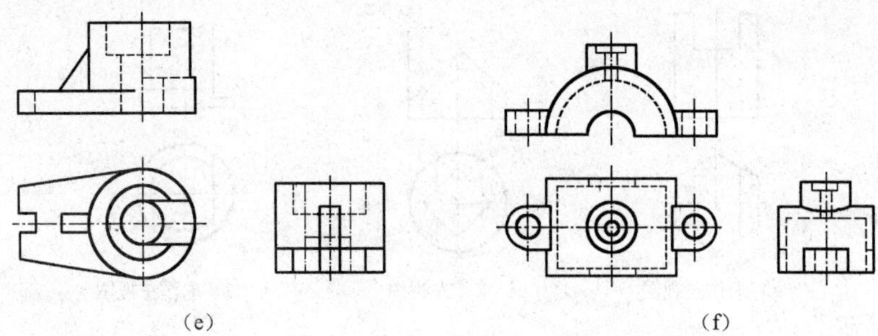

图 8-82　题 3 图

4．将图 8-83 的主视图画成半剖视图（右半部分取剖视），左视图画成全剖视图。

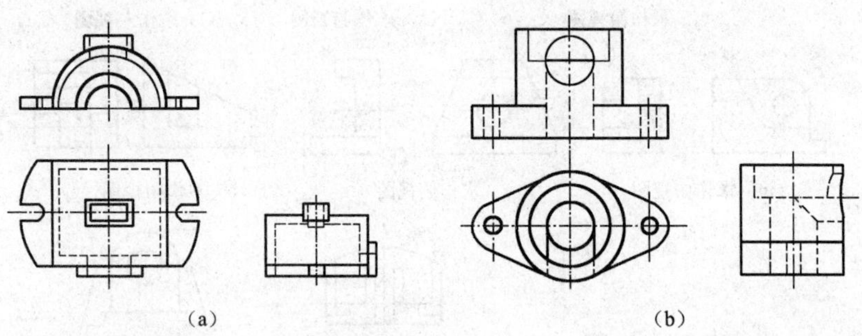

图 8-83　题 4 图

5．将图 8-84 的主视图画成全剖视图，求左视图并画成全剖视图。

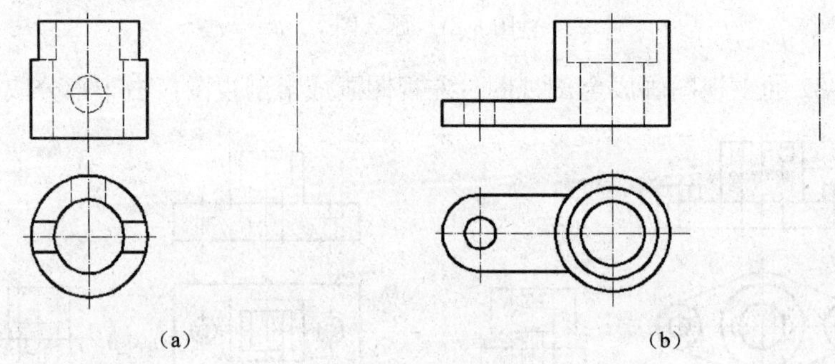

图 8-84　题 5 图

6．抄画图 8-85 所示零件图。

（1）抄画如图 8-85 所示零件图，绘图前先建立图形文件“习题 1.dwg”，设置相应图层；

（2）按国家标准的有关规定，标注各视图的尺寸与表面粗糙度代号，表面粗糙度代号要使用带属性的块的方法标注；

（3）不画图框及标题栏，完成以上各项后，以原文件名保存。

7．由装配图拆画零件图（见图 8-86），

（1）绘图前打开图形文件“装配图习题”，图上已作了必要设置，可直接在该装配图上

进行编辑形成零件，也可以全部删除重新作图；

（2）选取合适的视图；

（3）按国家标准的有关规定，标注尺寸与表面粗糙度代号，表面粗糙度代号要使用带属性的块的方法标注，填写技术要求；

（4）画图框及标题栏，完成以上各项后，以原文件名保存。

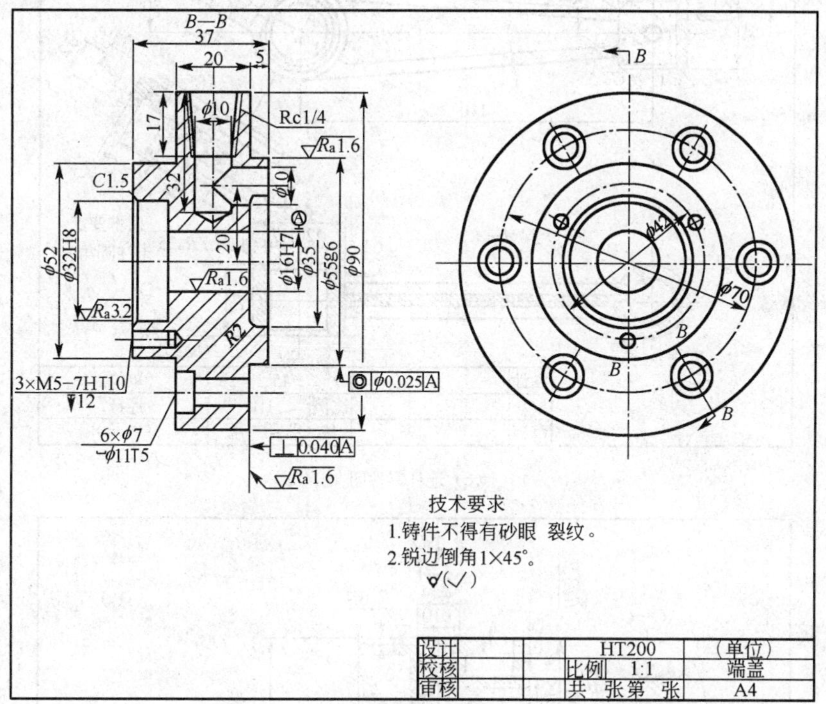

（a）端盖零件图

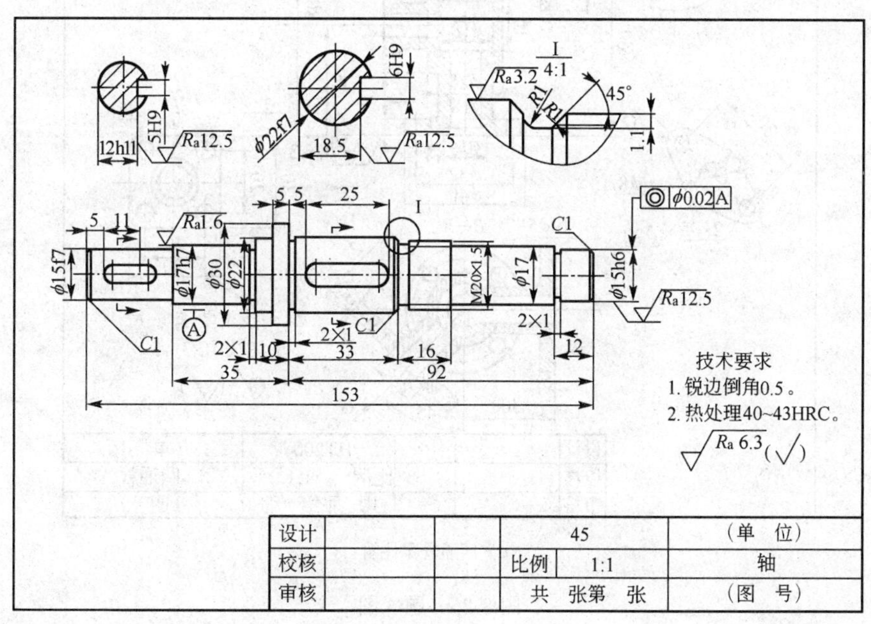

（b）轴零件图

图 8-85

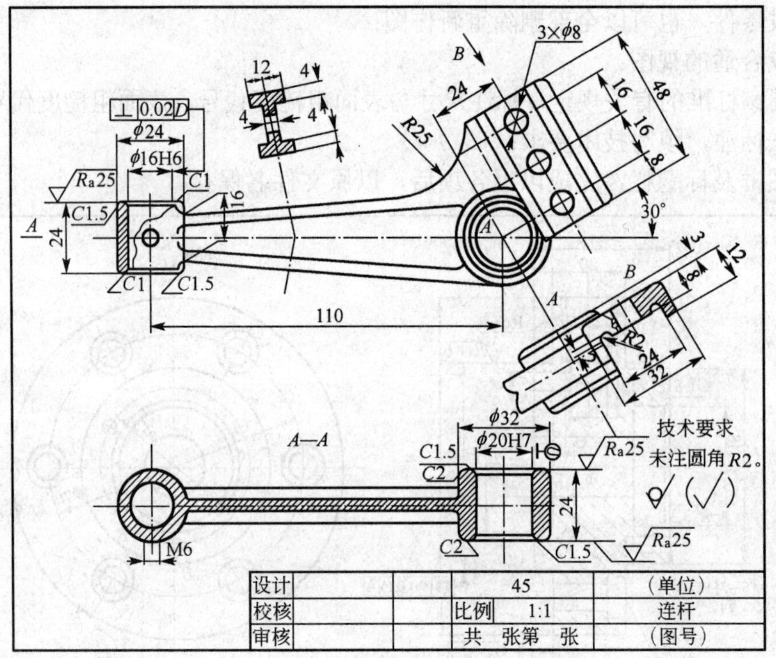

(c) 连杆零件图

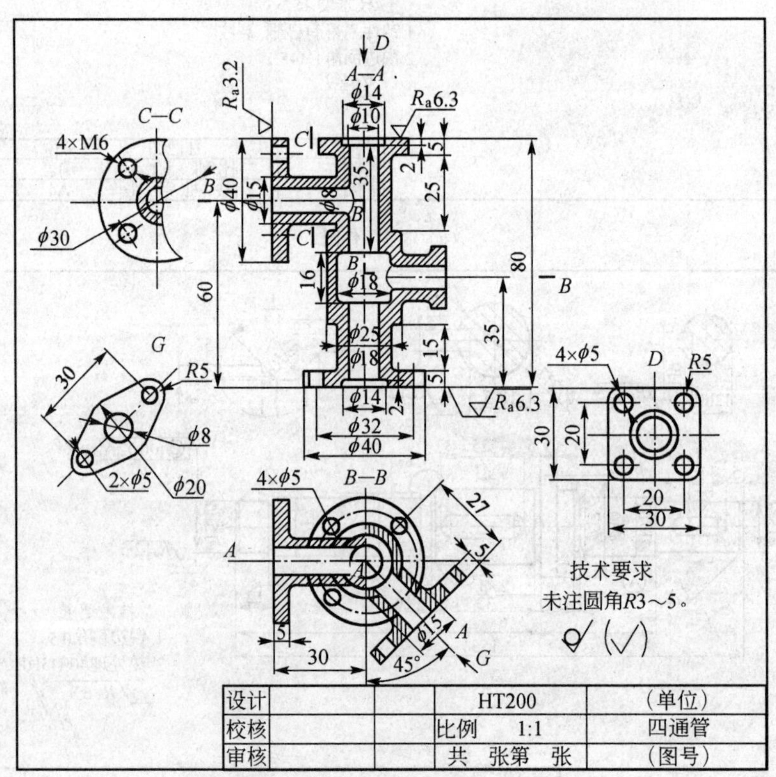

(d) 四通管零件图

图 8-85 题 6 图

2
1
ϕ25H7
100
2×ϕ11
32
100
130
M14×1.5
ϕ32H8/m7
49
2　轴衬　1　HT150
1　轴承座　1　HT150
序号　代号　名称　数量　材料　备注
设计　(单 位)
校核　比例　1:1　滑动轴承
审核　共　张第　张　(图 号)

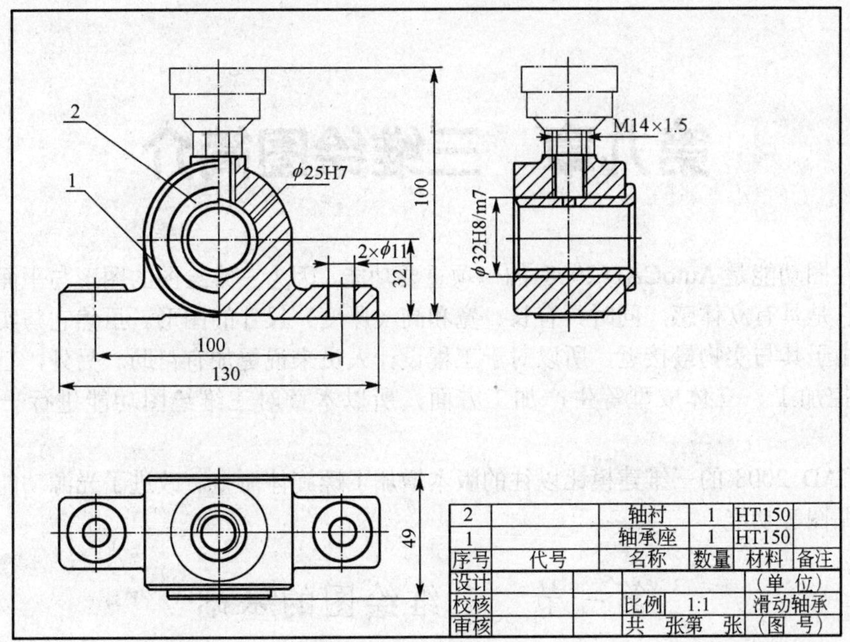

图 8-86　题 7 图

第九章　三维绘图简介

三维绘图功能是 AutoCAD 2008 的一项重要功能，因为三维绘图的图形与平面二维的图形不同，它是具有立体感，同时具有长、宽和高（厚度）尺寸的图形。虽然它与实物不完全相同，但由于其与实物最接近，所以对于工程设计人员来说更加有帮助。另外，三维模型也可用于数控加工、立体成型等生产加工方面，所以本章对三维绘图功能进行一些基本的简介。

AutoCAD 2008 的三维建模比以往的版本增加了螺旋体命令，改进了光源功能，增加了新的程序贴图等功能。

第一节　三维绘图的基础

一、坐标系

因为在二维平面绘图时，世界坐标系 WCS 与用户坐标系 UCS 的 *Z* 轴是隐藏的，屏幕上只是显示了 *X*、*Y* 两根坐标轴，没有显示出 *Z* 轴，因为 *Z* 轴始终是垂直于屏幕的，所以绘图时不用考虑 *Z* 轴和 *Z* 坐标。但是在三维绘图时，由于经常需要确定空间点的位置，所以必须要掌握三维坐标系的设置与调整方法。

在三维坐标系中，同样分为世界坐标系 WCS 与用户坐标系 UCS。

1．世界坐标系 WCS

世界坐标系 WCS 是固定不变的，图形的每个点的位置由（*X*、*Y*、*Z*）三个坐标确定，一般在默认情况下，屏幕的左下角会出现一个表示坐标系的相关信息的图标。

2．用户坐标系 UCS

在三维绘图时，由于许多操作只能在坐标系中的 *XY* 平面内进行，所以用户必须学会自己设立用户坐标系 UCS，并能灵活地变换调整 UCS，这样才会使得绘图过程容易进行。

命令名称：UCS 用户坐标系。

启动 UCS 命令的方法：

① 工具栏按钮；

② 下拉菜单：工具→新建 UCS→子菜单；

③ 在命令行输入：UCS 回车。

输入命令 UCSMAN，可打开 UCS 对话框，如图 9-1 所示。此对话框包括 命名 UCS 、 正交 UCS 和 设置 三个按钮。通过此对话框对 UCS 坐标系进行管理，如删除、重命名或恢复等。

（1） 命名 UCS 选项　 命名 UCS 选项的列表框中列出所有的命名的 UCS，可以单击选中其中的一个，然后单击 置为当前(C) 按钮，则该坐标系就成为当前坐标系。单击 详细信息(T) 按钮，可弹出名为“UCS 详细信息”对话框。此对话框可以查看该坐标系的详细信息。在“UCS”对话框中，用户可以更改 UCS 的名称和删除 UCS。方法是用鼠标左键选中其中的一个 UCS，再单击鼠标右键，在弹出的选项中选择相应的操作即可。如图 9-1 所示。

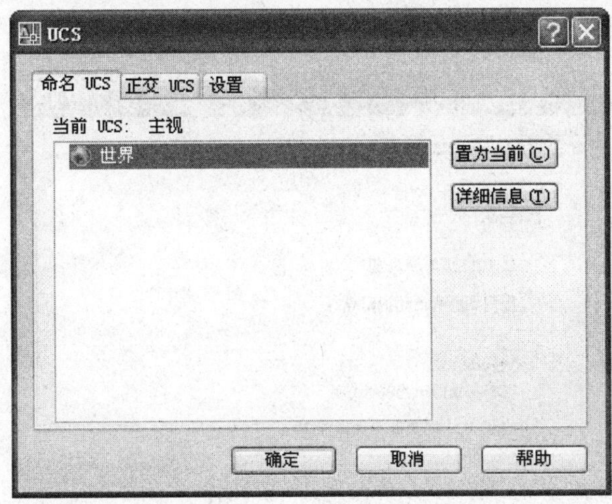

图 9-1　UCS 对话框

（2）正交 UCS 选项　正交 UCS 选项如图 9-2 所示，在其中的列表框中有 6 个预设好的正交坐标系，可以单击选中其中的一个，然后单击置为当前(C)按钮，则该坐标系就成为当前坐标系。另外，用鼠标左键选中其中的一个 UCS，再单击鼠标右键，在弹出的选项中选择“深度”，可打开“正交 UCS 深度”对话框，如图 9-3 所示，可以输入数值来设定此正交坐标系的 *XY* 平面与参考坐标系中对应平面的距离。

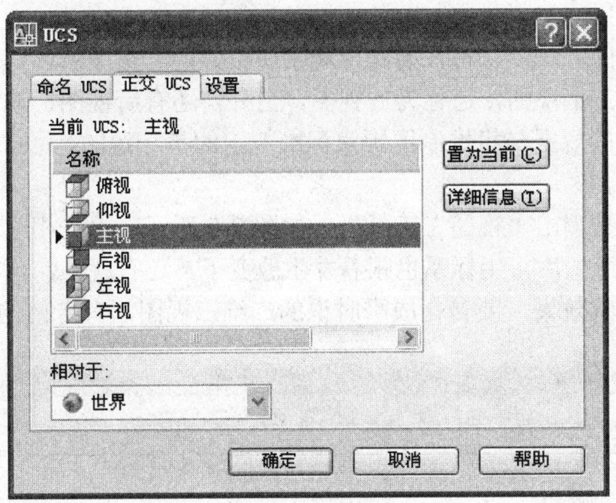

图 9-2　UCS 对话框“正交”选项

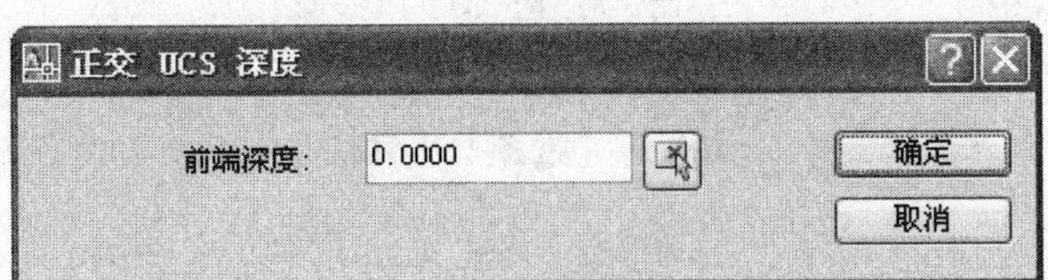

图 9-3　“正交 UCS 深度”对话框

（3）设置选项　设置选项如图 9-4 所示，此选项可用于设置 UCS 图标的显示与关闭，以及其他设置，用户可自行设置，在此就不再介绍。

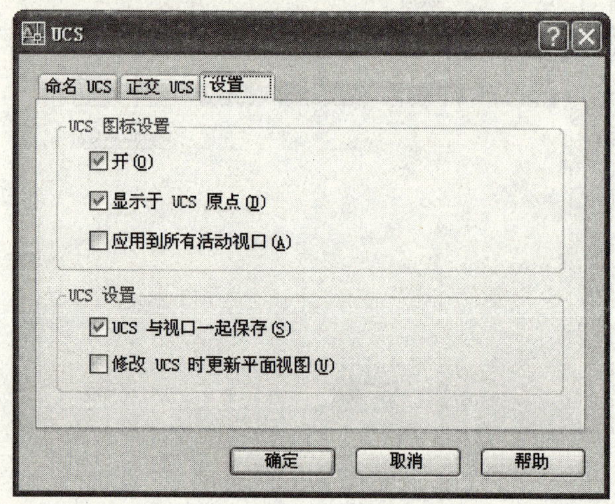

图 9-4 UCS 对话框“设置”选项

3．相对坐标与绝对坐标

绝对坐标是相对于原点（0，0，0）的 *X*，*Y*，*Z* 三个方向的距离，而相对坐标是相对于上一点的距离，需要在前面输入“@”符号。

二、视图与视口

1．视图

视图是用正投影的方法，从机件的外部观察所得到的一组图形。其基本视图常用有主视图、俯视图和左视图三个视图，通称为三视图。另外，还有后视图、仰视图和右视图三个视图。此六个基本视图的规定与机械制图国家标准规定的是一致的。

2．视图的调用方法

视图的调用可直接调出“视图”工具栏，如图 9-5 所示，单击相应的按钮，可得到相应的视图。注意，视图改变后，坐标系也跟着发生改变了。还有就是，此视图不是真正意义上的三视图，而只是视觉效果，要转化成平时说的二维三视图，有专门的操作方法和命令。

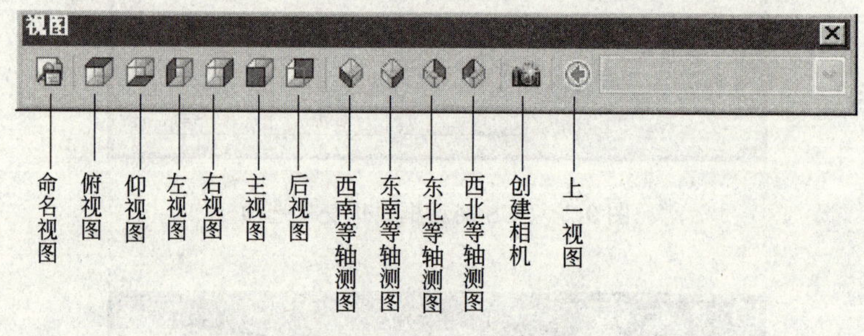

图 9-5 “视图”工具栏

3．视口

因为 AutoCAD 系统默认的绘图区域是一个单一的窗口，如果想同时观察物体的几个视图，就要将绘图区域分为几个小窗口，每个窗口可放置不同的视图，此小窗口称为视口。创建视口的方法：

下拉菜单：视图→视口→新建视口。

弹出如图 9-6 所示的名为“视口”的对话框。

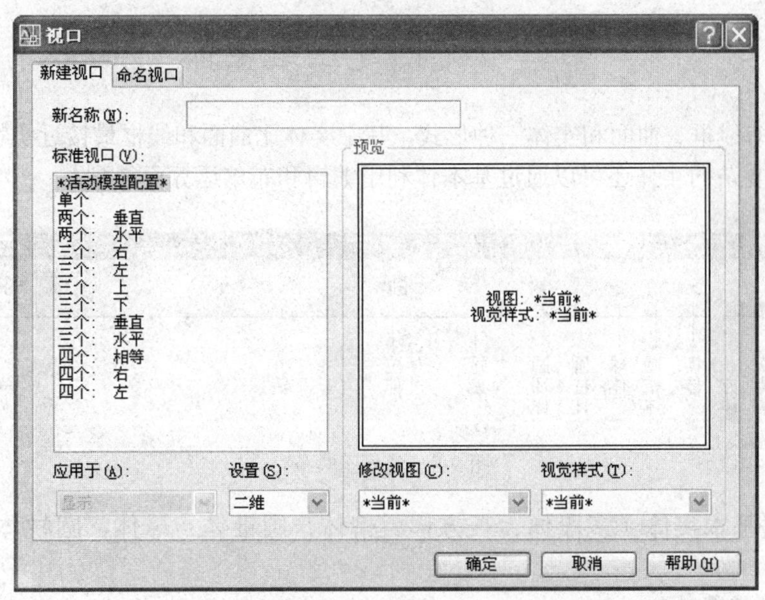

图 9-6 “视口”的对话框

下面以新建四个相等的视口，分别为主视图、俯视图、左视图 和西南等轴测图为例说明新建视口的方法。

在“视口”的对话框，左键单击“标准视口”栏目中的“四个，相等”，会在右边的“预览”栏下出现四个相等的小框框，单击设置栏下 按钮，在下拉出的几项中选择“三维”，单击左上角的小框框，再单击“修改视图”栏下的 按钮，在下拉出的几项中选择“主视”。同样方法，分别在右上角的小框框中设置为“左视”，在左下角的小框框中设置为“俯视”，在右下角的小框框中设置为“西南等轴测图”，单击 确定 按钮，其结果如图 9-7 所示。

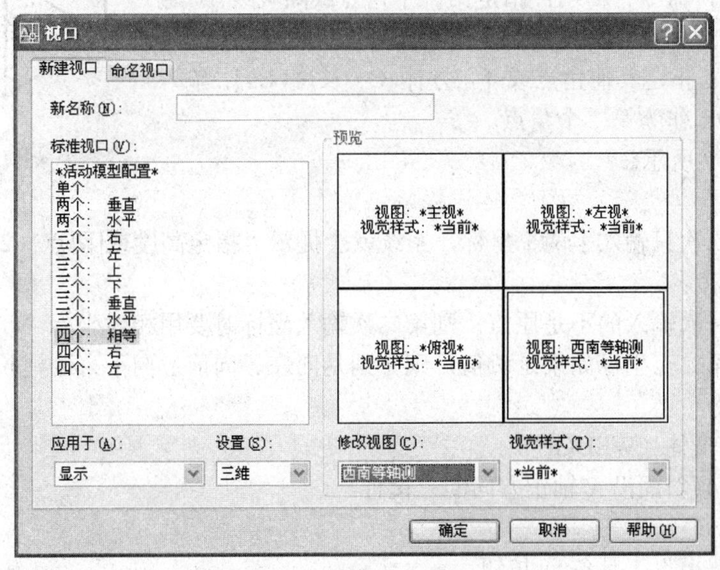

图 9-7 “视口”的对话框

注意，创建四个视口后，单击其中的某一个视口可以激活该视口，但每次只能激活一个视口，激活的视口边框会被加粗，如图 9-7 所示。

第二节　创建三维实体

三维图形有线框、曲面和实体三种形式，其中实体比曲面和线框最接近实物，也最容易创建。另外，复杂的实体还可以通过基本体利用编辑和布尔运算而得到。

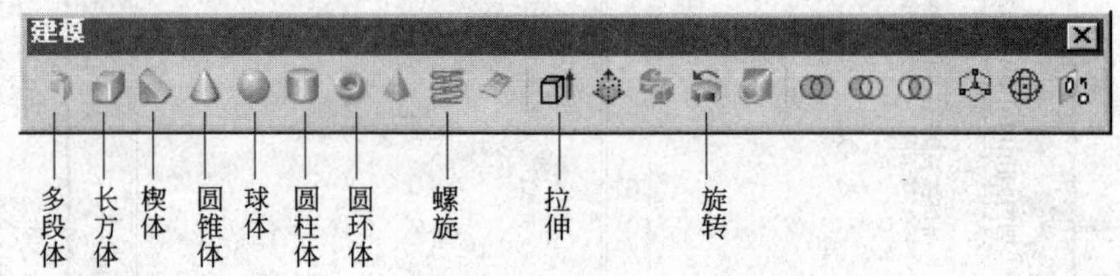

图 9-8　建模工具条

一、创建基本实体（多段体、长方体、楔体、圆锥体、球体、圆柱体、圆环体及螺旋）

1．长方体命令

命令名称：长方体（BOX）。

功能：创建三维实体长方体。

启动方法：

① 单击“建模”工具条（见 9-8）按钮；

② 下拉菜单：绘图→建模→长方体；

③ 输入命令：BOX 回车。

操作示例：创建一个长、宽、高分别为 500、300、600 的长方体。

启动命令后，命令行提示：指定第一个角点或[中心点]：输入“0，0，0”(选择原点为第一个角点)。

命令行提示：指定其他角点或 [立方体(C)/长度(L)]：输入“500，300，600”作为第二个角点。

结果如图 9-9 所示。

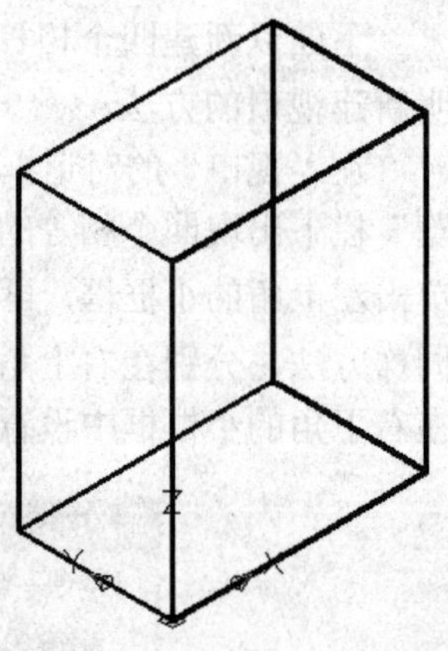

图 9-9　长方体示例

注意：

① 如果第二次只输入了两个坐标，系统就会提示“指定高度或[两点（2P）]”，此时要输入长方体的高度；

② 如果第一次输入的不是原点，则第二次输入坐标时要用相对坐标“@”符号；

③ 输入的第二点坐标如果是负值，则分别是向左、向前、向下来创建长方体。

2．楔体命令

命令名称：楔体（WEDGE）。

功能：创建倾斜面沿 X 轴正方向的三棱柱。

启动方法：

① 单击“建模”工具条按钮；

② 下拉菜单：绘图→建模→楔体；

③ 输入命令：WEDGE 回车。

操作示例：创建一个长、宽、高分别为 100、120、80 的楔体。

启动命令后，命令行提示：指定第一个角点或[中心点]：输入“0，0，0”（选择原点为第一个角点）。

命令行提示：指定其他角点或 [立方体(C)/长度(L)]：输入“100，120，80”作为第二个角点。

结果如图 9-10 所示。

注意：

① 如果第二次只输入了两个坐标，系统就会提示“指定高度或 [两点（2P）]”，此时要输入楔体的高度；

② 如果第一次输入的不是原点，则第二次输入坐标时要用相对坐标“@”符号；

③ 输入的第二点坐标如果是负值，则分别是向左、向前、向下来创建楔体。

3．圆锥体命令

命令名称：圆锥体（CONE）。

功能：创建实心的圆锥体。

启动方法：

① 单击“建模”工具条按钮；

② 下拉菜单：绘图→建模→圆锥体；

③ 输入命令：CONE 回车。

操作示例：创建一个底直径为$\phi 50$，高为 120 的圆锥体。

启动命令后，命令行提示：指定底面中心点或 [三点(3P)/两点(2P)/相切、相切、半径(T)/椭圆(E)]：用左键在适当的位置单击选择一个点作为中心点。

命令行提示：指定底面直半径或 [直径(D)]：输入“25”作为底半径。

命令行提示：指定高度或 [两点(2P)/轴端点(A)/顶面半径(T)]：输入“120”作为圆锥的高度。

结果如图 9-11 所示。

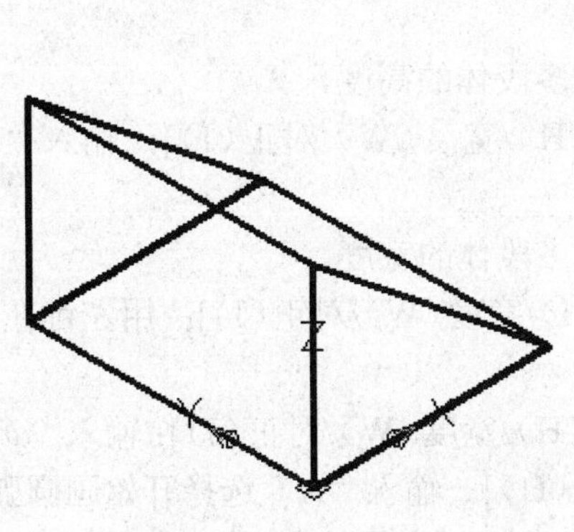

图 9-10　楔体示例

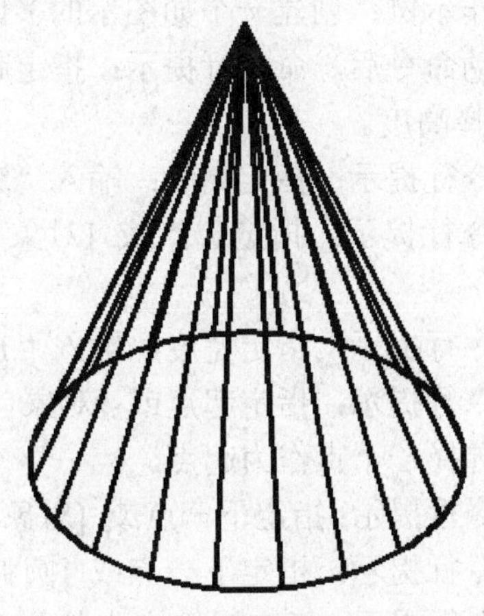

图 9-11　圆锥体示例

注意：

① 指定高度的选项："两点（2P）"表示选取两点作为圆锥的高度；

② 默认下，底面圆在 *XY* 平面上，高度平行于 *Z* 轴。

4．圆环体命令

命令名称：圆环体（TORUS）。

功能：创建实心的圆环体。

启动方法：

① 单击"建模"工具条按钮；

② 下拉菜单：绘图→建模→圆环体；

③ 输入命令：TORUS 回车。

操作示例：创建一个底直径为ϕ100，圆管半径为ϕ20 的圆环体。

启动命令后，命令行提示：指定底面中心点或 [三点(3P)/两点(2P)/相切、相切、半径(T)/]：输入"100，100，100"为中心点坐标）。

命令行提示：指定半径或 [直径(D)]：输入"50"。

命令行提示：指定圆管半径或 [两点(2P)/直径(D)]：输入"20"作为圆管半径。

结果如图 9-12 所示。

注意：

① 圆管半径是指圆环中心到圆管中心的距离；

② 默认下，圆环是在 *XY* 平面上，且以 *XY* 平面为中心对称分布的。

图 9-12　圆环体示例

5．多段体命令

命令名称：多段体（POLYSOLID）。

功能：创建包含有直线和圆弧的立体。

启动方法：

① 单击"建模"工具条按钮；

② 下拉菜单：绘图→建模→多段体；

③ 输入命令：POLYSOLID 回车。

操作示例：创建一个如图示的多段体。

启动命令后，命令行提示：指定起点或 [对象(O)/高度(H)/宽度(W)/对正(J)]：输入"H"选择高度。

命令行提示：指定高度：输入"50"作为此多段体的高度。

命令行提示：指定起点或 [对象(O)/高度(H)/宽度(W)/对正(J)]：输入"W"选择宽度。

命令行提示：指定宽度：输入"10"作为此多段体的宽度。

命令行提示：指定起点或 [对象(O)/高度(H)/宽度(W)/对正(J)]：用左键在适当的位置单击选择一个点作为起点。

命令行提示：指定下一点或 [对象(O)/高度(H)/宽度(W)/对正(J)]：输入"@100<45"。

命令行提示：指定下一点或 [圆弧(A)/放弃(U)]：输入"A"选择开始画圆弧。

命令行提示：指定圆弧的端点或 [闭合(C)/方向(D)/直径（L）/第二个点(S)/放弃(U)]：输入"@100<315"。

命令行提示：指定下一点或 [圆弧(A)/闭合(C)/放弃(U)]：回车。

结果如图 9-13 所示。

注意：

① 命令选项中的高度 H 和宽度 W 分别是多段体的高度和宽度；

② 其余操作方法与多段线的画法相同。

6．螺旋命令

命令名称：螺旋（HELIX）。

功能：创建一个螺旋立方体。

启动方法：

① 单击“建模”工具条按钮；

② 下拉菜单：绘图→建模→螺旋；

③ 输入命令：HELIX 回车。

操作示例：创建一个底面直径和顶面直径均为 $\phi 50$，高度为 100，圈间距为 5 的螺旋。

启动命令后，命令行提示：指定底面中心点：用左键在适当的位置单击选择一个点作为起点。

命令行提示：指定底面半径 [或直径(D)]：输入“25”作为底面半径。

命令行提示：指定顶面半径 [或直径(D)]：输入“25”作为顶面半径。

命令行提示：指定螺旋高度或 [轴端点(A)/圈数(D)/圈高(H)/扭曲(W)]：输入“H”选择圈高选项。

命令行提示：指定圈间距：输入“5”作为圈间距。

命令行提示：指定螺旋高度或 [轴端点(A)/圈数(D)/圈高(H)/扭曲(W)]：输入“100”作为螺旋高度。结果如图 9-14 所示。

图 9-13　多段体示例

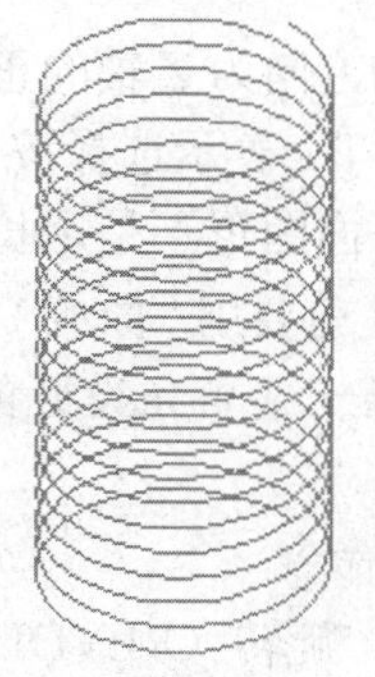

图 9-14　螺旋立方体示例

注意：底面直径和顶面直径均不能为 0。

二、拉伸命令

命令名称：拉伸（EXTRUDE）。

功能：沿一定的高度和角度或者路径将平面图形拉伸为立体图形。

启动方法：

① 单击“建模”工具条按钮；

② 下拉菜单：绘图→建模→拉伸；

③ 输入命令：EXTRUDE 回车。

操作示例：创建一个如图示的立体。

① 利用长方形命令画一个边长为 50×100 的长方形。

② 启动拉伸命令。

启动命令后，命令行提示：选择要拉伸的对象：用左键在刚才画的长方形的任意一条边上单击选择此长方形为要拉伸的对象。

命令行提示：找到一个

命令行提示：选择要拉伸的对象：回车表示不再选择了。

命令行提示：指定拉伸的高度或：[方向(D)/路径(P)/倾斜度(T)]：输入“100”作为拉伸的高度。

结果如图 9-15 所示。

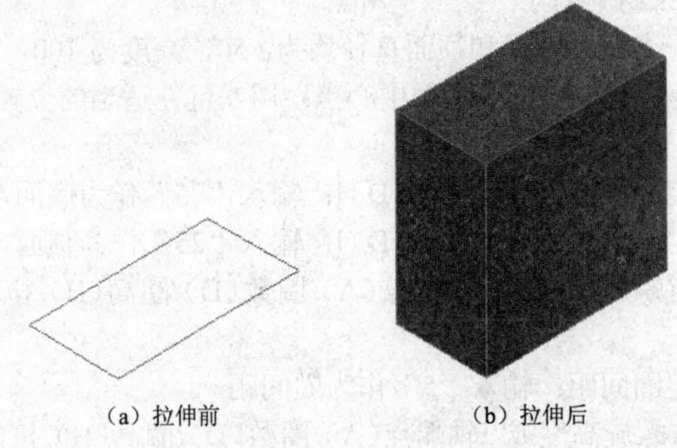

（a）拉伸前　　（b）拉伸后

图 9-15　拉伸示例

注意：

① 拉伸的方向为 Z 轴的正方向，如果输入的高度为负值则表示向下拉伸。

② 输入“T”表示选择按一定的倾斜度来拉伸。

③ 如果平面图形不是用长方形、正方形、圆或椭圆命令来创建的，而是用直线命令画的，则在拉伸之前要用“面域（REGION）”命令将其变为一个封闭的面域才能进行拉伸操作。

④ 可以沿一条事先设好的路径来进行拉伸操作，可方便地画出弯管等不规则的立方体来。

三、旋转命令

命令名称：旋转（REVOLVE）。

功能：将平面图形绕某一轴旋转生成实体。

启动方法：

① 单击“建模”工具条按钮；

② 下拉菜单：绘图→建模→旋转；

③ 输入命令：REVOLVE 回车。

操作示例：创建一个如图示的旋转体。

① 利用二维绘图命令画出如图示的平面图形，包括旋转轴。

② 启动旋转命令。

启动命令后，命令行提示：选择要旋转的对象：用左键在刚才画的图形的任意一条边上单击选择此长方形为要拉伸的对象。

命令行提示：找到一个

命令行提示：选择要旋转的对象：回车表示不再选择了。

命令行提示：指定轴起点或以下选项之一定义轴：[对象（O）/X/Y/Z]：用左键在刚才画的旋转轴上的一端单击选择此旋转轴为旋转中心。

命令行提示：指定轴端点：用左键在刚才画的旋转轴上的另一端单击选择此旋转轴为旋转中心。

命令行提示：指定旋转角度或 [起点角度（ST）] <360>:回车

结果如图 9-16 所示。

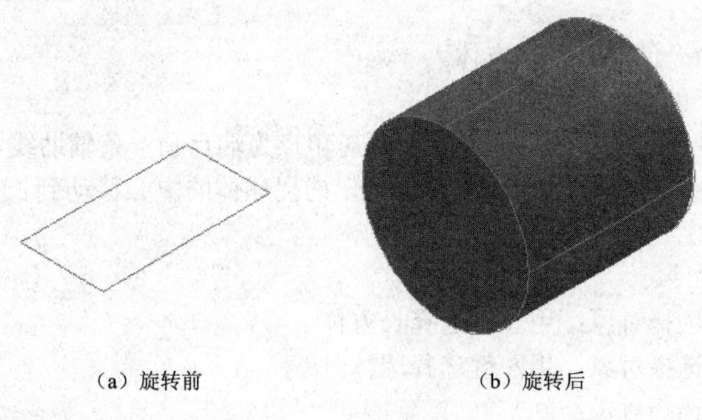

（a）旋转前　　（b）旋转后

图 9-16　旋转示例

注意：

① 旋转轴可以是 *X*、*Y* 轴，直线、多段线或两个指定的点。

② 要旋转的对象可以是闭合多段线、多边形、圆、椭圆和面域等，但不一定像拉伸一样一定要做成面域。

③ 旋转的角度可以是 0°~360°范围内的任意角度。

第三节　编辑三维实体

三维实体的编辑方法包括布尔操作（并集、差集和交集三种运算）、实体边的编辑（复制边和着色边）、实体面的编辑（拉伸面、移动面、旋转面、倾斜面、复制面和着色面）以及体编辑命令（压印、清理实体、拆分实体、抽壳和检查实体）。

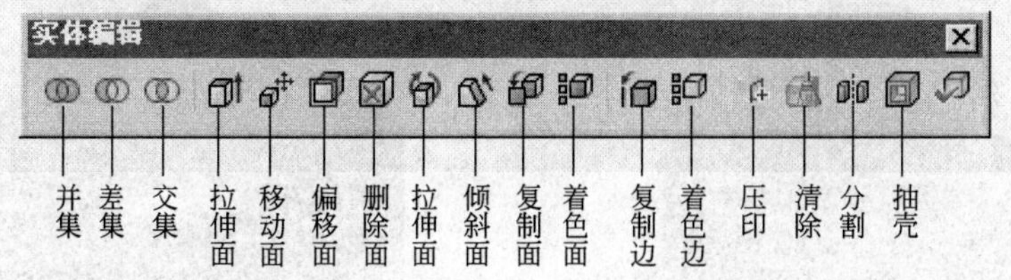

图 9-17　实体编辑命令工具条

实体编辑命令的工具条如图 9-17 所示，将光标在工具条上停留 3s，就会自动弹出该工具条的中文名称。

一、布尔操作

1. 并集

命令名称：并集（UNION）。

功能：将两个或两个以上的实体合并成一个实体，它们的公共部分合并了。

启动方法：

① 单击“实体编辑”工具条按钮；

② 下拉菜单：修改→实体编辑→并集；

③ 输入命令：UNION 回车。

操作示例：创建一个如图 9-18 所示的实体。

操作方法：

① 用长方体命令创建一个长方体。

② 用球体命令创建一个球体。

③ 用直线命令在长方体的上底面上以两对角点为端点画一条辅助线。

④ 用移动命令将球体移动到长方体上来，捕捉球体的中心移动到长方体上底面上的辅助直线的中点。

⑤ 启动并集命令。

命令行提示：选择对象：用左键选择长方体

命令行提示：选择对象：用左键选择球体

命令行提示：选择对象：回车

结果如图 9-18 所示。

注意：

① 示例中用移动命令时，一定要用捕捉命令捕捉球心到辅助直线的中点；

② 并集命令可以将两个相交的对象合并，也可以将两个不相交的对象合并。

2. 差集

命令名称：差集（SUBSTRACT）。

功能：从一个实体中减去另外一个实体。

启动方法：

① 单击“实体编辑”工具条按钮；

② 下拉菜单：修改→实体编辑→差集；

③ 输入命令：SUBSTRACT 回车。

操作示例：创建一个如图 9-19 所示的实体。

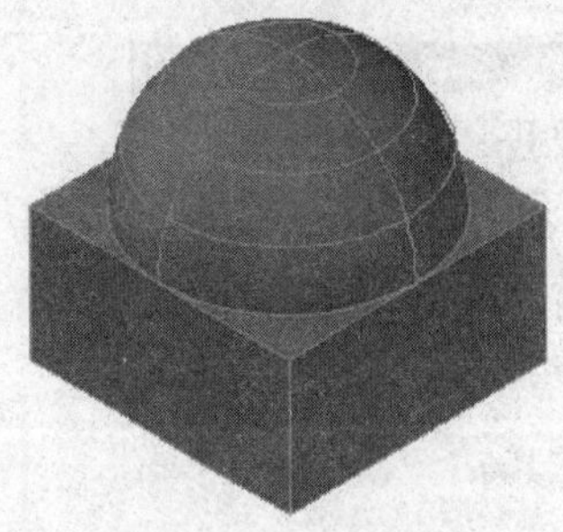

图 9-18　并集示例

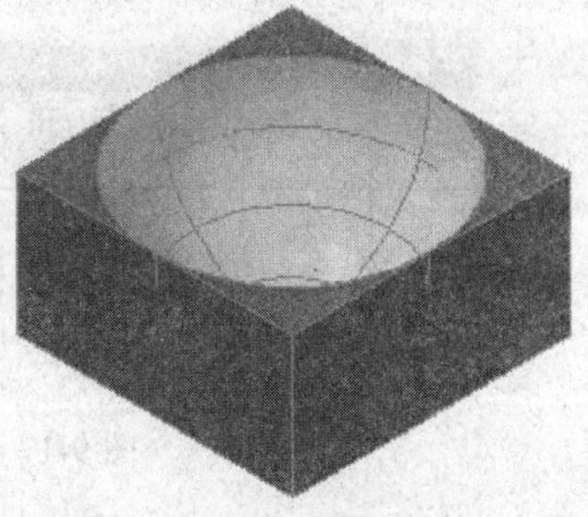

图 9-19　差集示例

操作方法：

① 用长方体命令创建一个长方体。

② 用球体命令创建一个球体。

③ 用直线命令在长方体的上底面上以两对角点为端点画一条辅助线。

④ 用移动命令将球体移动到长方体上来，捕捉球体的中心移动到长方体上底面上的辅助直线的中点。

⑤ 启动差集命令。

命令行提示：选择对象：用左键选择长方体

命令行提示：选择对象：用左键选择球体

命令行提示：选择对象：回车

结果如图 9-19 所示。

注意：

① 示例中用移动命令时，一定要用捕捉命令捕捉球心到辅助直线的中点；

② 差集命令可以将两个相交的对象相减，也可以将两个不相交的对象相减。

3．交集

命令名称：交集（INTERSECT）。

功能：从两个或两个以上相交的实体中求得公共部分，原来的实体不重叠的部分就不再保留了。

启动方法：

① 单击“实体编辑”工具条按钮；

② 下拉菜单：修改→实体编辑→交集；

③ 输入命令：INTERSECT 回车。

操作示例：创建一个如图 9-20 所示的实体。

图 9-20 交集示例

操作方法：

① 用长方体命令创建一个长方体。

② 用球体命令创建一个球体。

③ 用直线命令在长方体的上底面上以两对角点为端点画一条辅助线。

④ 用移动命令将球体移动到长方体上来，捕捉球体的中心移动到长方体上底面上的辅助直线的中点。

⑤ 启动交集命令。

命令行提示：选择对象：用左键选择长方体

命令行提示：选择对象：用左键选择球体

命令行提示：选择对象：回车

结果如图 9-20 所示。

注意：

① 示例中用移动命令时，一定要用捕捉命令捕捉球心到辅助直线的中点；

② 交集命令只可以将两个相交的对象求交集，不能将两个不相交的对象求交集。

二、实体边的编辑（复制边和着色边）

1．着色边

命令名称：着色边（INTERSECT）。

功能：改变实体边的颜色。

启动方法：

① 单击“实体编辑”工具条按钮；

② 下拉菜单：修改→实体编辑→着色边；

③ 输入命令：INTERSECT 回车。

2．复制边

命令名称：复制边（SOLIDEDIT）。

功能：将实体的棱边复制成直线、圆、圆弧等。

启动方法：

① 单击“实体编辑”工具条按钮；

② 下拉菜单：修改→实体编辑→复制边；

③ 输入命令：SOLIDEDIT 回车。

因为以上复制边和着色边两个命令的操作方法都比较简单，读者可自行试操作，在此就不再举例说明了。

三、实体面的编辑（拉伸面、移动面、旋转面、删除面、倾斜面、复制面和着色面）

1．拉伸面

命令名称：拉伸面。

功能：沿实体表面法线方向拉伸实体的该表面，或者沿一设定好的路径拉伸实体的表面。

启动方法：

① 单击“实体编辑”工具条按钮；

② 下拉菜单：修改→实体编辑→拉伸面。

操作示例：将图 9-21 所示的长方体的高由 100 增加到 150。

启动命令后，命令行提示：选择面或 [放弃(U)/删除(R)]：此时光标变成了一个选取框，将选取框移动到长方体的上表面单击左键，选择上表面。

命令行提示：选择面或 [放弃（U）/删除（R）/全部（ALL）]:回车。

命令行提示：指定拉伸高度或 [路径（P）]：输入“50”回车。

命令行提示：指定拉伸的倾斜角度 <0>：回车。

命令行提示：输入面编辑选项 [拉伸（E）/移动（M）/旋转（R）/偏移（O）/倾斜（T）/删除（D）/复制（C）/颜色（L）/材质（A）/放弃（U）/退出（X）] <退出>：回车。

命令行提示：输入实体编辑选项 [面（F）/边（E）/体（B）/放弃（U）/退出（X）]<退出>：回车。

结果如图 9-21（b）所示。

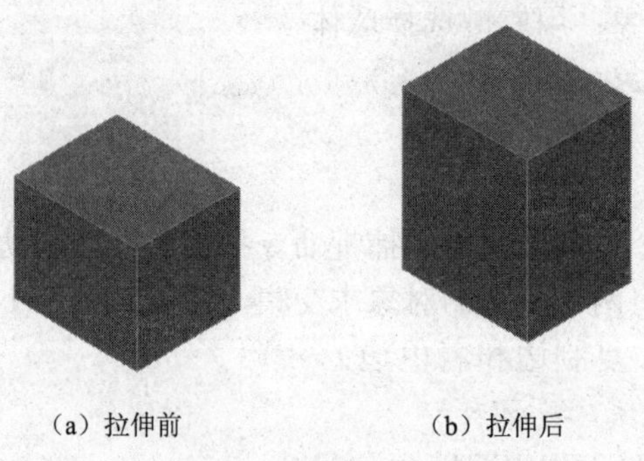

（a）拉伸前　　（b）拉伸后

图 9-21　拉伸面示例

注意：

① 拉伸高度为正时，实体被拉长；拉伸高度为负时，实体被缩短；

② 可以沿事先设置好的路径来拉伸表面，路径可以为直线、曲线、圆弧等。

2．移动面

命令名称：移动面。

功能：可以修改实体的尺寸或改变实体上孔、槽的位置，也可以对面进行拉伸。

启动方法：

① 单击“实体编辑”工具条按钮；

② 下拉菜单：修改→实体编辑→移动面。

操作示例：将图 9-22（a）所示的长方体的槽的宽度加宽。

启动命令后，命令行提示：选择面或 [放弃(U)/删除(R)]：此时光标变成了一个选取框，将选取框移动到长方体槽的右表面单击左键，选择右表面。

命令行提示：选择面或 [放弃(U)/删除(R)/全部(ALL)]: 回车。

命令行提示：指定基点或位移：捕捉选择好槽的右表面的一个角点为基点。

命令行提示：指定位移的第二点：输入“@20，0，0”将槽的右表面向右移动 20mm。（槽的宽度加大了 20mm）

命令行提示：输入面编辑选项 [拉伸(E)/移动(M)/旋转(R)/偏移(O)/倾斜(T)/删除(D)/复制(C)/颜色(L)/材质(A)/放弃(U)/退出(X)] <退出>:回车。

命令行提示：输入实体编辑选项 [面(F)/边(E)/体(B)/放弃(U)/退出(X)] <退出>: 回车。

结果如图 9-22（b）所示。

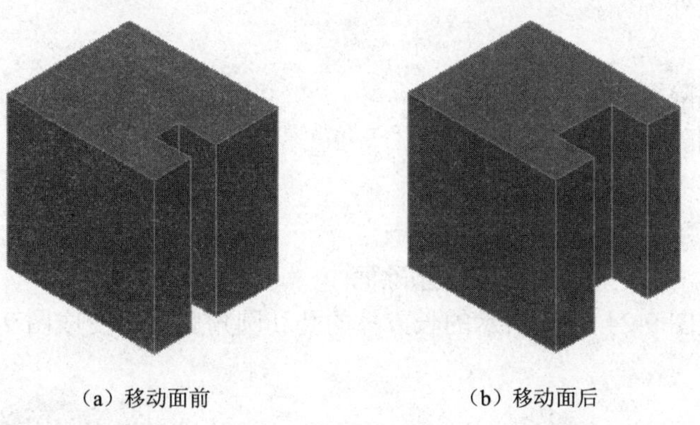

（a）移动面前　　（b）移动面后

图 9-22　移动面示例

注意：输入的坐标为正时，槽宽被加大；输入的坐标为负时，槽宽被减少。

3．偏移面

命令名称：偏移面。

功能：可以改变实体以及孔、槽等尺寸的大小。

启动方法：

① 单击“实体编辑”工具条按钮；

② 下拉菜单：修改→实体编辑→偏移面。

操作示例：将图 9-23（a）所示的长方体的孔的直径加大。

启动命令后，命令行提示：选择面或 [放弃(U)/删除(R)]：此时光标变成了一个选取框，将选取框移动到长方体上的孔内表面单击左键，选择孔内表面。

命令行提示：选择面或 [放弃(U)/删除(R)/全部(ALL)]：回车。

命令行提示：指定偏移距离：输入“–20”。

命令行提示：输入面编辑选项 [拉伸(E)/移动(M)/旋转(R)/偏移(O)/倾斜(T)/删除(D)/复制(C)/颜色(L)/材质(A)/放弃(U)/退出(X)] <退出>：回车。

命令行提示：输入实体编辑选项 [面(F)/边(E)/体(B)/放弃(U)/退出(X)] <退出>：回车。

结果如图 9-23（b）所示。

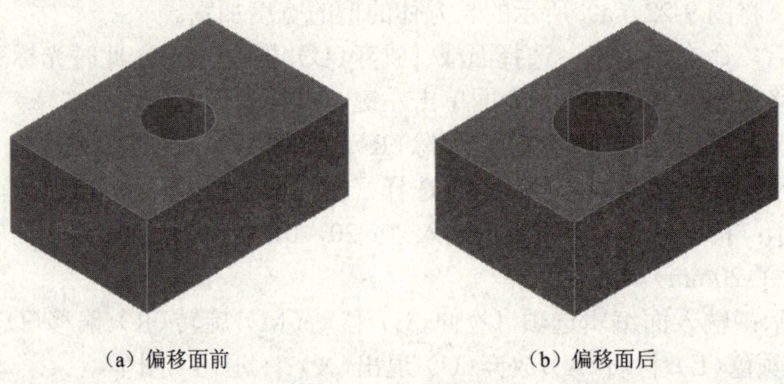

（a）偏移面前　　（b）偏移面后

图 9-23　偏移面示例

注意：输入的偏移距离为正时，孔直径被缩小（往内部偏移）；输入的偏移距离为负时，孔直径被增大（往外部偏移）。

4．删除面

命令名称：删除面。

功能：可以删除实体的表面。

启动方法：

① 单击“实体编辑”工具条 按钮；

② 下拉菜单：修改→实体编辑→删除面。

操作示例：将图 9-24（a）所示的长方体的孔和圆角删除，变成图 9-24（b）所示模样。

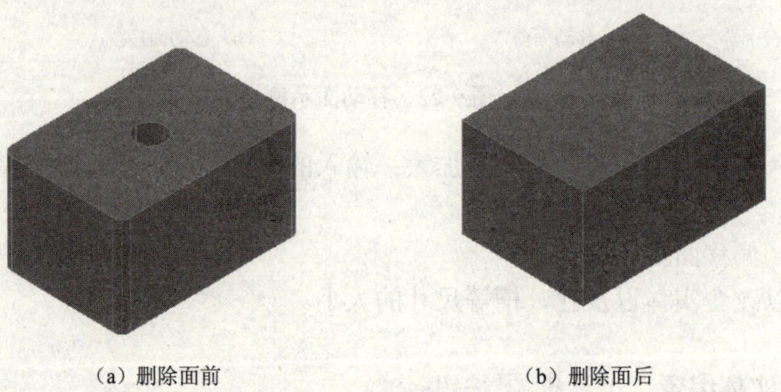

（a）删除面前　　（b）删除面后

图 9-24　删除面示例

启动命令后，命令行提示：选择面或 [放弃(U)/删除(R)]：此时光标变成了一个选取框，将选取框移动到长方体上的孔内表面单击左键，选择孔内表面。

命令行提示：选择面或 [放弃（U）/删除（R）/全部（ALL）]：分别选择四个圆角的表面。

命令行提示：选择面或 [放弃（U）/删除（R）/全部（ALL）]：回车。

命令行提示：输入面编辑选项 [拉伸（E）/移动（M）/旋转（R）/偏移（O）/倾斜（T）/删除（D）/复制（C）/颜色（L）/材质（A）/放弃（U）/退出（X）] <退出>：回车。

命令行提示：输入实体编辑选项 [面（F）/边（E）/体（B）/放弃（U）/退出（X）] <退出>：回车。

结果如图 9-24（b）所示。

注意：只能删除实体的内表面如孔、腰形孔和圆角、倒角等表面。

5．旋转面

命令名称：旋转面。

功能：用于改变表面的倾斜角度或将一些结构如孔等旋转到新的位置。

启动方法：

① 单击“实体编辑”工具条 按钮；

② 下拉菜单：修改→实体编辑→旋转面。

操作示例：将图 9-25（a）所示的圆柱体上的一个孔旋转 90°，变成图 9-25（b）所示模样。

（a）旋转面前

（b）旋转面后

图 9-25　旋转面示例

启动命令后，命令行提示：选择面或 [放弃（U）/删除（R）]：此时光标变成了一个选取框，将选取框移动到圆柱体上的孔内表面单击左键，选择孔内表面。

命令行提示：选择面或 [放弃（U）/删除（R）/全部（ALL）]：回车。

命令行提示：指定轴点或 [经过对象的轴（A）/视图（V）/X 轴（X）/Y 轴（Y）/Z 轴（Z）] <两点>：回车。

命令行提示：在旋转轴上指定第一个点：左键捕捉圆柱体下表面的中心点。

命令行提示：在旋转轴上指定第二个点：左键捕捉圆柱体上表面的中心点。

命令行提示：指定旋转角度或 [参照（R）]：输入“90”。

命令行提示：输入面编辑选项 [拉伸（E）/移动（M）/旋转（R）/偏移（O）/倾斜（T）/删除（D）/复制（C）/颜色（L）/材质（A）/放弃（U）/退出（X）] <退出>：回车。

命令行提示：输入实体编辑选项 [面（F）/边（E）/体（B）/放弃（U）/退出（X）] <退出>：回车。

结果如图 9-25（b）所示。

注意：在“指定轴点或 [经过对象的轴（A）/视图（V）/X 轴（X）/Y 轴（Y）/Z 轴（Z）] <两

点>”这些选项中，是指要选定旋转面的轴线，可以用默认的“两点”，也可以选择其他选项，如选择“经过对象的轴（A）”则是指根据用户选择的对象来确定旋转轴，如果选择的对象是圆弧，则旋转轴是通过圆心并垂直于该圆弧所在的平面的直线；如选择“视图（V）”，则旋转轴是指垂直于当前视图并通过用户的拾取点的直线；如选择“X 轴（X）/Y 轴（Y）/Z 轴（Z）”中的一项，则旋转轴是平行于该坐标轴并通过用户的拾取点的直线。

第四节　复杂的三维编辑命令

在绘制较为复杂的实体时，除还要用到复杂的三维编辑命令，包括三维旋转、三维对齐、三维阵列、三维镜像、三维圆角、三维倒角等三维编辑命令。另外，有一些二维编辑的命令如移动命令、复制命令、缩放命令也可以在三维编辑中应用，但另一些命令如旋转、阵列、镜像和偏移等命令在三维编辑中应用时会受到一些空间的限制，如只能在 *X*、*Y* 平面内操作等，读者可自行试操作。

一、三维旋转命令

命令名称：三维旋转（3DROTATE）。

功能：沿 *X* 轴或 *Y* 轴或 *Z* 轴以一定的角度旋转三维对象。

启动方法：

① 下拉菜单：修改→三维操作→三维旋转；

② 输入命令：3DROTATE 回车。

操作示例：将图 9-26（a）所示的长方体旋转到图 9-26（b）所示。

操作方法：

启动三维旋转命令后，命令行提示：选择对象：用左键选择长方体。

命令行提示：选择对象：回车。

命令行提示：指定基点：此时会在绘图区出现一个如图 9-27 所示的表示三个坐标轴的圆，移动光标，将三个圆的圆心对齐捕捉到长方体左下角的一点，选择此点作为旋转的基点。

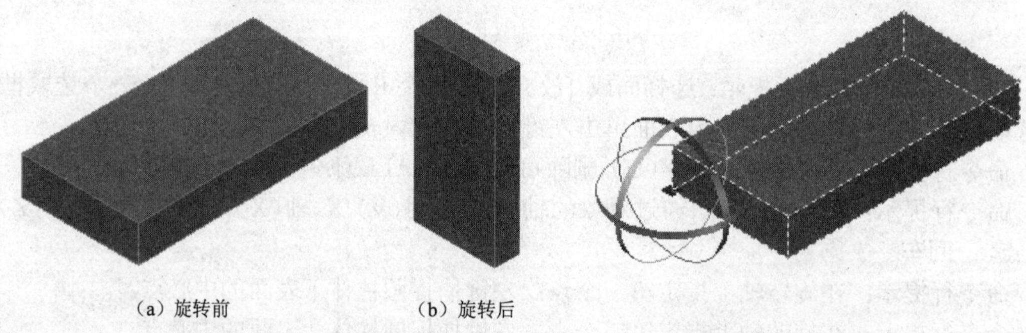

（a）旋转前　（b）旋转后

图 9-26　三维旋转示例　　图 9-27　三维旋转示例

命令行提示：拾取旋转轴：移动光标，选择平行于 *Y* 轴的直线为旋转轴。

命令行提示：指定角的起点或键入角度：输入“90”。

结果如图 9-26（b）所示。

注意：

① 3DROTATE 命令只能用 *X*、*Y*、*Z* 轴为旋转轴，如果用其他空间任意直线为旋转轴，可用 ROTATE3D 命令，读者可自行试操作；

② 旋转的角度也是逆时针为正，顺时针为负。

二、三维阵列命令

命令名称：三维阵列（3DARRAY）。

功能：对目标对象按矩形或环形作队列在三维空间进行多重复制。

启动方法：

① 下拉菜单：修改→三维操作→三维阵列；

② 输入命令：3DARRAY 回车。

操作示例：创建如图 9-28 所示的长方体阵列，5 行、5 列、5 层。

操作方法：

启动三维阵列命令后，命令行提示：选择对象：用左键选择长方体。

命令行提示：选择对象：回车。

命令行提示：输入阵列类型 [矩形(R)/环形(P)] <矩形>：回车。

命令行提示： 输入行数 (---) <1>：输入“5”

命令行提示：输入列数 (|||) <1>：输入“5”

命令行提示：输入层数 (...) <1>：输入“5”

命令行提示：指定行间距 (---)：输入“100”

命令行提示：指定列间距 (|||)：输入“100”

命令行提示：指定层间距 (...)：输入“50”

结果如图 9-28 所示。

注意：

① 3DARRAY 与 ARRAY 的区别在于多了一个层数，其余的操作方法与二维阵列的操作方法相同；

② 环形阵列的操作方法请读者自行试用，在此不再详述。

三、三维镜像命令

命令名称：三维镜像（MIRROR3D）。

功能：对目标对象在三维空间进行对称复制。

启动方法：

① 下拉菜单：修改→三维操作→三维镜像；

② 输入命令：MIRROR3D 回车。

操作示例：用三维镜像命令创建图 9-29 所示对称的楔体。

图 9-28　三维阵列示例

图 9-29　三维镜像示例

操作方法：

启动三维镜像命令后，命令行提示：选择对象：用左键选择楔体。

命令行提示：选择对象：回车。

命令行提示：指定镜像平面（三点）的第一个点或 [对象(O)/最近的(L)/Z 轴(Z)/视图(V)/XY 平面(XY)/YZ 平面(YZ)/ZX 平面(ZX)/三点(3)] <三点>：输入“YZ”。

指定 *YZ* 平面上的点 <0,0,0>：移动光标，捕捉楔体的右下角的一点。

是否删除源对象？[是([是(Y)/否(N)] <否>：回车。

结果如图 9-29 所示。

注意：MIRROR3D 与 MIRROR 的区别在于其对称中心是一个平面而不是一条直线，可以选择 *XY* 平面、*YZ* 平面、*ZX* 平面和三点决定一个平面等。

四、三维圆角和三维倒角

三维圆角和三维倒角命令的操作方法与二维圆角和二维倒角命令基本相同，也就是说，圆角命令（FILIET）和倒角命令（CHAMFER）在三维操作中也可以进行。但具体操作时有一些区别，读者可自行试试。

五、剖切命令

命令名称：剖切（SLICE）。

功能：对目标对象实体切开成两半，用户可以保留一半或两半都保留。

启动方法：

① 下拉菜单：修改→三维操作→剖切；

② 输入命令：SLICE 回车。

操作示例：将图 9-30（a）所示的空心圆柱体切除掉一半。

操作方法：

启动剖切命令后，命令行提示：选择要剖切的对象：用左键选择空心圆柱体。

命令行提示：选择要剖切的对象：回车。

指定切面的起点或 [平面对象(O)/曲面(S)/Z 轴(Z)/视图(V)/XY(XY)/YZ(YZ)/ZX(ZX)/三点(3)] <三点>：捕捉空心圆柱体的上表面最后的一个象限点。

指定平面上的第二个点：捕捉空心圆柱体的上表面最前的象限点。

在所需的侧面上指定点或 [保留两个侧面(B)] <保留两个侧面>：捕捉空心圆柱体的上表面最右的象限点。

结果如图 9-30（b）所示。

（a）剖切前

（b）剖切后

图 9-30　剖切示例

注意：选择剖切平面时有多个选择方法，平面对象（O）是指以圆或圆弧等对象所确定的平面作为剖切平面；*Z* 轴（Z）是指剖切平面垂直于指定的两个点的连线，并通过第一个点；视图（V）是指剖切平面平行于当前视图，并通过用户选择点；*XY*(XY) 是指剖切平面平行于 *XY* 平面，并通过用户选择点；*YZ*(YZ)是指剖切平面平行于 *XZ* 平面，并通过用户选择点；*ZX*(ZX) 是指剖切平面平行于 *ZX* 平面，并通过用户选择点；三点（3）是指用户选择三个点来确定剖切平面。

六、综合举例

创建如图 9-31 所示的较复杂的组合实体。

图 9-31　较复杂的组合实体示例

分析：本例的形体较为复杂，底部应该为一个半圆柱先被左右两个侧平面切去两个角，然后再被左右两个水平面和侧平面切去两个四棱柱，下面又被一个水平面和两个侧平面切去一个四棱柱。上面部分也是一个半圆柱，先被下面的半圆柱的圆柱面切去一部分，形成相贯线，然后和下面的半圆柱一起被切去一个水平的圆孔。后面还被切去了一个垂直的半圆孔。

具体的切割过程如图 9-32 所示。

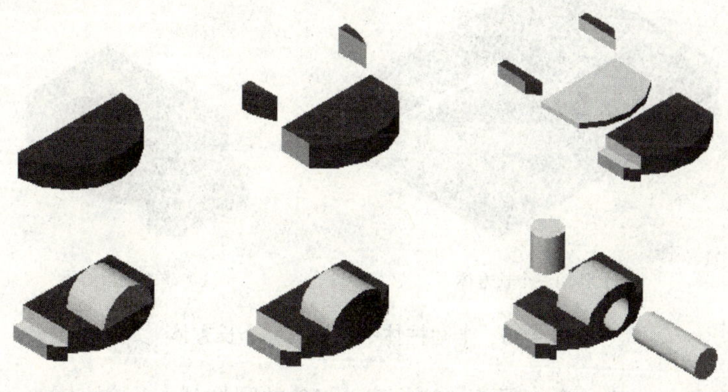

图 9-32　组合体切割过程

操作方法：

① 用圆柱体命令创建一个直径为ϕ100，高为 30 的圆柱体。

② 用剖切命令将圆柱体的左半部分剖切掉。

③ 用长方体命令创建三个长方体，长、宽、高分别为 10×30×100，10×15×100，60×12×100。并用复制命令将前两个长方体复制一个，如图 9-33 所示。

图 9-33　三个长方体

④ 用移动命令将两个 10×30×100 长方体移动到半圆柱体的前后象限点。捕捉长方体的端点移动到半圆柱体的象限点。

⑤ 用差集命令从半圆柱体中减去两个长方体，如图 9-34 所示。

图 9-34　半圆柱体中切去两个角

⑥ 用移动命令将两个 10×15×100 的长方体，移动到半圆柱体的两个角点。捕捉长方体的端点移动到半圆柱体的角点。用移动命令将 60×12×100 长方体移动到半圆柱体的下面中间，可捕捉长方体的下表面的中点到半圆柱体的下表面的中点。如图 9-35（a）所示。

⑦ 用差集命令从半圆柱体中减去三个长方体，如图 9-35（b）所示。

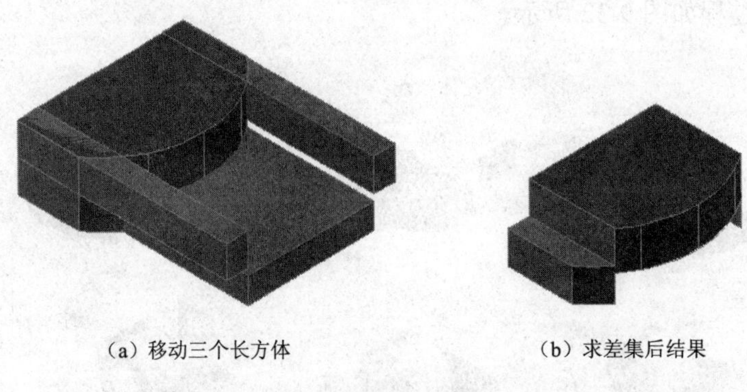

（a）移动三个长方体　　（b）求差集后结果

图 9-35　半圆柱体中再切去三个长方体

⑧ 用圆柱体命令创建一个直径为ϕ50，高为 50 的圆柱体。用剖切命令将圆柱体的右半部分剖切掉。再用三维旋转命令将此半圆柱体旋转 90º。

⑨ 用直线命令捕捉大的半圆柱体的上表面圆心为起点，画一长为 20 的辅助直线，再用移动命令将小半圆柱体移动到大半圆柱体上表面来，如图 9-36 所示。

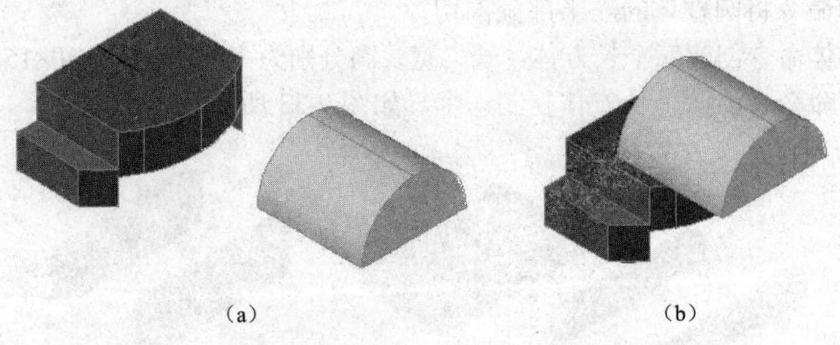

（a）　　（b）

图 9-36　增加一个小半圆柱体

⑩ 用复制命令将图 9-36（b）复制一个，再用拉伸面命令将大的半圆柱体的上表面向上

拉伸 50，如图 9-37 所示。

⑪ 用交集命令求大的半圆柱体与小半圆柱体的交集，得到如图 9-38 所示被大的半圆柱体的圆柱面切割后的小半圆柱体。

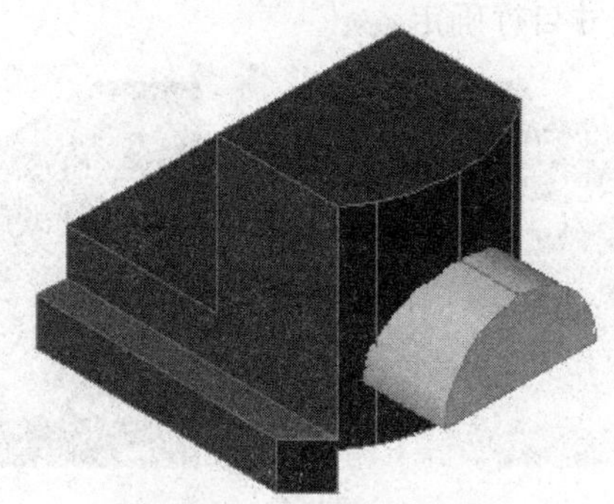

图 9-37　上底面拉伸后

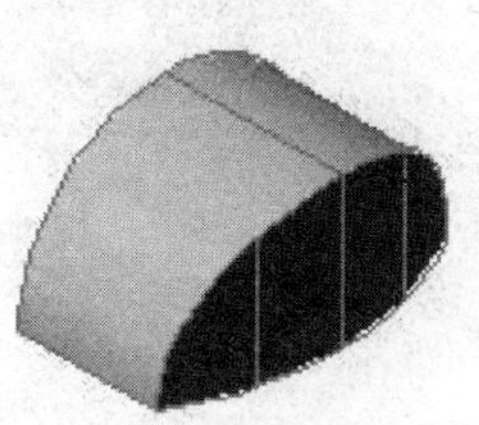

图 9-38　求交集后结果

⑫ 用移动命令将切割后的小半圆柱体移动到未拉伸前的大的半圆柱体上表面，捕捉画好的辅助直线的端点。用并集命令将两个半圆柱体合为一个实体，如图 9-39 所示。

⑬ 用圆柱体命令创建两个直径均为 20，高为 50 的圆柱体，用三维旋转命令将其中一个圆柱体旋转 90°，到水平面。再用移动命令将此两个小圆柱体移动到大圆柱体上来。注意捕捉圆柱的中心为基点，如图 9-40 所示。

图 9-39　移动后求并集的结果

图 9-40　加上两个辅助圆柱体

⑭ 用差集命令将两个小圆柱体从大圆柱体中减去。结果如图 9-41 所示。

（a）西南等轴测

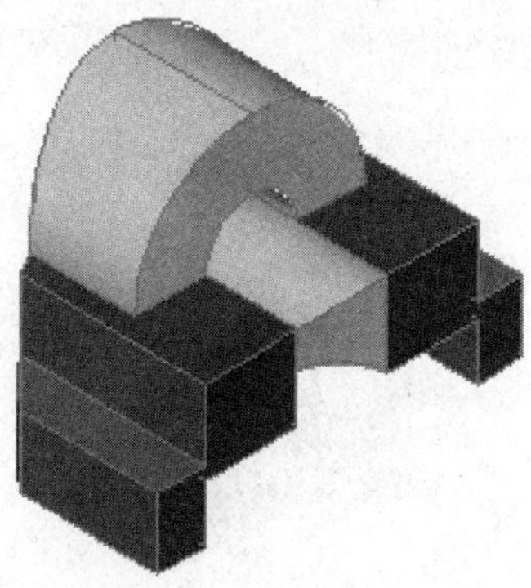

（b）西北等轴测

图 9-41　最后结果

思考与练习

创建图 9-42 所示的较复杂的组合实体，尺寸自行确定。

(a) (b) (c) (d) (e) (f) (g) (h) (i) (j) (k)

图 9-42 题图

参 考 文 献

[1] 傅剑辉. 计算机绘图（AutoCAD 2006 中文版）. 北京：中国劳动社会保障出版社，2006.
[2] 马永志，郑艺华，张金翠. AutoCAD 2008 中文版三维造型基础教程. 北京：人民邮电出版社，2009.
[3] 黄惠廉. 计算机辅助设计——AutoCAD 2002 基础应用. 北京：高等教育出版社，2004.
[4] 钱可强. 机械制图. 第 5 版. 北京：中国劳动社会保障出版社，2007.
[5] 叶丽明. AutoCAD 2004 基础与应用. 北京：化学工业出版社，2005.